冶金工业出版社

普通高等教育"十四五"规划教材

钢液炉外精炼的基础理论与工业实践

张立峰 任英 著

U0319217

北 京
冶金工业出版社
2023

内容提要

本教材从基础理论入手,介绍了钢液炉外精炼过程中脱氧、脱硫、脱氢、脱氮和脱碳反应的热力学和动力学,搜集了大量的基础数据;介绍了合金添加、精炼渣和耐火材料对钢液精炼的影响以及钢中非金属夹杂物的理论和控制技术;简要阐述了几种炉外精炼过程。书中内容深入浅出,从学生学习和思考的角度出发,做了一些典型的算例并公开了部分计算的源程序,借此激发学生们对科研的兴趣。

本书主要为冶金工程专业大学本科和研究生教学使用,也可作为工业生产现场的参考书,用以指导生产实践。

图书在版编目(CIP)数据

钢液炉外精炼的基础理论与工业实践/张立峰,任英著.—北京:冶金工业出版社,2023.9
普通高等教育"十四五"规划教材
ISBN 978-7-5024-9425-4

Ⅰ.①钢… Ⅱ.①张… ②任… Ⅲ.①炉外精炼—高等学校—教材 Ⅳ.①TF114

中国国家版本馆 CIP 数据核字(2023)第 057107 号

钢液炉外精炼的基础理论与工业实践

出版发行	冶金工业出版社	电　话	(010)64027926
地　址	北京市东城区嵩祝院北巷 39 号	邮　编	100009
网　址	www.mip1953.com	电子信箱	service@ mip1953.com

责任编辑　夏小雪　李培禄　美术编辑　彭子赫　版式设计　郑小利
责任校对　郑　娟　责任印制　窦　唯
北京捷迅佳彩印刷有限公司印刷
2023 年 9 月第 1 版,2023 年 9 月第 1 次印刷
787mm×1092mm　1/16;18.25 印张;441 千字;273 页
定价 **48.00** 元

投稿电话　(010)64027932　投稿信箱　tougao@cnmip.com.cn
营销中心电话　(010)64044283
冶金工业出版社天猫旗舰店　yjgycbs.tmall.com
(本书如有印装质量问题,本社营销中心负责退换)

序　言

　　钢铁工业是重要的基础原材料产业，是我国国民经济的支柱产业，是我国新时代经济发展的有力支撑，在国家现代化进程中发挥着不可替代的作用。1949 年，中国钢产量仅为 15.8 万吨，占世界钢铁产量的 0.1%，当时我国只能冶炼 100 多个钢种。2021 年，中国钢铁产量为 10.33 亿吨，达到了世界钢铁产量的 50% 以上，我国大多数钢铁产品已稳步进入国际第一梯队，只有少数关键钢种还不能稳定生产。中国已经是名副其实的钢铁大国，正在向钢铁强国的发展道路上不断拓进。

　　近年来，我国钢铁工业取得了长足的进步，在世界钢铁工业中占有重要地位。然而，我国钢铁产业仍然存在着部分"卡脖子"关键钢种依赖进口、低水平及落后产品仍占一定比例、钢铁新材料关键技术有待突破等问题。同时，下游产业向高端化发展，对钢铁产品的性能、质量稳定性都提出了更高的要求。炉外精炼是钢铁产品质量稳定提升的重要技术手段，对实现中国钢铁工业的持续绿色化、低碳化、智能化发展，以及促进钢铁产品向高质量转型升级具有重要作用。目前，中国已经拥有了世界一流的钢铁制造装备，开展钢铁制造相关基础理论和关键技术的自主创新具有重要意义。

　　炉外精炼是指在钢包钢液内进行物理和化学反应，使钢液的洁净度进一步提升，控制非金属夹杂物形态和数量，并使钢液的化学成分和温度达到要求，实现对最终产品质量和性能的控制。在高品质钢制备过程中，炉外精炼是钢中杂质元素和非金属夹杂物控制的主要工序之一，是钢铁产品质量稳定提升的关键环节。炉外精炼最早开始于炼钢厂生产现场钢包之间、钢包到铸锭之间的真空脱气工艺。在 20 世纪 50 年代，随着大功率蒸汽喷射泵技术的突破，发明了钢包提升脱气法（DH）及循环脱气法（RH）。20 世纪 60~70 年代，为了满足高质量钢种的要求，产生了各种精炼方法。20 世纪 80~90 年代，随着连铸的快速发展，炉外精炼功能发展为满足连铸坯对质量要求，匹配炼钢炉与连铸的衔接。近年来，绿色化、智能化、精准化、高效化、低成本化成为炉外精炼发展的主要趋势。

　　40 年来，国内外出版了《炉外精炼》相关的著作和教材，很多学者也对炉外精炼技术的进步进行了综述。然而，由于国外高校教授主要从事基础研究，其编写的《炉外精炼》教材更侧重于冶金原理，对于炉外精炼设备和工艺相关内容涉及较少。国内高校教授有良好的产学研合作实践经验，然而，现有的国内《炉外精炼》教材更侧重于精炼设备和工艺特点的介绍，对炉外精炼相关热力学和动力学理论涉及较浅。因此，有必要编写一本理论与实践相结合的《炉外精炼》教材，提升我国高校学生的理论基础和实践水平。

张立峰教授多年来一直从事炉外精炼基础理论和工业实践相关研究，在美国、挪威、日本和德国的多所著名大学从事教学和科研十四载，取得了丰硕的研究成果。国外期间，张立峰教授心系祖国，与国内科研院所和钢铁企业一直保持着密切联系。他于2012年初回国后开展了大量企业项目和国家项目研究，成果在多家大型钢铁企业得到了应用。

张立峰教授结合多年的炉外精炼相关理论基础、实践经验和文献调研，撰写了新版的《钢液炉外精炼的基础理论与工业实践》教材。首先，教材重点介绍了钢液炉外精炼过程中的脱氧、脱硫、脱氢、脱氮、脱碳等主要化学反应；其次，介绍了合金、精炼渣、耐火材料等物料对钢液炉外精炼效果的影响；然后，总结了炉外精炼过程中钢中非金属夹杂物的表征、形核、长大、改性、去除、利用；接着，阐述了炉外精炼过程中出钢、加热、搅拌、脱气的主要工艺过程，以及 LF、VD、VAD、RH、CAS-OB、VOD、AOD、OMVR 等炉外精炼的主要反应器；最后，对炉外精炼过程中智能制造和废钢应用等重点领域进行了展望。

读过张立峰教授撰写的《钢液炉外精炼的基础理论与工业实践》以后，我感到十分欣喜。与其他教材相比，这本教材有如下几个特点：(1) 教材内容强化炉外精炼基础理论，通过大量的热力学和动力学公式推导，帮助读者掌握炉外精炼过程的基本原理。(2) 综述凝练了大量的国内外炉外精炼先进研究结果，帮助读者了解国内外炉外精炼的发展趋势和技术前沿。(3) 补充了炉外精炼相关生产实践案例，帮助读者学习不同钢种炉外精炼的技术关键。(4) 大幅加强例题和习题的计算内容，打破了以往问答题的习题模式，以炉外精炼生产实践过程中的具体问题命题，应用炉外精炼基础理论揭示和预测了炉外精炼的基本过程。

新版《钢液炉外精炼的基础理论与工业实践》教材内容涵盖了炉外精炼相关基础理论、技术工艺和生产装备，教材内容与时俱进，内容新颖、层次清晰，对推动中国炼钢技术进步和钢铁冶金人才的培养具有重要意义。在此，我郑重地向国内的炼钢工作者朋友们推荐此教材。教材内容深入浅出，不仅适用于冶金院校炼钢知识的教学，也可为我国钢铁冶金领域从事科研、生产的科技工作者以及企业、研究院和高校的管理人员提供有益的参考。

中国工程院院士

中国金属学会理事长

2022 年 6 月 15 日

前　言

　　经过四个月足不出户的努力，我逐字、逐句、逐图地完成了本书的撰写，落笔之余，非常想和本领域的教授同仁们、本书未来的读者——年轻的学生们聊聊心里的话，经过认真思考之后，决定把这些话作为本书的前言。

　　这是一本钢铁冶金专业的本科生和研究生值得一读、值得一学，而且肯定能有所收获的书。

　　广义上的炼钢包括铁水预处理、炼钢炉冶炼、炉外精炼以及后续的模铸或者连铸过程。炉外精炼是炼钢的重要环节。高品质钢的洁净化、精准化、均质化和细晶化四个方面的要求中，洁净化和精准化都主要依靠炉外精炼来实现。洁净化主要指钢洁净度的控制，也就是洁净钢的概念，一般包括两方面的内容：一是钢中非金属夹杂物的控制；二是钢中杂质元素的控制。杂质元素既包括钢中的氧、氮、磷、硫、氢，对于某些钢种还包括碳（如 IF 钢），此外也包括钢中一些残余微量元素，如砷、锡、锑、硒、铜、锌、铅、镉、碲和铋等。精准化是指钢液成分的窄窗口控制，包括钢液成分和夹杂物成分的精准控制，例如精准钙处理过程。炉外精炼的主要目标也就是使高品质钢达到洁净化和精准化的要求，在钢包内进行物理和化学反应，使钢液的洁净度进一步提升，控制非金属夹杂物的形态和数量，并使钢液的化学成分和温度达到要求，实现对最终产品质量和性能的控制。钢液炉外精炼也被称为"钢液二次精炼"，其英文是 Secondary Steel Refining 或 Secondary Metallurgy。因为炉外精炼主要在钢包内进行，所以也叫钢包冶金，英文是 Ladle Metallurgy。最近四十年来，关于炉外精炼的国外书籍包括 1985 年美国 Fruehan 教授的《Ladle Metallurgy Principles and Practices》、1997 年日本 Kajioka 的《Ladle Refining: Challenges to Mass Production Systems of Various Grade and High Quality Steels》、2002 年德国 Stolte 的《Secondary Metallurgy: Principles, Processes, Applications》。此外，在一些炼钢理论和技术的国外专著中也对炉外精炼部分做了详细的讨论，包括 1993 年荷兰 Deo 和 Boom 的《Fundamentals of Steelmaking Metallurgy》、1994 年德国 Oeters 教授的《Metallurgy of Steelmaking》、1996 年美国 Turkdogan 博士的《Fundamentals of Steelmaking》。国内出版的炉外精炼方面的书籍也有很多，如：

1988 年知水编著的《炉外精炼》、1993 年张鉴编著的《炉外精炼的理论与实践》、1994 年徐曾启编著的《炉外精炼》、1996 年王诚训等人编著的《炉外精炼用耐火材料》、2002 年梶冈博幸所著由李宏翻译的《炉外精炼：向多品种、高质量钢大生产的挑战》、2004 年赵沛主编的《炉外精炼及铁水预处理实用技术手册》、2006 年冯聚和等人编著的《铁水预处理与钢水炉外精炼》、2007 年王诚训等人编著的《炉外精炼用耐火材料》、2011 年高泽平编著的《炉外精炼教程》、2013 年张士宪等人编著的《炉外精炼技术》、2017 年张金梁等人编著的《炉外精炼与连铸》、2020 年张志超编著的《炉外精炼技术》等。

　　在过去三十年的科研历程中，我科研领域最重要的一部分一直是洁净钢，都属于钢液炉外精炼这一领域。关于炉外精炼方面的教材，乃至炼钢专业其他课程的教材，到底应该侧重于原理还是侧重于设备，这是值得探讨的问题。我在日本东北大学、德国克劳斯塔尔工业大学、美国伊利诺大学和美国密苏里科技大学从事教学和科研工作期间发现，这些大学冶金专业（或者冶金方向）的本科生和硕士生炼钢方向的课程基本没有固定的教材，甚至有些学校冶金专业的本科生和硕士生也没有必修的《炼钢学》和《炼铁学》课程。这些欧美的学校更加侧重基础类的课程，例如物理化学、凝固理论、传输原理、金属结构和材料表征等。在这些课程上增加了学时、加大了学习的深度，力图让学生掌握基础理论为主的知识，掌握学习的方法和自学的能力，以便将来能适应更多领域的工作。我曾经问过在密苏里科技大学听我课的美国学生，在没有学习炼铁课程的情况下是怎么做到在炼铁厂顺利工作的，他们的回答是这些知识都是自学的，不需要在课堂上耗时间。用这种方式进行冶金专业的教学是否正确我们暂时不去评价，但是欧美和日本的钢铁行业水平依然长期居于世界领先地位是不争的事实。从这个角度上看，过度细化专业基础课程设置可能效果有限。本书的书名尽管是炉外精炼，其实主要内容是冶金热力学和动力学在钢液精炼过程中的应用，所以，如果冶金热力学和动力学学好了，其实本书的内容也可以自学。基于此，我才说，阅读本书、琢磨本书的理论问题，肯定会有收获。

　　针对教材的内容方面，国外大学冶金专业基础课和专业课的教材很多是教授基于自己多年教学和科研所积累的内容，经过几年甚至几十年的推敲、雕琢，在退休前才着力整理并出版一本专著或者教材。经过多年的教学磨练，教授们基本知道哪些知识应该详细教给学生们，哪些知识应该简略介绍，以及在教学中应该注意的细节问题。大多数教授讲课的内容都是以基础理论问题为主，最后扩展了一些很少量的冶金工艺问题和冶金设备问题。为什么？因为基础理论懂了，工艺问题和设备问题在以后实习或者工作的时候结合理论分析自然就懂了。当然，有些教授也会指定一些参考书，例如 1996 年美国 Turkdogan 博士的《Fundamentals of Steelmaking》就在美国几个大学被作为冶金专业本科生和硕士生的参考书。我在 2021 年秋天曾经把这本书给国内几位老师参阅并讨论，这几位老师认为这本书太偏重理论了，可以称之为"炼钢过程的物理化学"。这其实体现了国内外在冶金专业本科生和研究生必修课上侧重点的不同。国内很多专业课是以设备为主，国外是以基础理论为主。本人赞同冶金专业必修课程应该以基础理论为主，适当辅助少量的工艺和设备内容。本人在大学三年级学习《炼钢学》课程的时候，就感觉里面有很多设备的名词，觉得晦涩难懂，也不好记，一直到大学四年级去企业毕业实习看到各种冶金设备的时候，才恍然大悟这些书里说的设备名词指的是什么。我科研团队的一位已经毕业的研究生是做连铸过程中间包钢液模拟仿真的，有一次我带着该学生去企业做课题，在厂里参观并给学生讲解的时候，学生看到了真实的中间包之后不禁惊呼了一声"原来中间包是这样的"。该学生的反应体现了两个问题，第一是冶金专业的本科生和研究生的专业课程，应该设置更多的企业实习课程，边上课边实习才能掌握得更快，但是现在学生的课程太多，压力太大，没有时间去参加过多的实习课程；第二是在见到实际生产设备之前，课堂里讲授太多设备的内容是无效的。所以，以我自己的教学科研经历为背景，本人认为大学里专业基础课和专业必修课的教材应该以基础理论为主，侧重于基础理论在工业中的应用，并带有少量的工艺和设备的介绍。对于冶炼工艺和设备的具体情况，可以由学生毕业去钢厂工作之后再自行理论联系实际地去熟悉、去掌握。

本书就是以这样一个架构来撰写的，第 1 章简单介绍了高品质钢和炉外精炼的关系；第 2 章详细介绍了钢液炉外精炼过程中主要化学反应的热力学和动力学，包括脱氧、脱硫、脱氢、脱氮和脱碳；第 3 章从基础理论出发，结合实验和工业实践讨论了合金添加、精炼渣和耐火材料对钢液精炼的影响；第 4 章针对钢中非金属夹杂物的分类和检测方法、形核和长大的热力学与动力学、钢液钙处理改性非金属夹杂物、钢-渣-夹杂物相互作用的动力学、典型钢种中非金属夹杂物的控制方略等几个方面进行了理论和工艺的介绍；第 5 章简单介绍了炉外精炼的主要工艺过程，包括转炉出钢控制、钢包预热和保温技术、钢液熔池的搅拌、钢包钢液的加热和钢液的脱气工艺；第 6 章简单介绍了几种主要的炉外精炼装置，包括 LF 精炼炉、VD 真空脱气精炼炉、VAD 真空电弧脱气炉、RH 真空循环脱气炉、CAS-OB 精炼炉、VOD 精炼炉、AOD 精炼炉等；第 7

章对炉外精炼技术的未来做了展望。为了学生使用方便，并能真正帮助学生们用理论去解决实际问题，本书对一些例题求解的源程序进行了公开，欢迎广大学生使用。

本书是在2021年底和2022年初四个月里撰写完成的。社会面上的新冠肺炎疫情尚未完全控制，我无法到钢厂进行现场调研、很多国内外学术交流会议也不能召开，因此出差次数大量减少，这才得以有时间整理多年来关于炉外精炼的心得和大量的参考文献。2021年底的这个冬天，我在燕山大学燕鸣湖畔高钢中心的小白楼里，外面是凛冽的寒风，小白楼里是热火朝天做科研的老师和同学们。我多次和学生们开玩笑，"若干年后，我们再相逢，我会问你还记得燕鸣湖畔的小白楼么？"，和学生们一起大笑之余，内心深处又有涩涩的忧伤，因为大学教授是一个特别的职业，这个职业所面对的人永远是18~28岁的学生们，学生们学成毕业、一批批地走上社会的战场，只有教授一个人皱纹增多、两鬓斑白、慢慢变老。

本书的每句话、每个图、每一段、每一章都由我亲自撰写。但是，我不是一个人在奋战，我的学生们一直在我的身边，帮我查找我指定的国内外文献，按照我的思路做一些图片和例题的计算，所以，这本书是集体力量的结晶，特别感谢为本书付出的北京科技大学的任英教授、杨文教授、段豪剑副教授、燕山大学的任强讲师、陈威讲师、高小勇讲师和一些给力的研究生们，包括张继、王亚栋、王伟健、王举金、张月鑫、季莎、蔡新雨、周秋月、吕彬玉、孙宇、刘京龙、胡妍、胡俊杰、刘城城、朱培、程玉杰、杨光、刘力刚、蒋香归、李琪蓝、胡锦榛、姚浩、尉政、宋佩书。

在这个前言里，我还想和教授同仁们分享一个问题的答案，就是在大学里做教授到底是科研重要还是教学重要。经过这么多年，我的答案是教学更重要，因为教学可以影响更多的学生们，这是人类进步和社会进步的历史责任。一个人的世界观和人生观主要在20岁左右形成，我们针对本科生的教学过程其实是陪着本科生一起完成其世界观和人生观的形成过程，将对学生们的一生影响巨大、对国家的未来也影响巨大。

认真教学是教师的使命所在。我在美国密苏里大学做老师期间，的的确确从当时同事那里学习到了什么是认真教学。美国高校对教学的严谨程度是值得我们学习的。任何课程的第一节课就必须给所有的学生发放本门课程的Syllabus，一般2~3页纸，与国内的教学大纲类似，但比国内的教学大纲要简单，除了列上本课程的简介、作业和考试方式等信息，最重要的是把本学期每一节课的具体日期、时间和地点以及具体的讲课内容列出来，然后严格按照这个大纲来授课。整个学期不能更改讲课内容、不能更改讲课时间、老师也不准缺课。如果要是外出参加学术会议，那么在 Syllabus 里就要注明哪些天要出差而取消上课，有非常严格的规划性。课程结束以后，只有学生有资格做本课程的评价，连续多次评价差的教师是无法得到常聘教职的。校内教学奖每年都评，基本上不需要投票，只要学生评价的分数在最前面就可以自动获奖。事实上，并没有出现国内所担心的那种老师为了得到好的评价而讨好学生的事情。

我在密苏里科技大学讲授了一门必修课，《Transport Phenomena in Metallurgy》，也就是国内大学的《冶金传输原理》。一个班大概 20 人左右，因为该门课程涉及很多公式，公式的来源必须要说清楚，而且由于公式繁多且晦涩难懂，把这门课程讲好是一件非常难的事情。我的同事 Kent Peaslee 教授详细地、毫无保留地给我介绍了这门课的授课经验，使我受益匪浅。Peaslee 教授在我回国两年之后不幸离世，使我失去了一位真诚的同事和朋友。首先，在这门课程的授课过程中我使用粉笔板书，不使用 PPT，如果使用 PPT 直接给出大量的公式会让学生们无法理解公式的由来，也难以聚焦注意力；其次，在课堂上会随时进行习题练习，习题页都要提前打印好，按时间点下发给每个学生当堂做练习，而且鼓励同学之间互相讨论，促使学生现场消化讲解的公式。这样，每一节课程，基本上可以分为 15 分钟课程讲解、8 分钟练习、15 分钟讲解、7 分钟练习等几个阶段，同学之间互相讨论得非常活跃，也不会出现睡觉的情况。作为老师，在学生做练习期间会到处走走看看，询问学生是否需要帮助。我教的这门课，一共有 10 次大作业，每次计 4 分，都是理论计算，完全做完需要 2~4 个小时的时间；本门课分为 4 次考试，每次 15 分，这样一共 100 分，讲课完成后把这些分数加在一起就得到该门课程的最终成绩。所以，如果想得到好成绩，从学期一开始就要认真努力地学习，如果第一个月贪玩不好好学习，最后就无法拿到优秀的成绩。此外，该课程还规定如果出现未交作业和缺席超过 3 次的话，本课程就记为 0 分。美国学生们没有一个因为这个规矩而反对并投诉的。每次作业都由我亲自批改，以了解每个学生的掌握程度。此外，还有鼓励学生们学习的措施，一是每次考试，学生如果对分数不满意，可以重考另一份试题，记录最高分；二是每次作业，如果对分数不满意，可以重新做另一份作业，也记最高分；三是每周有一天下午，在材料系所在的 McNutt Hall 的大厅里，几乎所有的学生都在一起做作业，并互相讨论，我就站在那里，挨个桌子解答他们的问题，一般需要 3 个多小时，学生在认真、愉快、放松并且互相讨论的过程中完成作业，培养了合作精神。当时不只是我这么做，材料科学与工程系里的 17 位教授，几乎都这么做，这深刻体现了作为教师的本职就是对学生付出、认真教学。2012 年我回国以后，在北京科技大学冶金学院依照美国的教学方式推行了这门全英文课程，一直到 2019 年底我离开北京科技大学，一共讲授了 8 年。我保持了使用原版英文课本、课上完全说英文、粉笔板书都是英文、随课堂做练习等多个习惯。但是，我其实是不如在美国教学那么专一了，因为行政事情的增多，作业我不再亲自修改，改由助教修改，取消了每周和学生一起做作业的安排，也取消了随时按照学生要求重新考试和重新做作业的规定。即便如此，我觉得同学们还是很喜欢这门课，至今仍然有上过我课的学生和我说起来当年的点点滴滴。很可惜，我离开北京科技大学之后，这门全英文授课被取消了。我真心希望中国的大学教授们，能以给学生上课为最重要的任务。作为一名教师，在立德树人的全过程中，给学生认真、努力地上课是最最重要的一环。

　　本书的一些理论内容有一定的深度，所以也可以作为冶金专业研究生的教材或参考书。在这里我想和研究生同学们分享一下做科研过程中阅读文献的重要性，特别是国外的高水平文献资料会影响你所做科研项目的深度，甚至会影响你以后科研习惯的形成。针对导师给你指定的科研项目，你要做的第一件事情就是安下心来，使用电子文献数据库查找相关的文献，特别是非华人撰写的水平高的英文文献。我这么说不是认为华人写的文章水平低，而是认为研究生做科研之初就应该首先接触一些英文纯正的学术论文，能了解你所从事科研方向的正确英文词汇，以便了解国外的发展情况。前 10 篇英文文献要细读，边读边做笔记并撰写初步的文献综述。为了完全读懂第一篇英文文献可能需要用一周甚至两周的时间，把第一篇英文文献读懂读通，甚至能明确该文献研究的一些不足，这是一个研究生做出优秀成果的起点。读懂第二篇文章所需要的时间会少一些，例如 3~5 天可以读完。因为英文专业词汇熟悉的越来越多，读到第 10 篇文献的时候，可能 1 天时间就足够了。这时候先不要再读新的文献了，需要安下心来，根据所读的 10 篇文章撰写文献综述，主要对比这些文献中研究方法、结果，把相似的结果列到同一个表格或者同一个图形中，讨论这些文献所得到的结论，最后总结这一研究方向还有哪些内容没有人进行研发，也就是讨论已有文献尚未解决的科学问题。利用一个月的时间把这 10 篇文献读完并完成文献综述初稿。然后，开始快速地继续阅读文献，这时候可以读华人的英文文献和国内的文献，把新搜集的研究方法和研究数据总结入文献综述初稿中。到第二个月结束，应该完成一篇完整的文献综述。这个文献综述写得好了，你可以投稿发表文献综述类的文章，至少可以作为你将来科研开题报告的主要内容。经过这个文献综述的过程，你对你所从事的科研方向应该非常了解了，甚至你可以比你的导师还更加了解这一科研方向。在过去三十年的科研过程中，我所认识的知名学者里，绝大多数都有非常强大的文献综述能力。实际上，在目前的研究生的科研过程中，绝大部分忽略了这一文献阅读和文献综述的过程。这主要有几个原因：一是导师不严格要求学生这么做，学生也就不主动去做；二是即使导师要求学生去做，学生会认为这是老师难为自己给自己加任务，第一篇文献的阅读懒惰下来，后面的也就读不懂、读不细了。结果，大部分研究生们，都不经过这个阶段，等到撰写硕士论文或者博士论文之前的一个月再四处参考已经毕业的研究生论文，大致改一改，作为自己研究生论文的文献综述部分。认真阅读文献的另一个好处是可以学习这些文献里研究方法和研究结果的表达方式。例如，日本学者的文献更加侧重于实验室实验，数据密集，数据点几乎是一个挨着一个，根本不需要用线去连接，体现了用数据说话的科研精神；德国学者的文献大多数理论非常简单，但是几乎没有漏洞；美国学者文献中使用新理论、新设备和新数学工具的做法；等等。目前各个领域的学者们所从事的科研内容，属于绝无仅有、彻底创新的科研几乎是没有的。例如，在钢铁冶金行业，最近二十年里的热点"高铝钢"方面的研究，其实在1890年美国刊物 JISI 中就曾经发表了一篇二十几页的"Aluminum Steel"论文，里面详细描述了含铝高达约10%的钢的制备过程和性能测试，只不过在这个年代没有人关注这一方向而一直石沉大海。即使对于资深的教授学者也应该经常阅读文献，随时了解国内外科研的发展现状。而实际上，目前有很多教授一年甚至几年都不会去阅读任何的英文文献，这是不正确的。总之，阅读文献很重要，不读文献就无法知天下，不知天下就无法在科研上运筹帷幄。

我在这里还想寄语学子们几件人生中非常重要的事情。

第一，爱自己的祖国。这是个老话题，但是年纪越大，越会理解为什么任何国家的人民都对卖国贼深恶痛绝。"卖国贼"的英语和挪威语是 quisling，就是二战期间投降德国纳粹法西斯的挪威人 Vidkun Abraham Lauritz Quisling 的姓氏，此人因为卖国被钉在了所有懂英语人的耻辱柱上。长期在国外生活过的中国人大多数更能体会爱国的重要性，自己在外国人眼中的地位和自己祖国的地位是成正比的，祖国就是自己的根，没有祖国，每个人都是游荡无家的孤魂。

第二，爱自己的父母。父母可能贫穷，可能不貌美如花，但是父母是自己的源头，没有父母就没有我们自己的存在。年少时爱慕虚荣的经历或多或少都有过，我记得我小时候也曾经在心里抱怨过，为什么他人的父母光鲜亮丽而我自己的父母衣衫褴褛。但是，现在只有拉着父母的手的时候，心里才会有无限的踏实和安稳。贫穷不丢人，丢人的是富裕了之后就忘记了贫穷时的誓言和理想。

第三，坚持真理、做个好人。这个世界坏人不少，但肯定是好人更多，做个好人，内心无愧，堂堂正正地活着。

第四，生活和科研都要有规划，包括长期规划、短期规划，甚至本月、本周的规划。每一年之初都要告诉自己今年内要完成的几件事情。有了规划，才会有前进的方向。绝对不能躺平，每次看到"躺平"这个词汇，在我脑海里都会出现晚清时期斜躺着的吸大烟的人。人生不能躺平，努力才有回报。

第五，做一个"俗人"，这个"俗"不是"庸俗"的"俗"，而是"通俗"的"俗"。要有一些健康的爱好，例如音乐、画画、健身、旅游；要有几个既爱国又爱父母的知心朋友，既爱国又爱父母的人的人品大抵上不会差到哪里，这些朋友在困难的时候能陪你舒缓解压，在开心的时候能陪你真心欢笑；别计较一时的得失，人生很长，机会很多，平时应该争取利益、但不要过于计较眼前得失，该放手就放手、该让一下就让一下，强大自己是硬道理，等到自己科研等各方面的能力强大了、更多的机会自然会再来；不能随波逐流，越是他人悠闲的时候，自己越要努力强大自己，越是别人热闹的时候，自己越要勤学苦练。

最后我想表达的是，中华民族是一个伟大不屈的民族，这里面包括我，也包括阅读本书的学生们。在这里，我想使用我的一位博士的博士论文致谢里的一句话作为本前言的结尾："感谢党和国家给我们提供了一个和平的环境，给我们提供了一张安静的书桌，同时也让我这个出身农村的孩子有一个改变命运的机会。明代顾炎武有过一句话：天下兴亡，匹夫有责。我愿将全部的精力投入到实现中华民族伟大复兴的历史征程中。深知个人能力有限，惟愿有一分热，发一分光，燃尽自己，光耀民族。"我培养的学生能有如此情怀，我心甚慰。

希望国内冶金工程的学子们能努力学习，锻就钢筋铁骨，成为中国的钢铁脊梁。

张立峰

2022 年 2 月 20 日于北方工业大学

目　　录

1 高品质钢与钢液炉外精炼

高品质钢所谓的"品质"包括四个方面的内容[1]，即洁净化、精准化、均质化和细晶化。精准化是指钢液成分的窄窗口控制，包括合金成分的精准控制，例如精准钙处理；均质化主要是指元素的偏析以及各种析出相的均匀分布；细晶化主要是指钢的晶粒要细化、要均匀；洁净化则主要指钢的洁净度的控制，也就是洁净钢的概念。洁净钢冶炼一般包括两方面的内容：一是钢中非金属夹杂物的控制；二是钢中杂质元素的控制。杂质元素既包括钢中的氧、氮、磷、硫、氢，对于某些钢种还包括碳（如 IF 钢），也包括钢中一些残余微量元素，如 As、Sn、Sb、Se、Cu、Zn、Pb、Cd、Te 和 Bi 等。

钢的洁净度是一个广受关注的论题。1980 年，Kiessling 主要针对模铸的洁净钢生产做了全面论述，总结了钢中非金属夹杂物，钢中氧、氮、磷、硫、氢和残余微量元素的控制[2]。1993 年，Mu 和 Holappa 又针对钢中洁净度的控制做了详细的文献论述[3]。1999 年，Cramb 在钢洁净度控制的文献综述中又增加了热力学内容[4]。1992 年，McPherson 和 McLean 论述了连铸过程钢中的非金属夹杂物，重点强调夹杂物类型（氧化物、硫化物、氧化物和硫化物的复合夹杂物、氮化物和碳氮化物）、夹杂物分布和在连铸过程中检测夹杂物的方法[5]。2003 年，张立峰和 Thomas 详细论述了洁净钢的概念、钢中非金属夹杂物的检测方法、钢中杂质元素的控制，以及在钢包、中间包和连铸机等生产步骤改善钢洁净度的操作实践[6]。

"洁净钢"并不意味钢中杂质元素和非金属夹杂物越少越好，还要考虑适合于钢的用途和成本问题。如果非金属夹杂物直接或间接地降低了钢材的组织性能、使用性能或其他性能，那么这种钢就不是洁净钢；如果这些夹杂物对钢材性能没有影响，那么这种钢就可以被认为是洁净钢。

不同杂质元素对钢产品性能的影响不尽相同，如图 1-1 所示[7]。其中，碳影响钢的电磁性能和深冲性能；氢影响钢的内部质量和微观性能；氮影响钢的韧性；氧影响钢的韧性、内部质量和微观性能、表面质量、疲劳性能、弯折性能和各向异性；磷影响钢的韧性和焊接性能；硫影响钢的韧性、焊接性能、疲劳性能、各向异性和弯折性能。钢中氧和硫主要以夹杂物和析出相的形式存在，所以其对钢性能的影响主要通过夹杂物来体现。不同钢种所要求的杂质元素含量和非金属夹杂物尺寸各不相同，具体见表 1-1。例如，对于汽车车身用钢、具有高冲击韧性的海洋平台用钢及冷拔钢丝所要求的洁净度水平是不同的。另外，还应该意识到随着产品厚度的减小，对洁净度的要求也会变得更加严格。

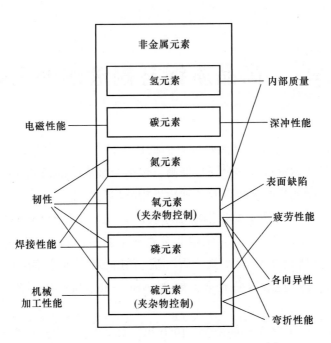

图 1-1　钢中杂质元素对钢产品性能的影响[7]

表 1-1　不同钢种对于钢中杂质元素含量和非金属夹杂物尺寸的要求

钢　种	有害元素含量上限	夹杂物尺寸上限	文献
汽车板 IF 钢	$w[C]\leqslant30ppm$，$w[N]\leqslant30ppm$，T. O$\leqslant30ppm$	100μm	[6]
DI 罐	$w[C]\leqslant30ppm$，$w[N]\leqslant30ppm$，T. O$\leqslant20ppm$	20μm	[6]
管线钢	$w[S]\leqslant30ppm$，$w[N]\leqslant35ppm$，T. O$\leqslant30ppm$	100μm	[6]
滚珠轴承钢	T. O$\leqslant10ppm$	15μm	[6]
高端轴承钢	T. O$\leqslant5ppm$	15μm	[8]
轮胎帘线钢	$w[H]\leqslant2ppm$，$w[N]\leqslant40ppm$，T. O$\leqslant15ppm$	10μm 或 20μm	[6]
厚板	$w[H]\leqslant2ppm$，$w[N]$ 30~40ppm，T. O$\leqslant20ppm$	单个夹杂物 13μm；点簇状夹杂物 200μm	[6]
高端线材	$w[N]\leqslant60ppm$，T. O$\leqslant30ppm$	20μm	[6]
高牌号无取向硅钢	$w[S]\leqslant15ppm$，$w[N]\leqslant20ppm$，T. O$\leqslant20ppm$	—	[9]
低牌号无取向硅钢	$w[S]\leqslant30ppm$，$w[N]\leqslant20ppm$，T. O$\leqslant20ppm$	—	[9]
取向硅钢	T. O$\leqslant20ppm$		[10]
304 不锈钢	$w[S]\leqslant60ppm$，T. O$\leqslant60ppm$	B 类夹杂物$\leqslant1.5$ 级	

注：$1ppm=10^{-6}$，全书同。

钢　种	有害元素含量上限	夹杂物尺寸上限	文献
>300km/h 重轨钢	$w[H] \leqslant 1.5ppm$，$w[N] \leqslant 80ppm$，T. O $\leqslant 20ppm$	A 类夹杂物≤2.0 级； 其他类别≤1.0 级	
>200km/h 重轨钢	$w[H] \leqslant 1.5ppm$，$w[N] \leqslant 80ppm$，T. O $\leqslant 20ppm$	A 类夹杂物≤2.5 级； 其他类别≤1.5 级	
汽门弹簧钢	$w[S] \leqslant 40ppm$，T. O $\leqslant 15ppm$	尺寸<10μm	

在高品质钢制备过程中，钢中杂质元素和非金属夹杂物控制的主要工序之一就是炉外精炼。炉外精炼是指在钢包钢液内进行物理和化学反应，使钢液的洁净度进一步提升，控制非金属夹杂物形态和数量，并使钢液的化学成分和温度达到要求，实现对最终产品质量和性能的控制。炉外精炼也被称为"二次精炼"，其英文是 Secondary Steel Refining 或 Secondary Metallurgy。因为炉外精炼主要在钢包钢液内进行，所以也叫钢包冶金技术，英文是 Ladle Metallurgy。最近四十年来，关于这方面的国外书籍包括 1985 年美国 Fruehan 教授的《Ladle Metallurgy Principles and Practices》[11]、1993 年荷兰 Deo 和 Boom 的《Fundamentals of Steelmaking Metallurgy》[12]、1994 年德国 Oeters 教授的《Metallurgy of Steelmaking》[13]、1996 年美国 Turkdogan 博士的《Fundamentals of Steelmaking》[14]、1997 年日本 Kajioka 的《Ladle Refining：Chanllenges to Mass Production Systems of Various Grade and High Quality Steels》[15]、2002 年德国 Stolte 的《Secondary Metallurgy：Principles，Processes，Applications》[16]。最近十年来，很多学者也对炼钢技术和炉外精炼技术的进步进行了综述[17-32]。

图 1-2 给出了目前在钢厂使用的钢液主要炉外精炼技术的示意图[12]。炉外精炼最早开始于炼钢厂生产现场钢包之间、钢包到铸锭之间的真空脱气工艺。在 20 世纪 50 年代后期，更高效的单腿真空脱气工艺 Dortmund Hoerder（DH）和双腿真空脱气工艺 Ruhrstahl-Heraeus（RH）开始流行。在 20 世纪 60 年代中期，真空电弧脱气（VAD）、电磁搅拌 ASEA-SKF 工艺和真空吹氧脱碳（VOD）等脱气工艺成功用于不锈钢精炼。20 世纪 70 年代初期在不锈钢生产方面又诞生了氩氧脱碳工艺（AOD）。20 世纪 70 年代初也出现了向钢包中投掷块状合金来进行合金化的过程，为了让合金的熔化和扩散更加迅速，在这个过程中向钢液中吹氩气进行搅拌，后来为了更好地均匀钢液成分和温度以及控制夹杂物形态，升级为将合金元素制作成线状喂入钢液中。Nijhawan[33] 总结了合金的种类和各自的加入方式，Lange[34] 对炉外精炼工艺涉及的热力学和动力学原理进行了详细的论述。

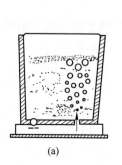

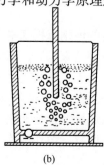

(a)　　　　　　　　　　　(b)

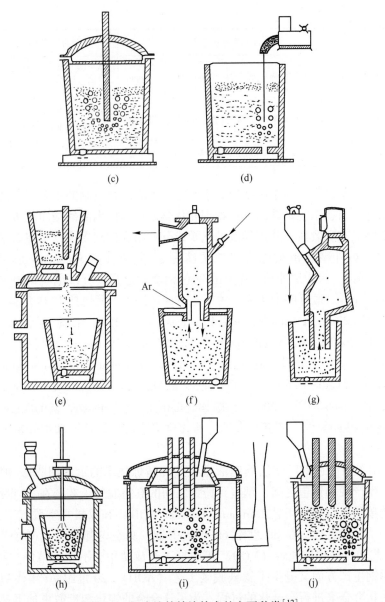

图 1-2　钢液炉外精炼技术的主要种类[12]

（a）底吹气体搅拌；（b）顶枪吹气搅拌；（c）顶枪喷粉工艺；（d）喂线工艺；
（e）真空浇铸铸流脱气工艺；（f）RH 脱气工艺；（g）DH 脱气工艺；
（h）真空吹氩脱碳工艺（VOD 工艺）；（i）真空电弧脱气工艺（VAD 工艺）；（j）LF 炉工艺

　　目前，大宗钢铁材料的炼钢流程基本采取"铁水预处理→炼钢→炉外精炼→铸造"的现代炼钢工艺流程。在炼钢结束以后，钢液中的碳和磷已经进行了一定程度的去除，在脱碳和脱磷过程中向钢液中吹入了氧气，这使得过量的氧残留在钢水中，同时也溶入了一定程度的氮和氢，这些都需要在炉外精炼过程中去除。此外，每个钢种的合金成分不同，需要根据钢材性能要求加入适量的合金元素；同时，为了更好地造渣和促进合金熔化，需要保证钢液到合适的温度。所以，炉外精炼是为了优化钢水的温度和成分，满足铸造工艺的要求；优化钢铁生产流程，提高钢铁生产的节奏；优化产品结构，提高产品附加值和企业利润。

通过炉外精炼，在钢包中对钢液的温度、成分、气体、有害元素及夹杂物进行进一步调整、净化，达到钢液洁净、均匀和稳定的目的。所以，炉外精炼的基本任务包括：（1）真空或者减压脱气，包括钢液的脱氢、脱氮和脱碳；（2）通过吹气搅拌、机械搅拌和电磁搅拌等方式对钢液脱氧及去除钢液中的非金属夹杂物、均匀钢液温度和成分；（3）通过熔剂精炼（例如造渣和喷粉）对钢液进行脱硫、脱氧和夹杂物形貌控制；（4）通过电极、铝热或者燃气等手段对钢液进行加热；（5）合金化调整钢液成分和夹杂物形貌控制；（6）脱磷。

参 考 文 献

［1］ 张立峰. 钢中非金属夹杂物［M］. 北京：冶金工业出版社，2019.

［2］ Kiessling R. Clean Steel—a debatable concept［J］. Met. Sci.，1980，15（5）：161-172.

［3］ Mu D, Holappa L. Production of Clean Steel：Literature Survey, Report No. PB93-179471/XAB, Gov. Res. Announc. Index（USA），1993.

［4］ Cramb A W. High Purity, Low Residual and Clean Steels［M］. Engineered Materials：Impact, Reliability and Control, C. L. Briant, ed. Marcel Dekker Inc.，（New York），1999：49-89.

［5］ McPherson N A, McLean A. Continuous Casting Volume Seven-Tundish to Mold Transfer Operations, ISS, Warrendale, PA, 1992, 7：1-61.

［6］ Zhang L F, Thomas B G. State of the Art in Evaluation and Control of Steel Cleanliness［J］. ISIJ International, 2003, 43（3）：271-291.

［7］ Poirier J. A review：Influence of refractories on steel quality［J］. Metallurgical Research and Technology, 2015, 112（4）：410/1-20.

［8］ Sugimoto S, Oi S. Development of High Productivity Process of Ultra-High-Cleanliness Bearing Steel［J］. Sanyo Technical Report, 2018, 25（1）：50-54.

［9］ 罗艳. 高牌号无取向硅钢中非金属析出相研究［D］. 北京：北京科技大学，2017.

［10］ Luo Y, Yang W, Ren Q, et al. Evolution of Non-metallic Inclusions and Precipitates in Oriented Silicon Steel［J］. Metallurgical and Materials Transactions B, 2018, 49B（3）：926-932.

［11］ Fruehan R J. Ladle Metallurgy Principles and Practices［M］. Iron and Steel Society, Warrendale, PA, USA, 1985：149.

［12］ Deo B, Boom R. Fundamentals of Steelmaking Metallurgy［M］. Prentice Hall International, 1993.

［13］ Oeters F. Metallurgy of Steelmaking［M］. Germany：Verlag Stahleisen GmbH, 1994.

［14］ Turkdogan E T. Fundamentals of Steelmaking［M］. London：The Institute of Materials, 1996.

［15］ Kajioka H. Ladle Refining：Chanllenges to Mass Production Systems of Various Grade and High Quality Steels［M］. Tokyo：Chijin Shokan Co. Ltd.，1997.

［16］ Stolte G. Secondary Metallurgy：Fundamentals, Processes, Applications［M］. Germany：Verlag Stahleisen GmbH, 2002.

［17］ Matsumiya T. Steelmaking technology for a sustainable society［J］. Calphad：Computer Coupling of Phase Diagrams and Thermochemistry, 2011, 35（4）：627-635.

［18］ Iwasaki M, Matsuo M. Change and development of steelmaking technology［J］. Nippon Steel Technical

Report, 2012 (101): 89-94.

[19] Bruckhaus R, Fandrich R. Current technology trends in steelmaking [J]. MPT Metallurgical Plant and Technology International, 2013, 36 (4): 40-46.

[20] Emi T. Steelmaking technology for the last 100 years: Toward highly efficient mass-production systems for high-quality steels [J]. Tetsu-to-Hagane, 2013, 100 (1): 31-58.

[21] Mimura Y, Kinoshita J, Umetsu K, et al. Steelmaking plant technology for steelmaking operations [J]. Nippon Steel Technical Report, 2013 (104): 74-82.

[22] Emi T. Steelmaking technology for the last 100 years: Toward highly efficient mass production systems for high quality steels [J]. ISIJ International, 2015, 55 (1): 36-66.

[23] Flick A. How innovation increases competitiveness in steelmaking [C]//6th International Congress on the Science and Technology of Steelmaking, ICS 2015, May 12, 2015-May 14, 2015, (Beijing, China), Chinese Society of Metals, 2015: 200-203.

[24] Jahanshahi S, Mathieson J G, Somerville M A, et al. Development of Low-Emission Integrated Steelmaking Process [J]. Journal of Sustainable Metallurgy, 2015, 1 (1): 94-114.

[25] Kashakashvili G V. Development of an Innovative Technology for Making Steel [J]. Metallurgist, 2015, 59 (7/8): 578-580.

[26] Protopopov E V, Kuznetsov S N, Feiler S V, et al. Converter steelmaking process: State, dominant trends, forecasts [C]//20th International Scientific and Research Conference-Metallurgy: Technologies, Innovation, Quality, Metallurgy 2017, November 15, 2017-November 16, 2017, (Novokuznetsk, Russia), IOP Publishing Ltd, Vol. 411, 2018.

[27] Du C, Gao X, Kitamura S. Measures to Decrease and Utilize Steelmaking Slag [J]. Journal of Sustainable Metallurgy, 2019, 5 (1): 141-153.

[28] Holappa L. Historical overview on the development of converter steelmaking from Bessemer to modern practices and future outlook [J]. Mineral Processing and Extractive Metallurgy: Transactions of the Institute of Mining and Metallurgy, 2019, 128 (1/2): 3-16.

[29] Kitamura S, Naito K, Okuyama G. History and latest trends in converter practice for steelmaking in Japan [J]. Mineral Processing and Extractive Metallurgy: Transactions of the Institute of Mining and Metallurgy, 2019, 128 (1/2): 34-45.

[30] Wang X, Wang H. Converter practice in China with respect to steelmaking and ferroalloys [J]. Mineral Processing and Extractive Metallurgy: Transactions of the Institute of Mining and Metallurgy, 2019, 128 (1/2): 46-57.

[31] Kikuchi N. Development and prospects of refining techniques in steelmaking process [J]. ISIJ International, 2020, 60 (12): 2731-2744.

[32] Saleil J, Mantel M, Le Coze J. Stainless steel production: History and Development Part I. Electrometallurgy, FeCr production des aciers inoxydables: Histoire et Developpements Partie I. Electrometallurgie, production des FeCr [J]. Materiaux et Techniques, 2020, 108 (1): 1-13.

[33] Nijhawan B R. The Iron and Steel Institute of Japan-World Renowned Institute. A Tribute and a Challenge [J]. Bulletin of the Iron and Steel Institute of Japan, 1997, 2: 33-34.

[34] Lange K W. Thermodynamic and kinetic aspects of secondary steelmaking processes [J]. International Materials Reviews, 1988, 33 (1): 53-89.

2 钢液炉外精炼过程主要的化学反应

2.1 钢液脱氧

钢液脱氧主要通过向钢中加入合金来进行。理论上,元素周期表中比铁活泼的金属元素都可以作为脱氧剂用来钢液脱氧。图 2-1[1-2] 是 1600℃下纯铁液单元素脱氧条件下钢中脱氧元素和溶解氧的平衡关系。从图 2-1 中可以看出,对于单元素脱氧而言,铬能把钢中的溶解氧脱到 250ppm 左右、锰能把钢中的溶解氧脱到 100~200ppm 的水平、硅能把钢中的溶解氧脱到 20ppm 左右、铝能把钢中的溶解氧脱到 3ppm 左右、钙和锆能把钢中的溶解氧脱到 1ppm 左右。图 2-1 (a) 是 1972 年 Turkdogan 发表的论文中脱氧元素和溶解氧的平衡关系图,图 2-1 (b) 是 2016 年 Ren 等人得到的脱氧元素和溶解氧的平衡关系图。

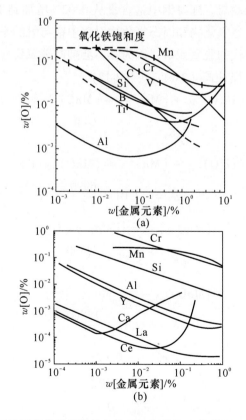

图 2-1   1600℃下纯铁液单元素脱氧条件下钢中脱氧元素和溶解氧的平衡关系[1-2]

(a) Turkdogan@ 1972 年[1];(b) Ren 等人@ 2016 年[2]

考虑到生产成本、钢液中金属和氧发生化学反应的安全程度和脱氧能力，专门用于脱氧的最主要的金属元素有铝、硅、锰三种。对于锰脱氧主要是使用低碳或高碳锰铁合金，对于硅脱氧主要是使用高碳或低碳硅铁合金或硅锰合金，对于铝脱氧主要是使用98%纯度以上的铝铁合金进行。炉外精炼工序的第一步通常是用锰铁、硅铁、硅锰或铝对钢液进行脱氧。单独使用锰铁脱氧可以得到100~200ppm溶解氧的含硫钢，这种钢在凝固过程中氧气会因为溶解度降低而析出形成气泡，造成沸腾，所以叫沸腾钢。除了使用单元素脱氧的一元脱氧之外，工业中往往使用多元素进行复合脱氧，例如使用硅锰复合脱氧可以得到50~70ppm溶解氧的半镇静钢，使用硅锰铝复合脱氧可以把溶解氧降低至25~40ppm，使用硅锰钙脱氧可以把钢液中的溶解氧降低至15~20ppm。对于铝脱氧钢，目前通常的做法是在出钢过程中用锰铁或者硅铁进行预脱氧，然后在炉外精炼过程中用铝进行终脱氧。这种做法可以减少出钢过程中的吸氮、最大限度地减少回磷，并能最大限度地减少由于与卷入的精炼渣发生反应而造成的铝损失。

2.1.1　锰脱氧

锰是最早用于钢液脱氧的金属元素之一，脱氧能力较弱，是最常用的脱氧元素之一，几乎所有的钢都用锰来进行脱氧或者预脱氧。锰可以增强硅和铝的脱氧能力，所以经常与硅和铝一起使用进行复合脱氧。随着钢中锰含量从0.02%增加到1%，钢中氧含量明显降低；同时，钢中生成的液态氧化物和固态氧化物对钢中锰与氧的平衡关系的影响不同。冶炼沸腾钢时，锰是无可替代的脱氧元素，因为其不会抑制碳氧反应，有利于获得良好的钢锭组织。锰脱氧反应的方程见式（2-1）~式（2-12）。[3]

$$(Fe_tO)_{(l)} + [Mn] \Longrightarrow (MnO)_{(l)} + Fe \tag{2-1}$$

$$\lg K = -2.93 + \frac{6440}{T} \tag{2-2}$$

$$(Fe_tO)_{(s)} + [Mn] \Longrightarrow (MnO)_{(s)} + Fe \tag{2-3}$$

$$\lg K = -3.01 + \frac{6990}{T} \tag{2-4}$$

$$(MnO)_{(l)} \Longrightarrow [Mn] + [O] \tag{2-5}$$

$$\lg K = -5.53 + \frac{12590}{T} \tag{2-6}$$

$$(MnO)_{(s)} \Longrightarrow [Mn] + [O] \tag{2-7}$$

$$\lg K = -6.67 + \frac{14880}{T} \tag{2-8}$$

$$e_O^{Mn} = -0.021 \tag{2-9}$$

$$e_{Mn}^O = -0.083 \tag{2-10}$$

$$e_{Mn}^{Mn} = 0 \tag{2-11}$$

$$e_O^O = 0.76 - \frac{1750}{T} \tag{2-12}$$

图 2-2[4-5] 是纯铁液和钢液中的 Mn-O 平衡曲线。试验点和热力学计算都表明，在锰含量小于 1% 时，氧含量随锰含量增加而降低；当锰含量超过 1% 以后，氧含量开始回升，用锰脱氧最低可使氧含量降到 100ppm 左右。Turkdogan[5] 通过工厂试验得到了用锰铁脱氧的结果；在 200t 钢液出钢至 1/8 时添加 1800kg 饱和石灰铝酸钙和锰铁脱氧，当钢包装满时，溶解的锰减少至约 0.32%，残留的溶解氧含量从出钢开始时的 650ppm 下降到约 300ppm。在电炉（EAF）和转炉（OBM 或者 Q-BOP）出钢过程加入锰铁和铝酸钙渣预脱氧的脱氧结果也在图 2-1 中，钢液中铝和硅含量均低于 0.003%，从中可以看出，锰铁脱氧的产物是 Mn(Fe)O，在铝酸钙渣存在下其活度会降低，脱氧效果比仅用锰金属脱氧时有显著改进，因此，出钢过程中让精炼渣和钢液充分混合可以促进出钢过程中快速脱氧[5]。

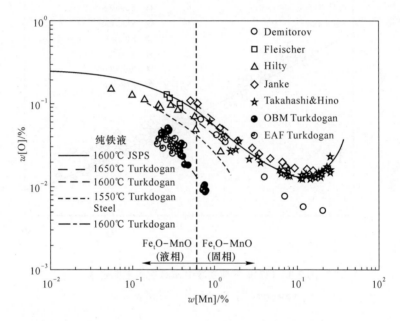

图 2-2　纯铁液 1600℃[4] 和其他温度下转炉和电炉出钢过程钢液[5] 中的 Mn-O 平衡曲线
（Turkdogan 数据[5]，其他数据[4]）

2.1.2　硅脱氧

1873K 下纯铁液中 Si-O 平衡曲线如图 2-3 所示。硅脱氧反应的方程、反应的 $\lg K$ 和一阶活度相互作用系数见式（2-13）~式（2-18）[6]，二阶相互作用系数见式（2-19）[7]。硅脱氧后纯铁中的溶解氧最低在 20ppm 左右，所以，相对于铝脱氧可以把溶解氧降低到 1~3ppm 而言，硅脱氧钢中夹杂物的数量较多，但是硅酸盐夹杂物变形能力较好，对钢材性能的危害较小。在 Si 含量从 0.001%~10% 的范围内，氧含量随着 Si 含量的增加而降低。

$$(SiO_2) = [Si] + 2[O] \qquad (2-13)$$

$$\lg K = 11.40 - \frac{30110}{T} \tag{2-14}$$

$$e_O^{Si} = -0.066 \tag{2-15}$$

$$e_{Si}^O = -0.119 \tag{2-16}$$

$$e_{Si}^{Si} = 0.103 \tag{2-17}$$

$$e_O^O = 0.76 - \frac{1750}{T} \tag{2-18}$$

$$r_{Si}^{SiO_2} = -0.0021 \tag{2-19}$$

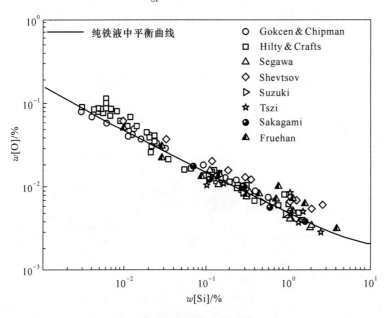

图 2-3　1873K 下纯铁液中 Si-O 脱氧平衡曲线

（Sakagami[8]，Fruehan[9]，其他数据[4]）

2.1.3　铝脱氧

　　铝是目前最常用的脱氧剂之一，由于其强脱氧性质常被用为终脱氧剂。铝脱氧的产物是 Al_2O_3。小尺寸的 Al_2O_3 可以促进铁素体形核和细化组织，然而，大尺寸的簇状 Al_2O_3 夹杂物（如图 2-4[10-11] 所示）在连铸过程中会导致浸入式水口堵塞，影响连铸的可浇性。铝脱氧反应的方程和反应的 $\lg K$ 及活度相互作用系数见式（2-20）~式（2-29）[3]，计算得到的 Al-O 平衡曲线如图 2-5 所示。

$$(Al_2O_3) = 2[Al] + 3[O] \tag{2-20}$$

$$\lg K = 11.62 - \frac{45300}{T} \tag{2-21}$$

$$e_O^{Al} = 1.90 - \frac{5750}{T} \tag{2-22}$$

图 2-4 钢中 Al_2O_3 夹杂物的主要形貌

（a）球状；（b）珊瑚状；（c）球状和树枝晶状；（d）珊瑚状；（e）聚合烧结在一起的两个粒子；（f）带棱角的块状颗粒

$$e_{Al}^{O} = 3.21 - \frac{9720}{T} \tag{2-23}$$

$$e_{Al}^{Al} = \frac{80.5}{T} \tag{2-24}$$

$$e_{O}^{O} = 0.76 - \frac{1750}{T} \tag{2-25}$$

$$r_{O}^{Al} = 0.0033 - \frac{25.0}{T} \tag{2-26}$$

$$r_O^{O,Al} = 127.3 - \frac{327300}{T} \tag{2-27}$$

$$r_{Al}^{O} = -107 + \frac{27500}{T} \tag{2-28}$$

$$r_{Al}^{Al,O} = -0.021 - \frac{137.8}{T} \tag{2-29}$$

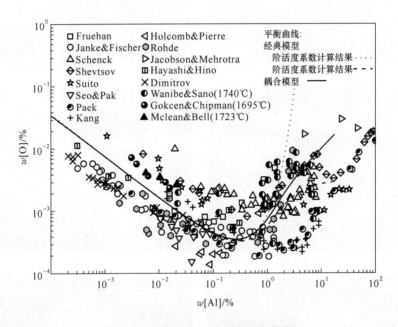

图 2-5　纯铁液中 Al-O 脱氧平衡曲线

（Fruehan[12]、Holcomb & Pierre[13]、Janke & Fischer[14]、Rohde[15]、Schenck[16]、Jacobson & Mehrotra[17]、

Shevtsov[18]、Hayashi & Hino[3]、Suito[19]、Dimitrov[20]、Seo & Pak[21]、Kang[22]、Paek[23]、

Wanibe & Sano[24]、Gokcen & Chipman[25]、Mclean & Bell[26]，图中没有标注温度的是在 1873K 下的结果）

　　关于铝脱氧钢中 Al_2O_3 夹杂物的形貌，早在 20 世纪 70 年代，国外学者就进行了全面的描述[27-29]。Al_2O_3 夹杂物的形貌和钢液当地成分，特别是钢中铝和氧的活度有关。1977年 Steinmetz 等人[28] 经过详细研究，给出了示意图如图 2-6（a）所示，当氧的活度远高于铝活度的时候，Al_2O_3 夹杂物为球形且尺寸很小；随着铝活度的提高，夹杂物向树枝晶形状转变；当氧活度和铝活度的数值一致时，夹杂物为标准的树枝状，尺寸很大；随着铝活度的进一步提高，夹杂物逐渐转变为珊瑚状，最后转变为带棱角的块状，尺寸较大。2010 年 Tiekink 等人[30] 进一步把钢液中量化的铝浓度和氧活度与观察得到的 Al_2O_3 夹杂物的形貌和尺寸进行了对应，并与文献做了对比，如图 2-6（b）所示，从中可以看出一个共同的规律：氧活度高的条件下，Al_2O_3 夹杂物的尺寸很小；在低氧活度的情况下也可能生成树枝状夹杂物，树枝状夹杂物的生长需要一定的时间；如果仍然有氧存在的情况下，树枝状夹杂物会转化为珊瑚状夹杂物，夹杂物之间的碰撞也能生成珊瑚状夹杂物；在钢液凝固过程中氧的偏析会使一些部位的氧浓度非常高，这种情况下可能生成小的单颗粒夹杂物和小的簇状夹杂物。

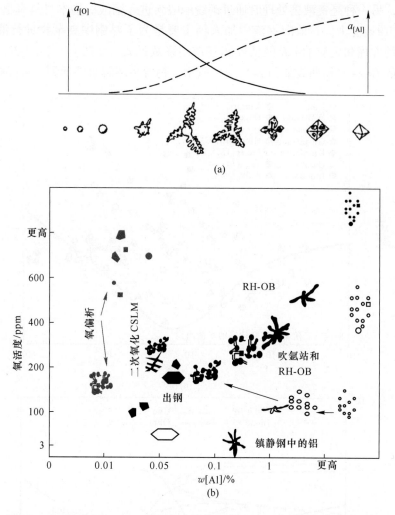

图 2-6　铝脱氧钢中 Al_2O_3 夹杂物的形貌和当地铝浓度及氧活度之间的关系

（a）Steinmetz 等人@ 1977 年[28]；

（b）Tiekink 等人@ 2010 年（实心为 Tiekink 本人的研究结果，空心是文献中的结果）[30]

　　不同学者进行实验室实验测量得到的钢中氧活度和溶解铝含量之间的关系如图 2-5 所示，从图中可以看出，不同的实验研究得到的平衡常数之间的差异高达两倍[14]。在工业现场测量氧活度的过程中，工业氧传感器的电解质尖端是 MgO 稳定的氧化锆。在铝脱氧的低氧电位下，MgO 稳定的氧化锆中存在一些电子传导，这使得定氧探头的读数略高于 Y_2O_3 或者 ThO_2 稳定的氧化锆。换句话说，目前的工业用定氧探头得到的氧活度高于真正的平衡值。此外，在工业氧传感器系统中，氧活度的读数以 ppm O 为单位，并假定铝镇静钢中氧的活度系数 $f_0 = 1.0$，表观氧活度将为（ppm O·f_0）。但是，氧的活度系数 f_0 不总是 1，这也会带来工业测量的误差。

2.1.4　钙脱氧

　　在精炼过程中，钙以下面两种方式进入钢液：一种是通过渣钢反应的方式借助还原传质进入钢液，另一种是钢液钙处理时通过钙线的喂入进入钢液。钙本身具有很强的脱氧能力[3,31-33]和脱硫能力。目前向钢液中加入钙主要是为了对钢中夹杂物进行液态化改性。钙脱氧反应的方程和反应的 lg$K$ 及活度相互作用系数见式（2-30）~式（2-39）[3]。1873K下纯铁液中的 Ca-O 平衡曲线如图 2-7（a）所示，钙可将溶解氧降低到 1~2ppm。

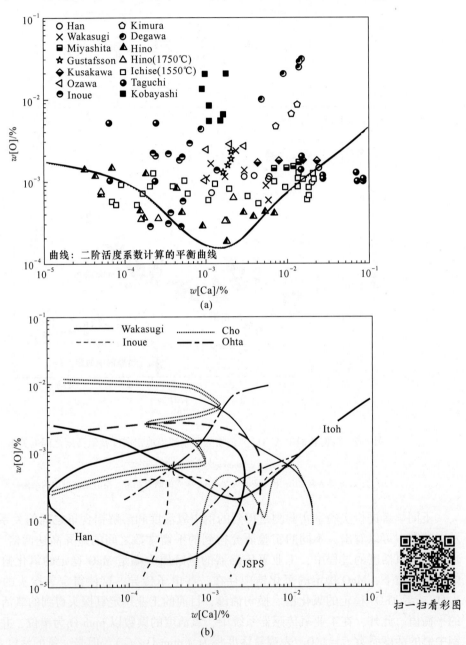

图 2-7　1873K 下纯铁液中 Ca-O 平衡曲线

（a）1873K 下纯铁液中 Ca-O 平衡曲线（Han[32]、Wakasugi[34]、Miyashita[31]、Gustafsson[35]、Kimura[36]、Hino[37]、Ichise[38]、Degawa[39]、Kusakawa[40]、Ozawa[41]、Inoue[42]、Taguchi[43]、Kobayashi[44]）；

（b）文献中发表的 1873K 下纯铁液中 Ca-O 平衡曲线（JSPS[6]、Wakasugi[34]、Itoh[3]、Han[32]、Inoue[42]、Cho[45]、Ohta[46]）

$$(CaO)_{(s)} \Longrightarrow [Ca] + [O] \tag{2-30}$$

$$\lg K = -4.28 - \frac{4700}{T} \tag{2-31}$$

$$e_O^{Ca} = 627 - \frac{1.755 \times 10^6}{T} \tag{2-32}$$

$$e_{Ca}^O = 1570 - \frac{4.405 \times 10^6}{T} \tag{2-33}$$

$$e_{Ca}^{Ca} = 0 \tag{2-34}$$

$$e_O^O = 0.76 - \frac{1750}{T} \tag{2-35}$$

$$r_{Ca}^O = -2.596 \times 10^6 + \frac{6.080 \times 10^9}{T} \tag{2-36}$$

$$r_{Ca}^{CaO} = 1.809 \times 10^5 - \frac{5.075 \times 10^8}{T} \tag{2-37}$$

$$r_O^{Ca} = 3.61 \times 10^4 - \frac{1.013 \times 10^8}{T} \tag{2-38}$$

$$r_O^{CaO} = -2.077 \times 10^6 + \frac{4.864 \times 10^9}{T} \tag{2-39}$$

文献中关于钙脱氧测量的实验点差别很大，从图 2-7（a）中可以看出，不同学者之间的 Ca-O 的平衡值差别最高超过两个数量级，此外，考虑了二阶活度相互作用系数条件下的热力学计算结果无法和任何一组测量值相吻合，这说明 Ca-O 平衡是很难控制的，实验条件的细微区别都会造成结果上巨大的不同。不同学者得到的钙脱氧平衡曲线的差别也很大，如图 2-7（b）所示，原因之一是测量得到的钙脱氧反应的热力学数据差别很大。表 2-1 给出了不同学者得到的钙脱氧的热力学数据，热力学数据的选择会显著影响热力学计算的结果。

表 2-1　文献中关于钙脱氧反应的热力学数据

作者	T/K	$\lg K$	e_O^{Ca}	e_{Ca}^O	r_O^{Ca}	参考文献
Itoh	1773~2023	-3.29-7220/T	627-1760000/T	1570-4400000/T	36100-101000000/T	[37]
Kimura	1873	-10.3（$w[Ca]$+ 2.51$w[O]$<0.0008）	-50000（$w[Ca]$+ 2.51$w[O]$<0.0008）	0.05		[36]
		-7.6（0.0008<$w[Ca]$ +2.51$w[O]$<0.03）	-600（0.0008<$w[Ca]$ +2.51$w[O]$<0.03）	0.05		
		-5.8（0.003<$w[Ca]$ +2.51$w[O]$）	60（0.003<$w[Ca]$ +2.51$w[O]$）	0.05		
Kobayashi	1823	-9.82	-1330	-535		[44]
Han	1873	-8.26	-475	-1190		[32]

续表 2-1

作者	T/K	$\lg K$	e_O^{Ca}	e_{Ca}^{O}	r_O^{Ca}	参考文献
Inoue	1873	−10.2	−3600（$w[Ca]$+2.51$w[O]$<0.005）	−9000（$w[Ca]$+2.51$w[O]$<0.005）	570000（$w[Ca]$+2.51$w[O]$<0.005）	[42]
			−990（0.005<$w[Ca]$+2.51$w[O]$<0.018）	−2500（0.005<$w[Ca]$+2.51$w[O]$<0.018）	42000（0.005<$w[Ca]$+2.51$w[O]$<0.018）	
Nadif	1773～2023	7.65−25688/T				[47]
Kulikov	1773～2023	8.17−34100/T				[48]
Fujisawa	1773～2023	−3.29−33800/T				[49]

作者	T/K	r_{Ca}^{O}	$r_O^{(Ca,O)}$	$r_{Ca}^{(Ca,O)}$	参考文献
Itoh	1773～2023	−2600000+6080000000/T	−2080000+4860000000/T	181000−508000000/T	[37]
Inoue	1873	3600000（$w[Ca]$+2.51$w[O]$<0.005）	2900000（$w[Ca]$+2.51$w[O]$<0.005）	2900000（$w[Ca]$+2.51$w[O]$<0.005）	[42]
		2600000（0.005<$w[Ca]$+2.51$w[O]$<0.018）	210000（0.005<$w[Ca]$+2.51$w[O]$<0.018）	210000（0.005<$w[Ca]$+2.51$w[O]$<0.018）	

2.1.5　镁脱氧

　　图 2-8 为 1873K 下钢液中 Mg-O 平衡曲线。镁脱氧反应的方程和反应的 $\lg K$ 见式（2-40）～式（2-49）[3]。随着钢中的溶解镁含量增加，钢中氧含量先降低后增加，溶解氧最低可达几个 ppm 左右。镁具有较强的脱氧和脱硫能力，可对钢中氧化物和硫化物夹杂进行有效改性。然而，由于镁元素的沸点（1170.0℃）很低，在炼钢温度下，镁加入到钢液中迅速变为气态，容易造成上浮排出钢液，导致镁元素的收得率很低，同时钢中加镁容易产生喷溅等危险。因此，现场生产中直接向钢液中加入镁处理的应用并不广泛。

$$(MgO) \rightleftharpoons [Mg]+[O] \tag{2-40}$$

$$\lg K = -4.28 - \frac{4700}{T} \tag{2-41}$$

$$e_O^{Mg} = 630 - \frac{1.705 \times 10^6}{T} \tag{2-42}$$

$$e_{Mg}^{O} = 958 - \frac{2592000}{T} \tag{2-43}$$

$$e_{Mg}^{Mg} = 0 \tag{2-44}$$

$$e_O^{O} = 0.76 - \frac{1750}{T} \tag{2-45}$$

$$r_{Mg}^{O} = -1.904 \times 10^{6} + \frac{4.222 \times 10^{9}}{T} \qquad (2\text{-}46)$$

$$r_{Mg}^{MgO} = 2.143 \times 10^{5} - \frac{5.156 \times 10^{8}}{T} \qquad (2\text{-}47)$$

$$r_{O}^{Mg} = 7.05 \times 10^{4} - \frac{1.696 \times 10^{8}}{T} \qquad (2\text{-}48)$$

$$r_{O}^{MgO} = -2.513 \times 10^{6} + \frac{5.573 \times 10^{9}}{T} \qquad (2\text{-}49)$$

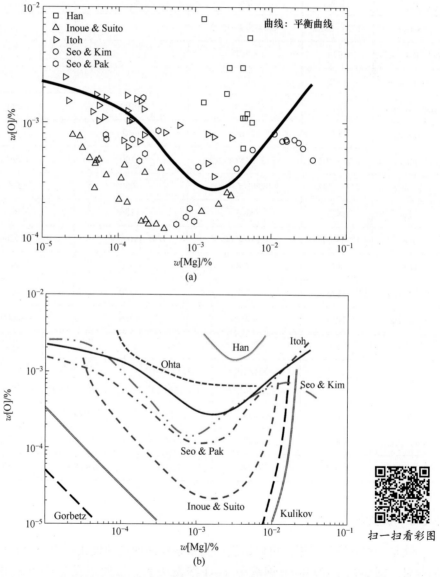

图 2-8　1873K 下纯铁液中 Mg-O 平衡曲线

（a）1873K 下纯铁液中 Mg-O 平衡曲线（Han[50]、Inoue & Suito[51]、Itoh[3]、Seo & Kim[52]、Seo & Pak[21]）；

（b）文献中发表的 1873K 下纯铁液中 Mg-O 平衡曲线（Kulikov[48]、Gorobetz[53]、Han[50]、Inoue & Suito[51]、

Itoh[3]、Ohta[46]、Seo & Kim[52]、Seo & Pak[21]）

　　由于镁元素极为活泼，且沸点低于炼钢温度，文献中关于镁脱氧测量的实验点差别很大，从图 2-8（a）中可以看出，不同学者之间的 Mg-O 的平衡值差别最高超过两个数量级，实验条件的细微区别都会导致测量结果的显著不同。图 2-8（b）中总结了不同学者计算得到的钙脱氧平衡曲线，计算结果差别很大，这主要是由于镁脱氧的热力学参数差别很大造成的。表 2-2 也给出了不同学者得到的镁脱氧的热力学数据，热力学数据的选择对热力学计算的结果有显著影响。

表 2-2　文献中关于镁脱氧反应的热力学数据

作者	T/K	$\lg K$	e_O^{Mg}	e_{Mg}^O	参考文献
Yavoiskii	1773～2023	$-34475/T+12.9$			[54]
Nadif & Gatellier	1873	-5.7			[47]
Turkdogan	1873	-7.74			[55]
Inoue & Suito	1873	-7.8	-190	-290	[51]
Olette	1873	-6			[56]
Kulikov	1773～2023	$-31375/T+8.208$	-160	-240	[48]
Gorobetz	1773～2023	$-25240/T+4.24$	-250	-380	[53]
Han	1873	-6.03	-106	-161	[50]
Itoh	1773～2023	$-4.28-4700/T$	$630-1705000/T$	$958-2592000/T$	[3]
Ohta	1873	-7.86	-300	-460	[46]
Seo & Kim	1873	-7.21	-370	-560	[52]
Seo & Pak	1873	-7.24	-266	-40000	[21]

作者	T/K	r_O^{Mg}	r_{Mg}^O	$r_O^{(Mg,O)}$	$r_{Mg}^{(Mg,O)}$	参考文献
Itoh	1773～2023	$-1.904\times10^6+4.222\times10^9/T$	$2.143\times10^5+5.156\times10^8/T$	$7.05\times10^4+1.696\times10^8/T$	$-2.513\times10^6+5.573\times10^9/T$	[3]
Ohta	1873	16000	37000	48000	48000	[46]
Seo & Kim	1873	5900	145000	191400	17940	[52]
Seo & Pak	1873	-40000	527000	696000	-122000	[21]

2.1.6　钛脱氧

　　钛是一种强脱氧元素，可以诱发晶内铁素体从而达到细化组织、提高钢的强度和韧性的效果。图 2-9 为 1873K 下钢液中 Ti-O 平衡关系。钛脱氧反应的方程和反应的 $\lg K$ 见式（2-50）～式（2-57）[57]。当 $w[Ti]<0.7\%$ 时，氧含量随脱氧剂钛的加入量增多而降低；当 $w[Ti]>0.7\%$ 时，氧含量随脱氧剂钛的增多而升高。当钛含量小于大约 0.4% 时，钢液中生成 Ti_3O_5 的能力更强；而当钛含量大于大约 0.4% 时，钢液中更容易生成 Ti_2O_3。

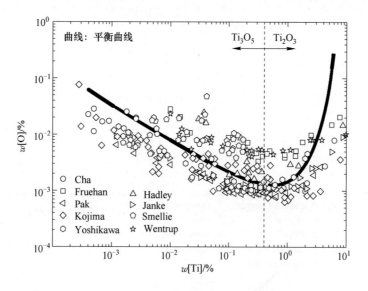

图 2-9 1873K 下纯铁液中 Ti-O 平衡曲线

（Cha[57]、Fruehan[12]、Pak[58]、Kojima[59]、Yoshikawa[60]、Hadley[61]、Janke[62]、Smellie[63]、Wentrup[64]）

$$(Ti_2O_3) \rightleftharpoons 2[Ti] + 3[O] \tag{2-50}$$

$$\lg K = 13.0 - 44238 T \tag{2-51}$$

$$(Ti_3O_5) \rightleftharpoons 3[Ti] + 5[O] \tag{2-52}$$

$$\lg K = 21.32 - \frac{72813}{T} \tag{2-53}$$

$$e_O^{Ti} = -\frac{1642}{T} + 0.3358 \tag{2-54}$$

$$e_{Ti}^O = -\frac{4915}{T} + 1.005 \tag{2-55}$$

$$e_{Ti}^{Ti} = 0.048 \tag{2-56}$$

$$e_O^O = 0.76 - \frac{1750}{T} \tag{2-57}$$

2.1.7 铬脱氧

铬是不锈钢获得不锈性和耐蚀性的最主要的元素，一般说来，随钢中铬含量的增加，铁素体不锈钢耐点蚀、耐缝隙腐蚀性能提高。铬脱氧反应的方程和反应的 $\lg K$ 见式（2-58）~式（2-65）[6]。图 2-10 为 1873K 下钢液中 Cr-O 平衡关系。随着钢中铬含量增加，钢中平衡的氧含量先降低后增加。当钢中铬含量低于 1.5% 时，钢液中生成 $FeO \cdot Cr_2O_3$ 的能力更强；当钢中铬含量高于 1.5% 时，钢液中生成 Cr_2O_3 的能力更强。

$$(FeO \cdot Cr_2O_3) \rightleftharpoons [Fe] + 2[Cr] + 4[O] \tag{2-58}$$

$$\lg K = 22.92 - \frac{53420}{T} \tag{2-59}$$

$$(Cr_2O_3) \rightleftharpoons 2[Cr] + 3[O] \tag{2-60}$$

$$\lg K = 19.42 - \frac{44040}{T} \tag{2-61}$$

$$e_O^{Cr} = \begin{cases} -0.055 & T = 1873^{[6]} \\ -0.040 & T = 1873^{[7]} \end{cases} \tag{2-62}$$

$$e_{Cr}^O = -0.189 \tag{2-63}$$

$$e_{Cr}^{Cr} = 0 \tag{2-64}$$

$$e_O^O = 0.76 - \frac{1750}{T} \tag{2-65}$$

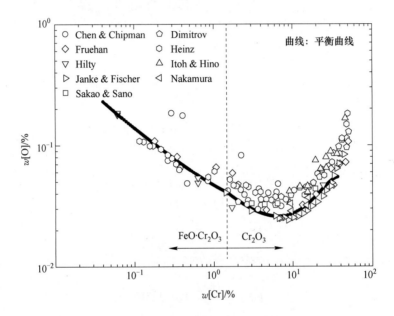

图 2-10　1873K 下纯铁液中 Cr-O 平衡曲线

(Chen & Chipman[65]、Dimitrov[66]、Fruehan[67]、Heinz[68]、Hilty[69]、Itoh & Hino[70]、
Janke & Fischer[71]、Nakamura[72]、Sakao & Sano[73])

2.1.8　镧脱氧

镧是一种稀土元素，由于其与氧、硫具有很强的结合能力，加入钢液中可以起到净化钢液、改性夹杂物和改善钢组织的作用。镧脱氧的产物一般认为是 La_2O_3，其脱氧反应的方程见式（2-66），反应的 $\lg K$ 如表 2-3 所示。图 2-11 为采用表 2-3 的热力学数据计算的 1873K 下钢液中 La-O 平衡关系，编号 12 的 $\lg K$ 与编号 4 的数据非常接近，因此图 2-11 中未再列出编号 12 的平衡曲线。表 2-3 中缺少的相互作用系数采用式（2-66）~式（2-70）的数据。不同研究者测得的热力学数据相差较大，这一方面是因为很多学者测得的镧含量为钢中镧的总量，既包括了夹杂物中的镧含量，也包括了溶于钢中的镧含量，由于稀土是强脱氧元素，夹杂物中所占的比例较高，导致了实验误差较大；另一方面由于钢液中镧元素会持续与坩埚耐火材料发生反应导致向钢液中传递氧。

$$(La_2O_3) \Longrightarrow 2[La] + 3[O] \tag{2-66}$$

$$e_O^{La} = -0.97 \tag{2-67}$$

$$e_{La}^{O} = -8.45 \tag{2-68}$$

$$e_{La}^{La} = -0.01 \tag{2-69}$$

$$e_O^{O} = 0.76 - \frac{1750}{T} \tag{2-70}$$

表 2-3　文献中关于镧脱氧反应的热力学数据

编号	作者	T/K	$\lg K$	e_O^{La}	e_{La}^{O}	e_{La}^{La}	参考文献
1	Vahed	1193~2000	$17.59-75373/T$	-0.2	-1.77	-0.0078	[74]
2	Kurikov	1873	$21.14-70270/T$	-0.97	-8.45	-0.01	[74]
3	Kinne	1873	$20.79-77300/T$				[74]
4	Kinne	1873	$14.10-62050/T$				[74]
5	Olette	1873	$19.6-68500/T$				[56]
6	Fischer	1873	-9.22				[74]
7	Fruehan	1953	-12.6	-5.0			[75]
8	Janke	1873	-18.39				[76]
9	Richerd	1873	-19.40				[77]
10	Hitchon	1873	-8.22				[78]
11	Hitchon	1873	-18				[78]
12	Buzek	1873	-19				[79]

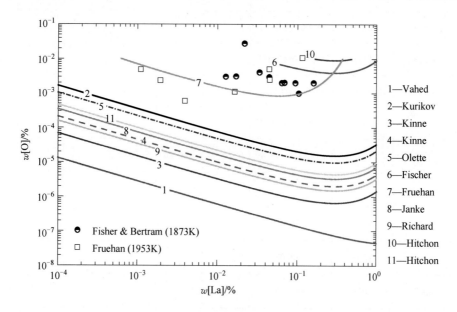

图 2-11　1873K 下钢液中 La-O 平衡关系

(图中的实验点：Fisher & Bertram[80]；Fruehan[75])

2.1.9　铈脱氧

铈是稀土元素中丰度最高的元素。铈与氧和硫都有很强的结合能力。与镧的性质类似，铈加入钢中也可以起到净化钢液、改性夹杂物和改善钢组织的作用。铈脱氧的产物一般为 Ce_2O_3，其反应的方程见式（2-71），不同研究者报道的反应的 $\lg K$ 如表 2-4 所示。图 2-12 使用表 2-4 的数据计算得到的 1873K 下钢液中 Ce-O 平衡关系。对于缺少的相互作用系数采用式（2-72）~式（2-74）。如图 2-12 所示，不同学者得到的热力学数据相差很大。

$$(Ce_2O_3) \rightleftharpoons 2[Ce] + 3[O] \tag{2-71}$$

$$e_O^{Ce} = -64.0 \tag{2-72}$$

$$e_{Ce}^{O} = -560 \tag{2-73}$$

$$e_{Ce}^{Ce} = 0.004 \tag{2-74}$$

表 2-4　文献中关于铈脱氧反应的热力学数据

编号	作者	T/K	$\lg K$	e_O^{Ce}	e_{Ce}^{O}	e_{Ce}^{Ce}	r_O^{Ce}	$r_O^{Ce,O}$	参考文献
1	Han	1873	$33.64-95487/T$	−12.1	−106	0.0039			[81]
2	Inoue	1873	$7.52-45659/T$	−33.0	−289		210	3680	[74]
3	JSPS	1873	−17.2	−64	−560	0.004			[74]
4	Vahed	1071~2000	$18.81-74757/T$						[82]
5	Kinne	1873	$21.00-76000/T$						[83]
6	Jacquemot	1873	$19.60-68500/T$						[84]
7	韩其勇	1823~1923	$35.34-98611/T$						[85]
8	Turkdogan	1873	$25.95-74710/T$						[86]
9	王常珍	1873	−14.00~−12.49	−3	−26.28	0.0032			[87]
10	石川辽平	1923	−14.39						[88]
11	Kulikov	1873	−16.93						[89]
12	Janke	1873	−17.03						[76]
13	Turkdogan	1873	−18.57						[83]
14	Fruehan	1953	−7.46	−3					[75]

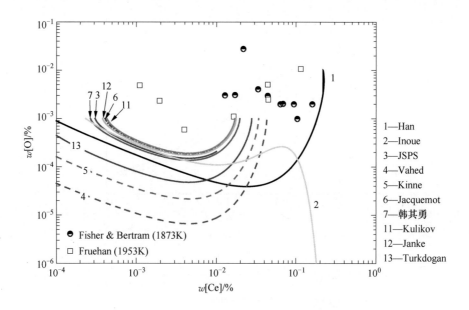

图 2-12　1873K 下钢液中 Ce-O 平衡关系

（图中的实验点：Fisher & Bertram[80]；Fruehan[75]）

2.1.10　硅锰复合脱氧

使用锰和硅一起对钢液进行脱氧（复合脱氧）时，能把钢液中的溶解氧降低到比使用单一元素脱氧条件下要低；这是因为在复合脱氧条件下，脱氧产物为硅锰酸盐复合夹杂物，其中的 MnO 和 SiO$_2$ 的活度都小于 1。硅锰脱氧的脱氧产物是液态的硅酸锰或固体二氧化硅，成分取决于添加到钢液中 Si 和 Mn 的含量。

$$\left.\begin{array}{l} [\mathrm{Si}] + 2[\mathrm{O}] \longrightarrow (\mathrm{SiO_2}) \\ [\mathrm{Mn}] + [\mathrm{O}] \longrightarrow (\mathrm{MnO}) \end{array}\right\} \text{熔融的 } x\mathrm{SiO_2} \cdot \mathrm{MnO} \text{ 或固体 } \mathrm{SiO_2} \qquad (2\text{-}75)$$

通过利用 MnO-SiO$_2$ 系统中的氧化物活度数据以及反应式（2-75）的热力学数据，很多学者做了实验和理论研究[1,90-92]，得到如下的硅锰脱氧反应的平衡关系式，计算了与硅锰脱氧有关的平衡状态。

$$[\mathrm{Si}] + 2(\mathrm{MnO}) \Longrightarrow 2[\mathrm{Mn}] + (\mathrm{SiO_2}) \qquad (2\text{-}76)$$

$$K_{\mathrm{MnSi}} = \left(\frac{f_{\mathrm{Mn}} \cdot w[\mathrm{Mn}]}{a_{\mathrm{MnO}}}\right)^2 \frac{a_{\mathrm{SiO_2}}}{f_{\mathrm{Si}} \cdot w[\mathrm{Si}]} \qquad (2\text{-}77)$$

$$\lg K = \frac{1510}{T} + 1.27 \qquad (2\text{-}78)$$

式中，氧化物活度以纯固体氧化物为标准态。

Abraham[93] 和 Rao[94] 测量了硅酸锰熔体中 MnO 的活度，结果如图 2-13（a）所示（纯固体氧化物为标准态）。在 $w[\mathrm{Mn}] < 0.4\%$ 的钢液中，脱氧产物是富含 MnO 的硅酸盐，并且含小于 8% 的 FeO。根据图 2-13（a）中的活度数据以及方程（2-75）~式（2-78），可以得到硅锰脱氧的平衡状态，如图 2-13（b）和（c）所示。脱氧产物是固体二氧化硅

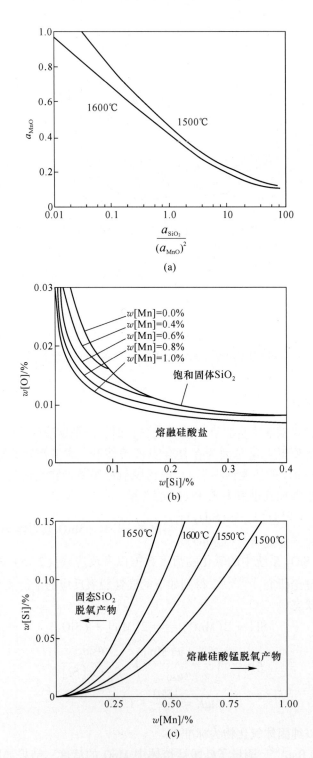

图 2-13　MnO-SiO$_2$ 熔体中氧化物活度以及钢液硅锰复合脱氧的平衡关系[95]

（a）MnO-SiO$_2$ 熔体中氧化物活度（相对于纯氧化物）；（b）1600℃钢液硅锰复合脱氧的平衡关系；

（c）温度对钢液硅锰复合脱氧平衡关系的影响[95]

还是液态硅酸锰取决于温度及钢中硅和锰的含量。当钢液中 $w[Si]=0.12\%$、$w[Mn]=0.37\%$ 时，钢液中平衡的溶解氧含量约为 130ppm。这说明使用硅或者锰单独脱氧时，会导致钢水中与硅锰平衡的溶解氧含量更高。当 $w[Mn]/w[Si]>2.5\%$ 时，生成液态的 $MnO \cdot SiO_2$，夹杂物易上浮到渣相，钢水可浇性好，不堵塞水口。在二氧化硅饱和时，脱氧仅由硅进行，SiO_2 活度为 1。

1979 年，Gatellier 和 Olette 计算了 1600℃下钢中 Si-Mn-O 复合脱氧平衡曲线，如图 2-14 所示[96]。由图 2-9 可知，钢中生成纯 SiO_2、含 SiO_2 50%、45% 和 40% 的夹杂物、$FeO \cdot MnO$ 夹杂物所需要的钢中 [Si]、[Mn] 和 [O] 含量。张立峰等人[97] 也计算了 1600℃下纯铁液中 Si-Mn-O 夹杂物生成相图，根据钢中 [Si]、[Mn] 和 [O] 含量可预测钢中固态 MnO 夹杂物、固态 SiO_2 夹杂物和液态夹杂物的生成区间，以及钢中溶解氧能达到的水平。

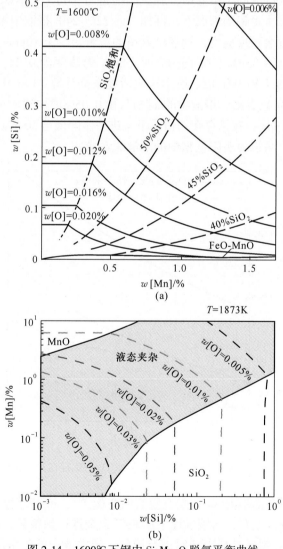

图 2-14　1600℃下钢中 Si-Mn-O 脱氧平衡曲线

(a) 1979 年 Gatellier 和 Olette 计算了 1600℃下钢中 Si-Mn-O 脱氧平衡曲线（图中实线是溶解氧的质量百分浓度）[96]；

(b) 张立峰计算了 1600℃下钢中 Si-Mn-O 脱氧平衡曲线（图中虚线是溶解氧的质量百分浓度）[97]

2.1.11　硅锰铝复合脱氧

铁水中都含有少量的铝,同时硅铁合金脱氧剂中也含有少量的铝,由于铝与氧的结合能力强于硅和锰,因此,在使用 Si-Mn 脱氧的实际工业生产中,也需要考虑铝含量的影响。在钢中有一定量的溶解铝的情况下使用硅锰进行脱氧时,脱氧产物是液态的铝硅酸锰。对于 $w[Mn] = 0.8\%$、$w[Si] = 0.2\%$,且含有少量铝的钢,钢中的溶解氧含量约为 50ppm[5],是不含铝情况下硅锰脱氧的一半,这是因为脱氧产物铝硅酸盐进一步降低了 MnO 和 SiO_2 的活度。工业试验也发现,使用硅锰脱氧并向 200t 钢液中添加 1000kg 的预熔铝酸钙渣,可以将溶解氧含量降低至约 20ppm[5]。

在钢包钢液中添加少量铝和硅锰合金,或硅铁合金和锰铁合金的混合物进行脱氧,可以得到溶解氧为 25~40ppm 的半镇静钢,脱氧产物是与 $3MnO \cdot Al_2O_3 \cdot 3SiO_2$ 成分相近的液态铝硅酸锰。在添加少量铝的情况下,例如,向 220~240t 钢液中添加 35kg 的铝及硅锰合金,几乎所有的铝都会被反应完,钢液中残留的溶解铝少于 10ppm。对于 Al_2O_3 饱和的脱氧产物 $3MnO \cdot Al_2O_3 \cdot 3SiO_2$,在 1650℃ 时,$SiO_2$ 的活度为 0.27,在 1550℃ 时活度为 0.17,在 1500℃ 时活度大约为 0.12。使用这些活度数据计算 Al-Si-Mn 复合脱氧平衡得到图 2-15。从图 2-15 中可以看出,钢液中的 $w[Si]$ 由 0.05% 增加到 0.5%,钢中的溶解氧由 160ppm 以上降低到 62ppm,在铝存在的情况下又进一步降低至 30ppm。所以,脱氧剂中硅含量和铝含量的增加,可以显著降低钢中的溶解氧含量。

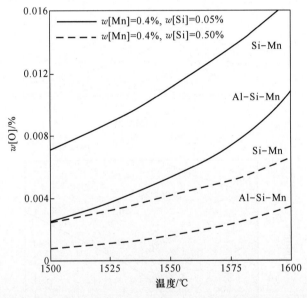

图 2-15　硅锰复合脱氧平衡与脱氧产物为饱和 Al_2O_3 时铝硅锰复合脱氧平衡的比较[95]

图 2-16 (a) 是典型的钢液 Si-Al 复合脱氧的实例[98],炼钢过程中的脱碳,把钢液中的溶解氧降低到 400ppm 左右,出钢过程中加 FeSi 合金进行预脱氧,把钢液中的溶解氧降低到 40ppm 左右,炉外精炼过程中加铝进行脱氧,把钢液中的溶解氧降低到 2ppm 左右,脱氧产物氧化物夹杂的逐渐去除,是钢液中的总氧含量随着时间的进行而降低的原因。图 2-16 (b)~(i) 是不同学者计算的纯铁液和几种钢中 Al-Si 复合脱氧的平衡图,也是平衡

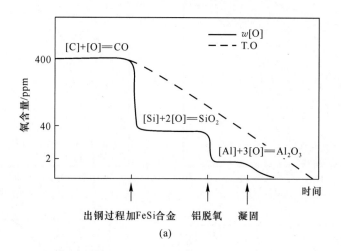

(a)

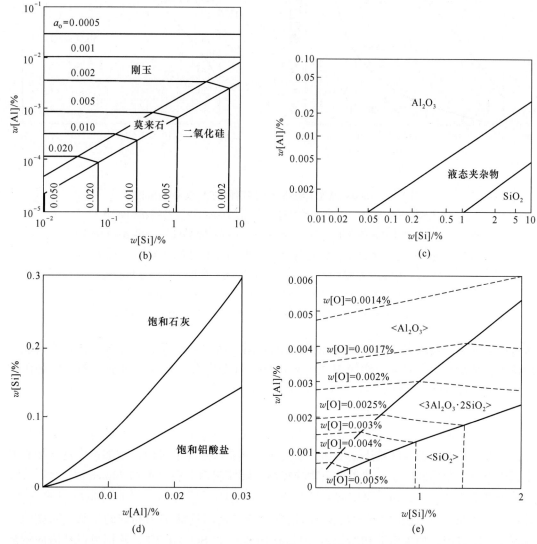

(b)

(c)

(d)

(e)

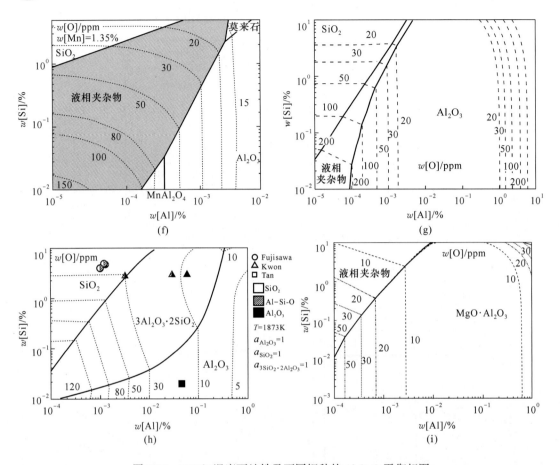

图 2-16 1600℃ 温度下纯铁及不同钢种的 Al-Si-O 平衡相图

（a）典型的钢液 Si-Al 复合脱氧的生产实例[98]；（b）Olette 计算，纯铁液@ 1982 年[101]；

（c）含 1.0% Mn 纯铁液@ 1985 年[99]；（d）与含 5% SiO$_2$ 的铝酸钙渣平衡的钢液@ 1996 年[95]；

（e）Suzuki 计算，0.15%C-13%Cr 不锈钢@2001[102]；（f）使用热力学数据编写程序计算，

含 1.35%Mn 纯铁液@ 2016 年[100]；（g）使用热力学软件计算，纯铁液@ 2019 年[103]；

（h）使用热力学数据编写程序计算，纯铁液@ 2019 年[97]；（i）使用热力学软件计算，

0.75%C-0.95%Mn-0.06%V-0.004%S-0.0005%Mg-Al-Si-O 系 U75V 重轨钢液@ 2019 年[103]

脱氧产物种类与钢液中 Al-Si-O 含量的平衡关系图。从中可以看出，针对纯铁和不同成分的钢液，结果有很大差异。铝脱氧或脱氧用硅铁合金中含有铝时，脱氧产物可能是固体 Al$_2$O$_3$、液态硅酸锰或固体 SiO$_2$。为了避免连铸过程水口结瘤，希望生成液体夹杂物，从图 2-16 可以看出，少量的铝也会生成 Al$_2$O$_3$ 夹杂物，进而导致水口结瘤[99]。

1873K 下 Si-Mn-Al-O 系稳定相图如图 2-16（c）和（d）所示。随着钢中的锰含量增加，液态夹杂物的稳定区域逐渐增加，因此在成分要求允许范围内，增加钢中锰含量有利于钢中液态夹杂物的生成，此类夹杂物的控制需要控制钢中铝含量在 20ppm 以下[100]。如果精炼渣中的 Al$_2$O$_3$ 过高，钢中的硅与渣中的 Al$_2$O$_3$ 发生反应，从而降低渣中的 Al$_2$O$_3$ 含量。图 2-16（f）是与含有 5%SiO$_2$ 的铝酸钙渣平衡的钢液中铝和硅的平衡关系图[95]，从图中可以看出，如果钢液初始铝 w[Al]<0.01% 且 w[Si]=0.2%，则铝可以从渣向钢液

中传递，钢液脱氧的程度取决于从渣中传递进入钢液的铝含量。

需要指出的是，所有的实际钢液都含有十几种成分（包括金属和非金属），多种金属成分的存在使得所有实际钢液的脱氧都是复合脱氧，而实际钢液的脱氧曲线和纯铁的脱氧曲线差别很大。图 2-17（a）为不同钢种的铝脱氧平衡曲线，纯铁条件下即 Fe-Al-O 体系中的 Al-O 平衡曲线在很多年前就已做出，并广泛应用于各个版本的教科书中。由图 2-17 可知，随着钢中铝含量的增加，钢中氧含量先降低后增加。钢中氧含量最低可以降低到几个 ppm，说明铝元素的脱氧能力很强。从图中可知，在纯铁液中，铝元素的脱氧能力更强。在轴承钢等实际钢种中，因为铝元素的脱氧能力很强，随着钢中各种合金元素的加入，在高铝条件下，钢中的溶解氧含量变化不大。然而，在低铝条件下，实际钢种中的氧含量明显低于纯铁液，说明合金元素的加入有较好的脱氧作用。对于非铝脱氧钢种，主要关注的是硅脱氧平衡曲线。纯铁条件下即 Fe-Si-O 体系中的 Si-O 平衡曲线在近一百年前就已做出。然而，对于实际钢种来说，每个钢种都含有几种甚至十几种合金元素，由于不同元素间活泼性的差异，实际钢种成分条件下的 Si-O 平衡曲线将明显不同于纯铁系统。图 2-17（b）中做出了 1600℃几个典型非铝脱氧钢与纯铁条件下的 Si-O 平衡曲线。对比发

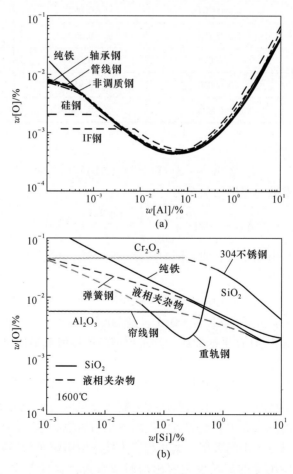

图 2-17　实际钢种与纯铁条件下钢中 Al-O 和 Si-O 平衡曲线[103]

（a）不同钢种的铝脱氧平衡曲线；（b）1600℃典型非铝脱氧钢与纯铁条件下的 Si-O 平衡曲线

现，在纯铁系统中，Si-O 平衡产物只有固态 SiO_2；而对于实际钢种成分条件，只有高 Si 含量下脱氧产物才是 SiO_2，随着 Si 含量的降低，平衡脱氧产物转变为液态夹杂物，如图中虚线所示，当然不同钢种液态夹杂物的成分不同。例如，对于帘线钢当钢中 Si 含量小于 0.15%时，即使帘线钢中只含有几个 ppm 的 Al，平衡的非金属夹杂物也会转变为 Al_2O_3；由于不锈钢中将近 20%的 Cr 含量，当钢中 Si 含量小于 0.2%时，平衡的非金属夹杂物转变为 Cr_2O_3。在实际钢液中由于其他合金元素的存在，除不锈钢外，与相同 Si 含量平衡的溶解氧含量要低于纯铁系统。因此，只有计算得到实际钢种成分条件下的脱氧平衡，才能更准确地指导企业生产，不能使用纯铁的脱氧曲线来直接指导生产实践。

【例题 2-1】

针对 12Cr17 钢的钢液，1600℃温度下，使用定氧探头测定了钢中氧活度随钢中酸溶铝含量的关系，见表 2-5。

表 2-5   12Cr17 钢铝脱氧时钢液中酸溶铝含量和氧活度的关系

$w[Al]/\%$	a_O	$w[Al]/\%$	a_O
0.001	0.00204	0.092	0.0010
0.002	0.00105	0.220	0.00006
0.004	0.00079	0.305	0.00005
0.010	0.00050	0.450	0.00004
0.050	0.00021	0.730	0.00002

铝脱氧反应的表达式为

$$2[Al] + 3[O] \Longrightarrow (Al_2O_3) \tag{2-79}$$

脱氧反应的平衡常数与温度的关系为

$$\lg K_{Al} = -\lg\left(\frac{a_{Al}^2 \cdot a_O^3}{a_{Al_2O_3}}\right) = \frac{64900}{T} - 20.63 \tag{2-80}$$

活度相互作用系数考虑一阶，或者同时考虑一阶或者二阶，表达式如前文各个元素脱氧热力学数据所示，且有

$$r_O^{Cr} = 0(T = 1873K)^{[7]} \tag{2-81}$$

$$r_O^{O,\ Cr} = 0(T = 1873K)^{[7]} \tag{2-82}$$

应用亨利定律，画出 Al-O 平衡曲线，并求得钢液中溶解氧最低时钢中酸溶铝的含量。

求解过程：

解题思路：钢中溶解氧含量和脱氧剂元素的平衡关系曲线称为脱氧曲线。横坐标为脱氧剂含量，纵坐标为溶解氧含量，脱氧曲线中溶解氧含量的最低点即为所求。可以使用两种方法求解：（1）根据表 2-5 中测量的氧活度求解出溶解氧含量，画出溶解氧和溶解铝的关系图；（2）不需要表 2-5 中的数据，编写程序直接求解溶解氧和溶解铝的关系。

（1）根据表 2-5 中测量的氧活度求解出溶解氧含量，且仅考虑一阶活度相互作用系数，方法如下：

根据亨利定律，溶解氧含量和氧活度的关系为

$$w[O] = \frac{a_O}{f_O} \quad 或 \quad \lg w[O] = \lg[a_O] - \lg f_O \tag{2-83}$$

当前脱氧体系中 $w[Cr] = 17\%$，氧活度系数可以用式（2-84）计算。

$$\lg f_O = e_O^{Al} w[Al] + e_O^{O} w[O] + e_O^{Cr} w[Cr] \tag{2-84}$$

将前文的活度相互作用系数代入，可以得到钢中 $w[O]$ 和 $w[Al]$ 的关系，如图 2-18 所示。当钢中溶解氧最低时，酸溶铝的含量为 0.17%。

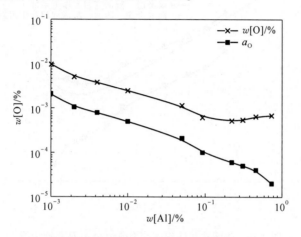

图 2-18　1873K 下 Al-O 平衡曲线

（2）编写程序直接求解溶解氧和溶解铝的关系，方法如下：

平衡常数表达式（2-80）可以改写为

$$\lg K_{Al} = -\lg\left(\frac{a_{Al}^2 \cdot a_O^3}{a_{Al_2O_3}}\right) = \frac{64900}{T} - 20.63$$

$$= -\lg\left[\frac{(f_{Al} \cdot w[Al])^2 \cdot (f_O \cdot w[O])^3}{a_{Al_2O_3}}\right] \tag{2-85}$$

只考虑一阶活度相互作用系数的情况下，活度系数的表达式为

$$\lg f_{Al} = e_{Al}^{Al} w[Al] + e_{Al}^{O} w[O] + e_{Al}^{Cr} w[Cr] \tag{2-86}$$

$$\lg f_O = e_O^{Al} w[Al] + e_O^{O} w[O] + e_O^{Cr} w[Cr] \tag{2-87}$$

同时考虑一阶和二阶活度相互作用系数的情况下，活度系数的表达式为

$$\lg f_{Al} = e_{Al}^{Al} w[Al] + e_{Al}^{O} w[O] + e_{Al}^{Cr} w[Cr] +$$
$$r_{Al}^{O} w[O]^2 + r_{Al}^{Al_2O_3} w[Al] w[O] +$$
$$r_{Al}^{Cr} w[Cr]^2 \tag{2-88}$$

$$\lg f_O = e_O^{Al} w[Al] + e_O^{O} w[O] + e_O^{Cr} w[Cr] +$$
$$r_O^{Al} w[Al]^2 + r_O^{Al_2O_3} w[Al] w[O] +$$
$$r_O^{Cr} w[Cr]^2 + r_O^{O,Cr} w[Cr] w[O] \tag{2-89}$$

如果假设生成的夹杂物是纯的 Al_2O_3，则可以假设 Al_2O_3 的活度为 1，钢液的温度为 1873K，则该式只有两个未知数，即钢中的溶解氧和溶解铝，则可以编写程序求解，得到图 2-19。随着钢中酸溶铝含量的增加，钢中溶解氧含量降低；当钢中酸溶铝含量 $w[Al] =$

0.17%时，钢中溶解氧含量达到最低值；当 $w[Al]>0.17\%$ 时，随着钢中酸溶铝的增加，溶解氧含量升高。既考虑一阶也考虑二阶活度相互作用系数的计算结果和仅考虑一阶活度相互作用系数的结果出现偏差。

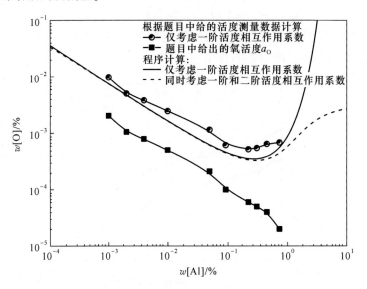

图 2-19　牛顿迭代法程序计算得到的 Al-O 平衡曲线

平衡常数 K 是温度的函数，所以温度对于 Al-O 平衡曲线有很显著的影响，如图 2-20 所示。

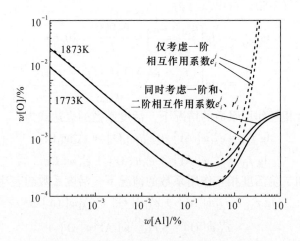

图 2-20　温度对钢中 Al-O 平衡曲线的影响

（3）附录：脱氧计算 C++ 程序清单及运行说明如下：

运行环境：编译器支持 C 语言均可。

参数输入模块：

#include<stdio. h>

#include<math. h>

```
int main(void)/* 主函数作为参数输入段 */
{
int T;
double xk = 0.00001,xk1,pctAl,i,h,
    e_O_O,
    e_O_Al,
    e_Al_O,
    e_Al_Al,
    r_Al_O,
    r_O_Al,
    r_Al_Al_O,
    r_O_O_Al,
    lgK,
    eps = 0.000001;/* 输入参数的定义 */

printf("请输入您想计算的温度 T(单位 K)=");
scanf("%d",&T);
    e_O_O = 0.76-1750/T;
    e_O_Al = 1.90-5750/T;
    e_Al_O = 3.21-9720/T;
    e_Al_Al = 80.5/T;
    r_Al_O = -107+275000/T;
    r_O_Al = 0.0033-25/T;
    r_Al_Al_O = 0.021-13.78/T;
    r_O_O_Al = 127.3+327300/T;
    lgK = 11.62-45300/T;
/* printf("请输入[Al]初值 pctAl=");*/
scanf("%lf",&pctAl);*/
printf("[Al]    [O]\n");
牛顿迭代函数模块
for(pctAl = 0.00001;pctAl<2;pctAl*10)
{
    h = pctAl/10;
    for(i = 1;i<=100;i++)
    {
        xk1 = xk-
((2*e_Al_Al+3*e_O_Al)*pctAl+(2*e_Al_O+3*e_O_O)*xk+2*lg10(pctAl)+3*lg10(xk)-lgK)/
((2*e_Al_O+3*e_O_O)+1.303*pow(xk,-1));
        while(fabs(xk1-xk)>=eps)
        {
            xk = xk1;
            xk1 = xk-
((2*e_Al_Al+3*e_O_Al)*pctAl+(2*e_Al_O+3*e_O_O)*xk+2*lg10(pctAl)+3*log10(xk)-lgK)/
```

```
((2*e_Al_O+3*e_O_O)+1.303*pow(xk,-1));
            }
         printf("%lf%lf\n",pctAl,xk1);
         pctAl=pctAl+h;
      }
}
return 0;
}
```

2.1.12　脱氧过程的动力学

　　钢液脱氧反应的动力学涉及钢液的流动、钢液中溶质元素的扩散、脱氧反应的速率现象、脱氧产物在钢液中的运动和去除，是一个复杂的过程。关于脱氧的动力学，目前有基于各种模型的分析解和基于流体流动的数值解。分析解是根据物理现象和化学反应建立数学方程组，然后设计程序进行求解，优点是计算时间短，可以考虑各种影响因素，缺点是假设钢包钢液是均相，即在钢包钢液中的任何地方，溶质元素、夹杂物数量等物理量都是一致的。Turkdogan[104]，张立峰[97]，Park 和 Zhang[105] 都对这一现象进行了详细的文献综述。第4.4节将专门对精炼过程的动力学模拟进行描述。数值解需要首先求解钢液的三维流体流动和温度分布，然后把热力学参数和动力学参数输入流场和温度场，进而计算出溶质元素在钢液中空间分布和脱氧产物的空间分布等信息，优点是能计算出脱氧反应和脱氧产物在钢液中的空间分布情况，缺点是计算时间长，往往简化了一些化学反应和动力学参数。

　　钢液脱氧反应涉及三个基本的步骤：脱氧化学反应、脱氧产物的形核和长大、脱氧产物从钢液中上浮至渣相去除。相对于夹杂物的长大、运动和去除，脱氧的化学反应速率较快，不是限制性环节。由于钢液与氧化物夹杂和硅酸盐夹杂物之间的界面张力较大（1.0~2.0N/m），正如均相形核理论所预测的，脱氧产物的自发形核需要钢液中的反应物具有足够高的过饱和度。在估算实际钢液的过饱和度时，一般假定脱氧剂在钢液中是均匀的。然而，脱氧合金在钢液中的溶解和扩散需要一定的时间，在此期间，在钢液的某些区域溶质浓度会非常高，在这些区域的局部过饱和足以使脱氧产物开始均质形核。在各种搅拌条件下，脱氧合金加入钢液250s左右之后达到混匀，溶质元素及均质形核的核心粒子弥散分布在钢液中。此外，非均质形核也会在气泡表面、脱氧合金颗粒的表面氧化层等处发生。动力学分析解的一些理论分析和实验数据表明：（1）加入脱氧剂时形核核心的数量达到 $10^{13}m^{-3}$ 或更高的数量级；（2）当形核核心大于 $10^{12}m^{-3}$ 时，脱氧反应能在几秒钟内基本完成，且局部钢液的形核核心或氧化物夹杂物耗尽时，脱氧反应会停止，而夹杂物的长大、运动和去除继续进行；（3）脱氧过程中的夹杂物尺寸在 $1\sim40\mu m$ 范围内。关于夹杂物的形核和长大将在本书4.2节详细论述。

　　关于脱氧动力学的分析解和由实验数据得到的经验公式，一般假设钢中总氧或氧化物夹杂的去除遵循下面的一阶动力学公式。

$$-\frac{dx}{dt}=k\cdot x$$

$$x=x_0\exp(-k\cdot t) \tag{2-90}$$

式中，x 为含量（%），或者钢液的总氧含量（ppm）；x_0 为脱氧产物氧化物在钢液中的初始百分含量（%），或者是钢液初始总氧含量（ppm）；k 为脱氧的速率常数（s^{-1}），由下式计算：

$$k = A\exp\left(-\frac{Q}{RT}\right) \tag{2-91}$$

式中，A 为系数，s^{-1}；Q 为活化能，J。

Kawawa 等人[106] 通过实验室坩埚实验研究得到了静置钢液中脱氧产物的去除结果，得到了不同脱氧剂条件下，钢中氧化物夹杂占钢液质量百分数随时间变化的速率常数，见表 2-6。把氧化物夹杂占钢液质量百分数变成钢中的总氧含量，并使用国际单位制，得到下面的结果。

表 2-6　Kawawa 得到的不同脱氧剂条件下静置钢液中氧化物夹杂占钢液质量百分数随时间变化的速率常数（未标注的为 MgO 坩埚）[106]

项目	脱氧剂加入量	x_0	k /min^{-1}	T /K	活度	Q /kcal·mol^{-1}	k
Si 脱氧	0.15%	0.480	0.80	1873	1.0	54	
	0.30%	0.105	0.43	1873	1.0		
	0.30%（SiO$_2$ 坩埚）	0.120	0.42	1873	1.0		
	0.30%（Al$_2$O$_3$ 坩埚）	0.170	0.59	1873	0.29		
	0.30%（CaO-CaF$_2$ 坩埚）	0.080	0.93	1873	0.015		
	0.60%	0.150	0.35	1873	1.0		
	0.30%	0.220	0.74	1923	1.0		
	0.30%	0.140	0.34	1833	1.0		
Al 脱氧	0.15%	0.120	0.63	1873	1.0	74	0.41
	0.30%	0.096	0.42	1873	1.0		
	0.30%（SiO$_2$ 坩埚）		0.52	1873			
	0.30%（Al$_2$O$_3$ 坩埚）		0.41	1873			
	0.30%（CaO-CaF$_2$ 坩埚）		1.2	1873			
	0.60%	0.068	0.75	1873	1.0		
	0.30%	0.038	0.94	1923	1.0		
	0.30%	0.062	0.34	1833	1.0		
Si-Mn 脱氧	0.5%Mn+0.3%Si	0.100	0.63	1873	$a_{SiO_2}=0.50$		
	1.0%Mn+0.3%Si	0.022	0.69	1873	$a_{SiO_2}=0.29$		
Al-Mn 脱氧	0.5%Mn+0.3%Al	0.078	0.52	1873			
	1.0%Mn+0.3%Al	0.050	0.63	1873			

续表 2-6

项目	脱氧剂加入量	x_0	k /min^{-1}	T /K	活度	Q /kcal·mol^{-1}	k
Mn-Si-Al	0.5%Mn+0.15%~0.5%Si +0.15%~0.6%Al		0.62	1833、 1873、 1923			

注：1kcal=4.1868kJ。

对于铝脱氧，速率常数和钢中总氧含量的变化公式为

$$k = 1.403 \times 10^{12} \exp\left(-\frac{61716.6}{T}\right) \tag{2-92}$$

$$\frac{T.O|_t}{T.O|_0} = \exp\left[-1.403 \times 10^{12} \exp\left(-\frac{61716.6}{T}\right) \cdot t\right] \tag{2-93}$$

对于硅脱氧，速率常数和钢中总氧含量的变化公式为

$$k = 3.508 \times 10^5 \exp\left(-\frac{33029.2}{T}\right) \tag{2-94}$$

$$\frac{T.O|_t}{T.O|_0} = \exp\left[-3.508 \times 10^5 \exp\left(-\frac{33029.2}{T}\right) \cdot t\right] \tag{2-95}$$

对于实际脱氧过程，脱氧剂合金在出钢过程中或者是在精炼过程中加入钢液。钢液处于剧烈的流动状态，脱氧产物去除的速率常数肯定与静置钢液中有所区别。在流动的钢液中，假设脱氧产物的去除依然遵循一阶动力学，即式（2-89）和式（2-90），不同学者得到的脱氧产物去除的速率常数如图 2-21 所示。随着钢液搅拌功率的增加，夹杂物去除的速率常数有一个最大值，继续增大搅拌功率，会发生卷渣甚至会引起空气二次氧化，从而

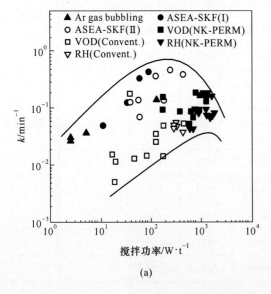
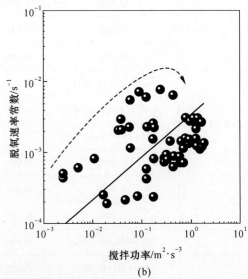

图 2-21　钢液搅拌功率和脱氧速率常数之间的关系
(a) 不同学者测量的结果；(b) 图 (a) 中的数据转换为国际单位制并回归

会导致钢液中的夹杂物增加，所以在搅拌功率大于1000W/t（即$1m^2/s^3$）的情况下夹杂物的去除速率常数会降低，在搅拌功率小于1000W/t（即$1m^2/s^3$）的情况下，可以得到图2-21（b）中关于速率常数和搅拌功率的回归关系曲线，即式（2-96），代入式（2-90）得到在1873K流动的钢液中相对总氧含量随时间的变化曲线，即式（2-97）。

$$k = 0.054\varepsilon^{0.6} \tag{2-96}$$

$$\frac{\mathrm{T.O}|_t}{\mathrm{T.O}|_0} = \exp(-0.054\varepsilon^{0.6}t) \tag{2-97}$$

图2-22是根据式（2-93）、式（2-95）、式（2-97）得到的在静止钢液中和流动钢液中相对总氧含量随时间的去除效果。可以看出，搅拌功率越大，夹杂物的去除越快。静止钢液中夹杂物的去除公式是从实验室坩埚实验数据得到的，而在坩埚中的高温钢液实际上也不是完全静止的，也存在自然对流等流动，所以图2-22中静止钢液中夹杂物的去除速率在搅拌功率$0.001 \sim 0.01m^2/s^3$的流动钢液中的去除率之间；铝脱氧的效果比硅脱氧更好，这首先是因为铝的脱氧能力比硅强，其次是因为Al_2O_3和钢液的接触角在$110° \sim 144°$之间，易于从钢液中去除，而不含铝的硅酸盐夹杂物和钢液的接触角小于$90°$，所以不易从钢液中去除。

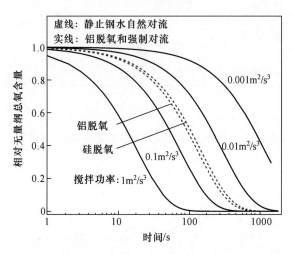

图2-22 钢液脱氧过程钢中相对总氧含量随时间的变化

2.2 钢液脱硫

硫对钢的延展性、低温冲击韧性、抗腐蚀能力和焊接性能有负面影响，所以，除了易切削钢和非调质钢之外，都需要进行脱硫处理。对于普碳钢，包括钢筋、型钢和线材，一般要求钢中硫含量小于200ppm；低碳钢、超低碳钢、电工钢、镀锡板和大部分长材，要求硫含量为$50 \sim 100$ppm；对于高强钢、HSLA钢和珠光体钢，为了防止连铸过程中裂纹的产生，一般要求硫含量小于30ppm；对于抗HIC钢中、装甲用板、液化天然气用罐材等超低硫钢，一般要求硫含量为$10 \sim 20$ppm。

　　炼钢厂中脱硫一般在两个反应器中进行，一是在铁水预处理处进行，一般采用 KR（Kanbara Reactor）机械搅拌装备加 CaO 脱硫粉剂，或者向铁水中加入颗粒镁进行脱硫；二是在钢液炉外精炼过程中进行脱硫。图 2-23 是几种钢对硫含量和碳含量的要求，这些要求清楚地表明，对于一些钢种，是需要在炉外精炼过程中进行深脱硫的。图 2-24 是几种钢从铁水预处理到连铸坯各个阶段钢中硫含量的变化。

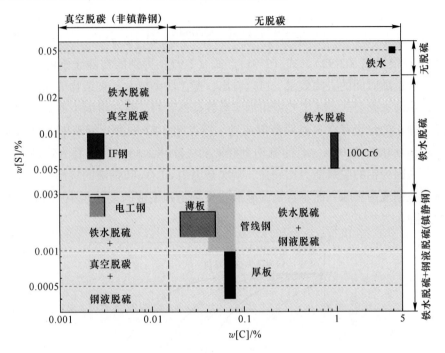

图 2-23　几种钢对碳和硫的含量要求及实现方法[107]

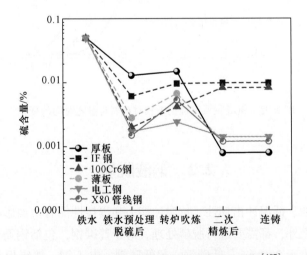

图 2-24　几种钢生产全流程钢中硫含量的变化[107]

　　脱硫剂分为非金属熔剂和金属合金两种，用于脱硫的非金属熔剂包括 CaO 基脱硫熔剂、CaC_2 脱硫剂，甚至 MgO 基脱硫剂；用于脱硫的金属合金包括钙合金、镁合金和稀土合金等。在炼钢厂的炉外精炼脱硫过程中，使用最普遍的是 CaO 基脱硫熔剂和钙合金。

Lindström 等人[108] 用实验室实验对比了不同熔剂在同一种搅拌条件下针对铁水的脱硫效果，得到图 2-25 和表 2-7。可以看出，随着脱硫剂加入量的增加，铁水中的硫含量降低。其中，Flucal 是流态化的粉状生石灰和金属镁的混合物。Flucal 的脱硫效果最好，当脱硫剂加入量为 7 时，铁水中硫含量可以到 20ppm。商用石灰粉的脱硫效果不佳，最低仅达到 130ppm。商用石灰加上颗粒镁只有在颗粒镁含量大于 20%时其脱硫效果才能体现出来。当然，使用颗粒镁脱硫过程中易于发生喷溅，且产物需要及时去除，否则会发生回硫。

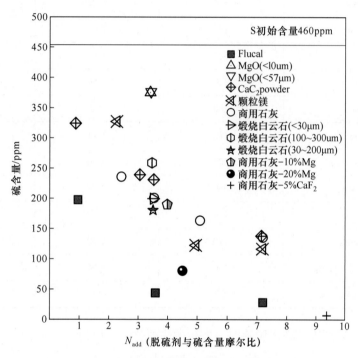

图 2-25 使用各种熔剂进行铁水脱硫后达到的最低硫含量水平和加入量
（每摩尔硫需要的脱硫剂的摩尔量）的关系[108]

（初始硫含量 460ppm）

表 2-7 不同脱硫剂的粒径、加入量和最终硫含量[108]

脱硫剂	脱硫后硫含量/ppm	脱硫剂与硫含量摩尔比	脱硫剂颗粒尺寸/μm
Flucal	200	1.00	50~100
Flucal	40	3.51	50~100
Flucal	20	6.99	50~100
Flucal	20	7.00	50~100
Commercial-CaO	200	2.44	<300
Commercial-CaO	200	3.50	<300

脱硫剂	脱硫后硫含量/ppm	脱硫剂与硫含量摩尔比	脱硫剂颗粒尺寸/μm
Commercial-CaO	160	5.00	<300
Commercial-CaO	130	6.99	<300
CaC_2 powder	240	3.06	<63
CaC_2 powder	230	3.51	<63
CaC_2 powder	330	1.01	<63
CaC_2 powder	130	7.01	<63
MgO	380	3.50	<57
MgO	380	3.50	<10
Dolime	260	3.50	100~300
Dolime	180	3.51	30~200
Dolime	200	3.50	<30
Mg-granules	330	2.32	<500
Mg-granules	120	4.82	<500
Mg-granules	110	7.00	<500
Commercial-CaO-10%Mg	190	3.96	<300
Commercial-CaO-20%Mg	80	4.42	<300

使用 CaO 基熔剂进行铁水脱硫时，发生的主要化学反应为

$$(CaO) + [S] \Longrightarrow (CaS) + [O] \tag{2-98}$$

$$3(CaO) + 3[S] + [Si] \Longrightarrow 3(CaS) + [O] + (SiO_2) \tag{2-99}$$

CaO 脱硫反应式（2-98）的标准吉布斯自由能和温度的关系见表 2-8 和图 2-26，尽管这些关系式有所差异，但都表明高温有利于脱硫反应的进行。

表 2-8　CaO 脱硫反应式（2-98）的标准吉布斯自由能和温度的关系[109]

项目	$\Delta G^{\ominus}/J \cdot mol^{-1}$	$\lg K$
Haves（1993 年）	$\Delta G^{\ominus} = 109956 - 31.045T$	$\lg K = 5744/T + 1.622$
Turkdogan（1996 年）	$\Delta G^{\ominus} = 371510 - 199.36T$	$\lg K = 19406/T + 10.414$
Grillo（2013 年）	$\Delta G^{\ominus} = 115353 - 38.66T$	$\lg K = 6026/T + 2.019$
Tsujino（1989 年）	$\Delta G^{\ominus} = 105709 - 28.70T$	$\lg K = 5522/T + 1.499$
Ohta（1996 年）	$\Delta G^{\ominus} = 114300 - 32.5T$	$\lg K = 5971/T + 1.70$
Kitamura（2014 年）	$\Delta G^{\ominus} = 108986 - 29.25T$	$\lg K = 56938/T + 1.528$

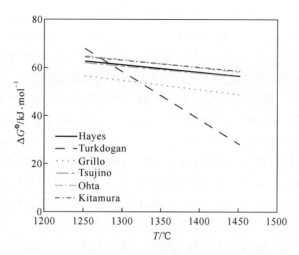

图 2-26　CaO 脱硫反应式（2-98）的标准吉布斯自由能和温度的关系[109]

钢液炉外精炼过程中进行脱硫是钢在铸造之前最后的脱硫机会，对于生产小于 20ppm 的含硫钢必须在炉外精炼过程中进行脱硫。在炉外精炼过程中脱硫主要是在强搅拌过程或者真空处理过程中进行，包括钢渣界面脱硫、喷粉脱硫和喂入金属线脱硫。使用的脱硫熔剂主要是 CaO 基脱硫剂、CaSi 或 CaC_2 粉剂或者 CaSi 线。脱硫效率可以达到 70% ~ 95%，在真空过程中可以达到 98%。钢液高效脱硫的前提是钢液必须经过了深脱氧，否则将影响脱硫的效果。Stolte[110] 总结了炉外精炼不同方法所能达到的脱硫水平，见表 2-9[110]。

表 2-9　各种炉外精炼过程钢液脱硫的效率及钢中硫含量能达到的水平[110]

工艺过程	脱硫效率	最终硫含量/%
VD/VOD	+/+	<0.001
RH/RH-KTB	-/(+)	-/<0.001
LF	+	<0.002
吹氩站（stirring station）	+	<0.002
喷粉（powder injection）	+	<0.002
喂线（wire feeder）	+	<0.002
CAS-OB	-	

对于真空精炼过程，例如 VD，每吨钢每分钟吹氩量为 0.2 ~ 0.5L（标准压力下）、脱硫剂的加入量为 3 ~ 5kg，真空度在 1mbar❶，处理 25min。真空过程中因为吹入的氩气产生剧烈的湍流和强烈的渣钢混合，可以把硫脱除到 10ppm 以下。RH 精炼过程并不适合脱硫

---

❶　$1bar = 10^5 Pa$。

反应进行，因为渣钢接触面积小。但是，在高牌号硅钢生产过程中由于钢品质的要求，必须在 RH 精炼过程进行脱硫。一般这种情况下，会通过真空室的喷枪（和氧枪在一起，即 RH-KTB 过程）向真空室喷吹含 CaO 的脱硫剂，此时可以生产硫含量小于 10ppm 的钢种。但是，因为需要添加更多的脱硫剂，所以并不比 VD 过程更经济。

对于 LF 精炼过程，脱硫剂为石灰和金属铝，有时会混有 CaF_2 和金属硅。脱硫剂可以通过投放到钢液顶面、喷枪喷入和喂线等方式加入。吨钢脱硫剂的加入量为 5~15kg，脱硫过程吹氩量为每吨钢每分钟 7L（标准压力下），一般精炼 45min。对于出钢未完全脱氧的钢液，可以把钢中硫含量降低到 50ppm 以下；对于出钢过程铝脱氧完毕的钢种，可以把钢中硫含量降低到 20ppm 以下。硅脱氧钢基本上无法在 LF 过程中脱硫，因为渣的碱度很低且钢中的氧含量大于 20ppm。LF 精炼过程中可以进行喷粉或者喂线进行脱硫，图 2-27 是 LF 精炼过程中脱硫的效果图。渣钢界面反应的脱硫效果要远小于喷粉脱硫过程。喷射冶金脱硫的主要目的之一是精炼渣不参与反应，所以脱硫产物 CaS 的上浮去除是一个关键问题。此外，使用 CaSi 或者 CaC_2 粉剂脱硫时会造成钢液中 Si 和 C 的增加，对一些钢种并不适用。钢液的脱硫必须在连铸之前进行，否则脱硫生成的 Al_2O_3 夹杂物没有机会进一步去除。

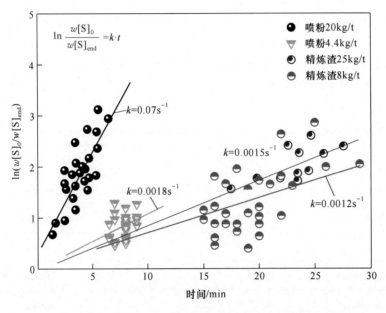

图 2-27 LF 精炼过程中钢渣界面脱硫和喷粉脱硫的效果[107]

还有一些炉外精炼过程可以进行脱硫。在吹氩站吹氩过程中，CaO 溶剂、CaSi、CaFe 可以通过喷枪或者喂线的方式加入钢液，吹氩站非常适合向钢中加入金属钙进行脱硫。喷粉过程和铁水预处理过程相似，向钢液中喷入 CaO、CaC_2 和 CaSi（有时混有 Al），对于铝脱氧钢可以得到小于 20ppm 的硫含量。使用喂线机时，为了喂到液面以下 1.5~2m 处，喂线速度应该达到 1~4m/s。CAS-OB 过程因为吹氧，以及顶钟罩导致的弱湍流条件，一般不进行钢液脱硫处理，除非额外增加一个顶枪通过顶钟罩加入脱硫剂。

2.2.1 CaO 熔剂脱硫

在钢液中进行 CaO 基熔剂进行脱硫时，因为钢液中酸溶铝的存在，主要化学反应为式 (2-100)。与铁水脱硫相比，铝脱氧钢中含有溶解铝且溶解氧含量低，所以脱硫反应与铁水脱硫反应 [式 (2-98)、式 (2-99)] 有所不同。使用 CaO 基脱硫剂针对钢液脱硫时，对铝脱氧钢比较合适。如果在硅脱氧钢中使用 CaO 基脱硫剂，钢液脱氧产生的 SiO_2 会降低脱硫过程的自由 CaO 的量，而且因为硅脱氧钢的氧含量较高，也阻碍了 CaO 的脱硫效果。

$$(CaO) + \frac{2}{3}[Al] + [S] = (CaS) + \frac{1}{3}(Al_2O_3) \tag{2-100}$$

$$\Delta G^{\ominus} = -249500 + 98.8T = -RT\ln K^{[111]} \tag{2-101}$$

$$\Delta G^{\ominus} = -319343 + 111.3T = -RT\ln K^{[95]} \tag{2-102}$$

转化为离子，则反应式为

$$(O^{2-}) + \frac{2}{3}[Al] + [S] = (S^{2-}) + \frac{1}{3}(Al_2O_3) \tag{2-103}$$

$$
\begin{aligned}
K &= \frac{a_{Al_2O_3}^{1/3} \cdot a_{S^{2-}}}{a_{O^{2-}} \cdot a_{Al}^{2/3} \cdot a_S} = \frac{a_{Al_2O_3}^{1/3} \cdot f_{S^{2-}} \cdot w(S)}{a_{O^{2-}} \cdot a_{Al}^{2/3} \cdot f_S \cdot w[S]} \\
&= \frac{a_{Al_2O_3}^{1/3} \cdot f_{S^{2-}} \cdot w(S)}{a_{O^{2-}} \cdot f_{Al}^{2/3} w[Al]^{2/3} \cdot f_S \cdot w[S]} \\
&= \frac{a_{Al_2O_3}^{1/3} \cdot f_{S^{2-}}}{a_{O^{2-}} \cdot f_{Al}^{2/3} \cdot f_S} \cdot \frac{w(S)}{w[S]} \cdot w[Al]^{-2/3} \\
&= \frac{a_{Al_2O_3}^{1/3} \cdot f_{S^{2-}}}{a_{O^{2-}} \cdot f_{Al}^{2/3} \cdot f_S} \cdot K_{SA}
\end{aligned}
\tag{2-104}
$$

式中，K 为脱硫反应式 (2-100) 的平衡常数；K_{SA} 的表达式为

$$K_{SA} = \frac{w(S)}{w[S]} \cdot w[Al]^{-2/3} = L_S \cdot w[Al]^{-2/3} \tag{2-105}$$

式中，L_S 为渣钢之间硫的分配比。

$$L_S = \frac{w(S)}{w[S]} \tag{2-106}$$

平衡常数 K 可以由式 (2-101) 或式 (2-102) 得到。式 (2-104) 中，活度系数可以

计算；对于 Al_2O_3 夹杂物而言，以纯物质为标准态，活度为 1；CaO 的活度可以计算得到，如果以纯物质为标准态，也可以假设为 1，这样可以根据式（2-104）和式（2-105）计算得到指定温度下硫的分配比 L_S。

文献中分析得到的 CaO-Al_2O_3 和 CaO-Al_2O_3-SiO_2-MgO 渣的 K_{SA} 值如图 2-28 所示。在已知钢中酸溶铝含量的情况下，可以得到渣钢之间硫分配比如图 2-29 和图 2-30 所示。根据这些结果和质量平衡，可以计算出钢液脱硫之后最终的硫含量。

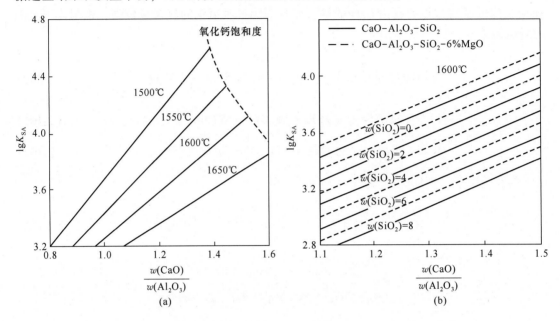

图 2-28   钙镁铝硅酸盐熔体中温度(a)和渣成分(b)对 K_{SA} 的影响[95]

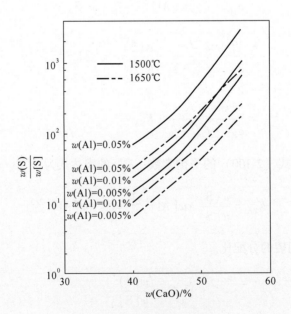

图 2-29   1600℃下 CaO-Al_2O_3 渣脱硫时渣钢之间硫的分配比[83]

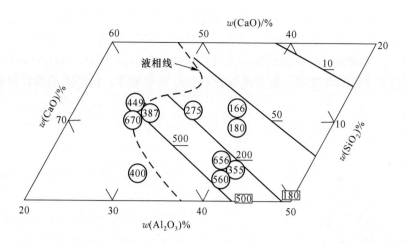

图 2-30 1600℃下 $CaO\text{-}Al_2O_3\text{-}SiO_2$ 渣脱硫时渣钢之间硫的分配比（铝含量为 0.03%）[99]

Sosinsky 等人[112] 给出了渣钢之间硫的分配比的计算关系式

$$\lg L_S = \lg\left(\frac{w(S)}{w[S]}\right) = \frac{21920 - 54640\Lambda}{T} + 43.6\Lambda - 23.9 - \lg a_O + \lg f_S \quad (2\text{-}107)$$

式中，Λ 为氧化物的光学碱度，其计算公式为

$$\Lambda = \Sigma(x_i\Lambda_i) \quad (2\text{-}108)$$

式中，x_i 为组分 i 的当量阳离子分数（cation fraction）；Λ_i 为组分 i 的光学碱度，见表 2-10。

表 2-10 氧化物的光学碱度[112]

氧化物	电负性	光学碱度
K_2O	0.8	1.4
Na_2O	0.9	1.15
BaO	0.9	1.15
Li_2O	1.0	1.0
CaO	1.0	1.0
MgO	1.2	0.78
Al_2O_3	1.5	0.61
SiO_2	1.8	0.48
B_2O_3	2.0	0.42
P_2O_5	2.1	0.40
CO_2	2.5	0.33
SO_3	2.5	0.33

对于 $CaO\text{-}Al_2O_3\text{-}SiO_2$ 渣系，Al_2O_3 的当量阳离子分数的计算公式为

$$x_{Al_2O_3} = \frac{3n_{Al_2O_3}}{n_{CaO} + 3n_{Al_2O_3} + 2n_{SiO_2}} \quad (2\text{-}109)$$

1954 年，Fincham 和 Richardson 提出了脱硫渣的硫容量（C_S）的概念，用于反映脱硫渣容纳硫的能力。脱硫渣的硫容量越大，代表其脱硫能力越强。对于式（2-98）～式（2-100）中的脱硫反应，其硫容量的表达式如图 2-31 所示，典型的 Al_2O_3-SiO_2-CaO 三元渣系在 1773K 下硫容量计算结果表明，随着精炼渣中 CaO 含量增加，精炼渣的硫容量显著增加。

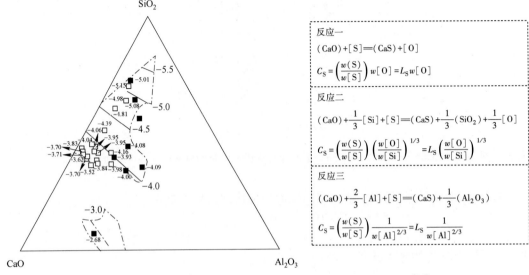

反应一

$(CaO) + [S] = (CaS) + [O]$

$C_S = \left(\dfrac{w(S)}{w[S]}\right) w[O] = L_S w[O]$

反应二

$(CaO) + \dfrac{1}{3}[Si] + [S] = (CaS) + \dfrac{1}{3}(SiO_2) + \dfrac{1}{3}[O]$

$C_S = \left(\dfrac{w(S)}{w[S]}\right)\left(\dfrac{w[O]}{w[Si]}\right)^{1/3} = L_S \left(\dfrac{w[O]}{w[Si]}\right)^{1/3}$

反应三

$(CaO) + \dfrac{2}{3}[Al] + [S] = (CaS) + \dfrac{1}{3}(Al_2O_3)$

$C_S = \left(\dfrac{w(S)}{w[S]}\right)\dfrac{1}{w[Al]^{2/3}} = L_S \dfrac{1}{w[Al]^{2/3}}$

图 2-31   1773K 下 Al_2O_3-SiO_2-CaO 三元渣系中 $\lg(C_S)$ 分布[95]

在不喷吹脱硫剂的情况下，脱硫反应发生在钢渣界面，硫分配比高，在钢液中的传质为反应速率的控制步骤，可以假设脱硫反应遵循一阶反应规律。

$$-\frac{dw[S]}{dt} = k \cdot w[S] \tag{2-110}$$

式中，t 为脱硫时间，s；k 为脱硫速率常数，s^{-1}，其表达式为

$$k = \beta \frac{A\rho}{W_m} \tag{2-111}$$

式中，β 为钢中硫的质量传输系数，m/s；W_m 为钢液的质量，kg；A 为钢渣界面积，m^2；ρ 为钢液的密度，kg/m^3。

把式（2-111）代入式（2-110）并积分，得到

$$\frac{w[S] - w[S]^*}{w[S]_0 - w[S]^*} = \exp\left(-\beta \frac{A\rho}{W_m} t\right) \tag{2-112}$$

式中，$w[S]^*$ 为钢渣界面边界层处钢液一侧硫的质量百分浓度；$w[S]_0$ 为钢液中硫的初始质量百分浓度。

由式（2-106）得

$$L_S = \frac{w(S)}{w[S]^*} \tag{2-113}$$

得到

$$w[S]^* = \frac{w(S)}{L_S} \tag{2-114}$$

由质量平衡得到

$$w(S) = \frac{W_m}{W_s}(w[S]_0 - w[S]) \tag{2-115}$$

式中，W_s 为渣的质量，kg。

把式 (2-114)、式 (2-115) 代入式 (2-112) 可以得到

$$\frac{\left(1 + \frac{1}{L_s} \times \frac{W_m}{W_s}\right)\frac{w[S]}{w[S]_0} - \frac{1}{L_s} \times \frac{W_m}{W_s}}{\left(1 - \frac{1}{L_s} \times \frac{W_m}{W_s}\right) + \frac{1}{L_s} \times \frac{W_m}{W_s} \times \frac{w[S]}{w[S]_0}} = \exp\left(-\beta\frac{A\rho}{W_m}t\right) \tag{2-116}$$

重新整理式 (2-116) 得到

$$\frac{w[S]}{w[S]_0} = \frac{\left(1 - \frac{1}{L_s} \times \frac{W_m}{W_s}\right)\exp\left(-\beta\frac{A\rho}{W_m}t\right) + \frac{1}{L_s} \times \frac{W_m}{W_s}}{\left(1 + \frac{1}{L_s} \times \frac{W_m}{W_s}\right) - \frac{1}{L_s} \times \frac{W_m}{W_s} \times \exp\left(-\beta\frac{A\rho}{W_m}t\right)} \tag{2-117}$$

对于钢液喷粉的脱硫过程（含 KR 过程），质量传输系数可以用 Ranz-Marshall 公式[113] 计算。

$$Sh_p = \frac{\beta d_p}{D} = 2 + 0.6Re_p^{1/2}Sc_p^{1/3} \tag{2-118}$$

式中，Sh_p 为脱硫剂粒子的谢伍德数；Re_p 为脱硫剂粒子的雷诺数；Sc_p 为脱硫剂粒子的施密特数，定义式为

$$Re_p = \frac{u_p d_p \rho}{\mu} \tag{2-119}$$

$$Sc_p = \frac{\mu}{\rho D} \tag{2-120}$$

式中，u_p 为脱硫剂粒子相对于钢液的运动速度，m/s；d_p 为脱硫剂粒子的直径，m；ρ 为钢液的密度，kg/m³；μ 为钢液的黏度，kg/(m·s)；D 为硫在钢液中的扩散系数，m²/s。

脱硫剂粒子在搅拌钢液和吹气条件下气泡柱之内的脱硫反应，或者是对于渣钢剧烈混合产生大量渣滴进入钢液而发生脱硫的情况，传质系数可由 Sano 公式[114] 计算。

$$Sh = \frac{\beta d_p}{D} = \phi\left[2 + 0.4\left(\frac{\varepsilon d_p^4 \rho^3}{\mu^3}\right)^{1/4}Sc_p^{1/3}\right] \tag{2-121}$$

式中，ϕ 为形状因子，对于球状粒子，$\phi = 1$；ε 为熔池的搅拌功率，m^2/s^3。

Sano 公式是基于其水溶液的传质实验获得，图 2-32 是其回归得到式（2-121）的原始实验数据。

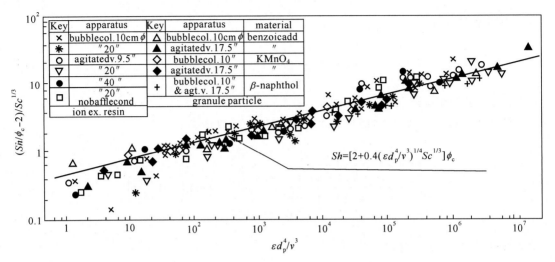

图 2-32　Sano 使用水溶液实验得到式（2-121）的原始数据[114]

对于吹气条件下的渣钢界面脱硫反应，质量传输系数可以用 Riboud 公式[115] 计算。

$$\beta = C\left(D\frac{Q_G}{A}\right)^{1/2} \tag{2-122}$$

式中，C 为常数，$500m^{-1/2}$；Q_G 为气体喷吹时在渣钢界面处温度和压力条件下的体积流量，m^3/s；A 为钢渣界面的面积，即钢包的横截面积，m^2。

对于球冠状气泡表面的脱硫反应，质量传输系数可以由 Baird 公式计算[116]。

$$\beta_B = 0.95\left(\frac{g}{d_B}\right)^{1/4}D^{1/2} \tag{2-123}$$

渣钢之间硫的分配比由式（2-107）计算，各种脱硫条件下的质量传输系数由式（2-118）~式（2-123）计算，则钢液中硫含量随时间的变化可以由式（2-117）计算出来。

【例题 2-2】

钢液成分（质量分数）为 0.07% C、0.2% Si、1.6% Mn、0.04% Al、0.005% S、0.002% T.O，钢液质量为 200t，钢包渣成分为 30% Al_2O_3、55% CaO、10% SiO_2、5% MgO；钢包渣质量为 2t，钢包渣密度为 $3500kg/m^3$；精炼温度为 1873K，钢液黏度为 0.0067Pa·s；钢液中硫的扩散系数为 $2.8 \times 10^{-8} m^2/s$。为了简化计算，假设钢中氧的活度 a_O 为 0.0003，钢中硫的活度系数 f_S 为 1.5。

（1）在 LF 精炼钢包吹氩过程中，渣钢面积为 $7m^2$，气体喷吹时在渣钢界面处温度和压力条件下的体积流量分别为 $0.005m^3/s$、$0.01m^3/s$、$0.03m^3/s$，计算钢中硫含量随时间的曲线。

（2）在 VD 过程中，渣钢剧烈搅拌，当搅拌功率为 $0.001m^2/s^3$、$0.01m^2/s^3$、$1m^2/s^3$

条件下，假设钢包渣完全形成渣滴，且所有渣滴直径都分别为 1mm、5mm、10mm，计算钢中硫含量随时间的曲线。

求解过程：

（1）根据公式（2-108）计算精炼渣的光学碱度：

$$\Lambda = \Sigma(x_i\Lambda_i) = 0.7654$$

（2）根据公式（2-107）计算得到硫的分配比：

$$\lg L_S = \lg\left(\frac{w(S)}{w[S]}\right) = \frac{21920 - 54640\Lambda}{T} + 43.6\Lambda - 23.9 - \lg a_O + \lg f_S = 2.5448$$

其中，钢中氧的活度 a_O 和钢中硫的活度系数 f_S 为

$$\lg a_O = \lg(f_O w[O]) = \lg w[O] + \sum e_O^i w[i]$$

$$\lg f_S = \sum e_S^i w[i]$$

也可以直接使用原题中给的 $a_O = 0.0003$，$f_S = 1.5$。

（3）根据公式（2-122）计算吹气条件下渣钢界面脱硫反应的传质系数：

$$\beta = C\left(D\frac{Q_G}{A}\right)^{1/2}$$

当 $Q_G = 0.005\text{m}^3/\text{s}$ 时，$\beta = 0.0022\text{m}/\text{s}$；

当 $Q_G = 0.01\text{m}^3/\text{s}$ 时，$\beta = 0.0032\text{m}/\text{s}$；

当 $Q_G = 0.03\text{m}^3/\text{s}$ 时，$\beta = 0.0055\text{m}/\text{s}$。

根据脱硫公式（2-117）计算得到钢中硫含量随时间的变化，如图 2-33 所示。可以看出，大的吹气量有利于脱硫的进行。

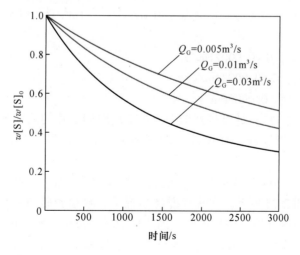

图 2-33 计算得到的 LF 精炼过程中硫含量随时间的变化曲线

（4）计算 VD 过程渣钢之间的脱硫：

VD 和 LF 精炼计算的不同之处主要在于渣钢接触面积和硫元素的传质系数。

首先，计算脱硫渣滴的个数 N：

$$N = \frac{W_S}{\frac{4}{3}\pi\left(\frac{d_p}{2}\right)^3 \rho_S}$$

当 $d_p = 1\text{mm}$ 时，$N = 1.09 \times 10^9$ 个；

当 $d_p = 5\text{mm}$ 时，$N = 8.7 \times 10^8$ 个；

当 $d_p = 10\text{mm}$ 时，$N = 1.09 \times 10^8$ 个。

渣钢接触面积为脱硫渣滴的表面积的总和 A：

$$A = N \cdot \pi d_p^2 = \frac{W_S}{\frac{4}{3}\pi\left(\frac{d_p}{2}\right)^3 \times \rho_S} \times \pi d_p^2 = \frac{6W_S}{d_p \cdot \rho_S}$$

当 $d_p = 1\text{mm}$ 时，$A = 3428.57\text{m}^2$；

当 $d_p = 5\text{mm}$ 时，$A = 685.71\text{m}^2$；

当 $d_p = 10\text{mm}$ 时，$A = 342.86\text{m}^2$。

根据公式（2-121）计算脱硫剂粒子在搅拌钢液和吹气条件下的气泡柱之内脱硫的传质系数：

$$\beta = \left[2 + 0.4\left(\frac{\varepsilon d_p^4 \rho^3}{\mu^3}\right)^{1/4} \times Sc_p^{1/3} \right] \times \frac{D}{d_p}$$

其中 $$Sc_p = \frac{\mu}{\rho D}$$

由于搅拌功率 ε 分别为 $0.001\text{m}^2/\text{s}^3$、$0.01\text{m}^2/\text{s}^3$、$1\text{m}^2/\text{s}^3$，以渣滴粒子直径为 $d_p = 1\text{mm}$ 为例：

当 $\varepsilon = 0.001\text{m}^2/\text{s}^3$，$\beta = 0.00021\text{m/s}$；

当 $\varepsilon = 0.01\text{m}^2/\text{s}^3$，$\beta = 0.00034\text{m/s}$；

当 $\varepsilon = 0.1\text{m}^2/\text{s}^3$，$\beta = 0.00056\text{m/s}$。

根据脱硫公式（2-117）计算得到钢中硫含量随时间变化的曲线如图 2-34 所示。可以看出，小的渣滴有利于脱硫，强搅拌有利于脱硫。在 VD 过程中，钢液中的硫可以去除 80%。

Hara 等人[117] 将 70%CaO-30%CaF$_2$ 的脱硫剂通过喷粉加入 150t 低碳铝硅镇静钢钢液进行脱硫，结果如图 2-35 所示。在吹气搅拌情况下，喷粉脱硫速率比只使用顶渣脱硫快约 15%。所以，脱硫剂在熔池中运动时，因为反应时间很短，所以对脱硫的贡献有限；而顶渣和钢液接触时间很长，为脱硫的主要环节。这与 Sawada 等人建立的数学模型基本一致[118]。脱硫速率随着钢液温度的降低而减小，目前炼钢现场通过电弧加热或喷吹氧气和铝反应的放热来加热，从而提高钢液的温度。此外，用 58%生石灰、30%赤铁矿和 12%铝粉组成的脱硫剂进行脱硫过程中，也可以有放热发生[5]。

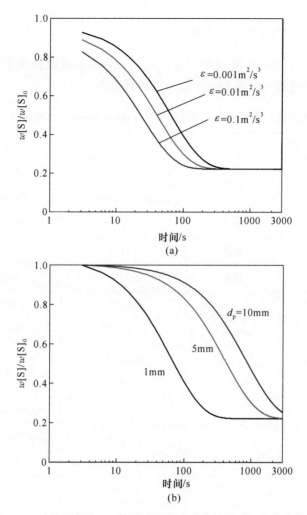

图 2-34 计算得到的 VD 精炼过程钢中硫含量随时间的变化曲线

（a）$d_p = 1mm$；（b）$\varepsilon = 0.001m^2/s^3$

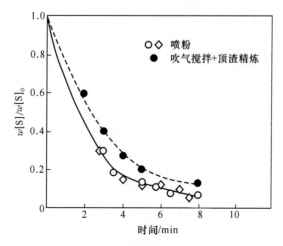

图 2-35 加入 70%CaO-30%CaF$_2$ 溶剂对 150t 铝硅镇静钢脱硫的影响[117]

2.2.2　钢液脱硫等化学反应的传质系数

表 2-11 总结了文献中关于液-液相反应的传质系数和溶液搅拌功率的关系等数据及公式。可以看出，传质系数一般在 $1 \times 10^{-4} \mathrm{m/s}$ 的数量级内。

表 2-11　液-液相反应的传质系数（mass transfer coefficient）

系统	搅拌方法	化学反应	公式或者数据/m·s⁻¹	标注	参考文献
渣-钢	氩气	脱硫	$\beta \propto \varepsilon^{0.25}$（$\varepsilon < 60 \mathrm{W/t}$）	2.5t 转炉，$Q_G < 150$	[119]
			$\beta \propto \varepsilon^{2.1}$（$\varepsilon > 60 \mathrm{W/t}$）	$150 < Q_G < 240$	
渣-钢	氩气机械搅拌	脱磷	$\beta \propto \varepsilon^{0.60}$	$30 < Q_G < 160$	[120]
渣-钢		脱磷	$\beta \propto \varepsilon^{1.0}$		[120]
渣-钢	氧气	脱磷	$\beta \propto \varepsilon^{0.54}$	$50 < Q_G < 80$	[120]
渣-钢	氩气	$[Cu] \rightarrow (Cu)$	$\beta \propto \varepsilon^{0.27}$	$Q_G < 100$	[120]
水-水银	氮气	醌（quinone）还原	$\beta \propto \varepsilon^{0.3 \sim 0.4}$	$Q_G < 58$，$\alpha_s = 0.22$	[120]
汞合金-水溶液		$[In] + 3(Fe^{3+}) = (In^{3+}) + 3(Fe^{2+})$	$\beta_m \propto \varepsilon^{0.33}$ $\beta_s \propto \varepsilon^{0.42}$	$Q_G < 10$，$\alpha_s = 0.5$	[120]
汞合金-水溶液			$\beta \propto \varepsilon^{0.5}$	$Q_G < 130$，$\alpha_s = 0.5$	[120]
石蜡油-水			$\beta \propto \varepsilon^{0.36}$ $\beta \propto \varepsilon^{3.0}$	$30 < Q_G < 80$，$80 < Q_G < 200$ $\alpha_s = 0.17$	[120]
油-水			$\beta \propto \varepsilon^{0.33}$		[120]
四氢化萘-水溶液	空气		$\beta \propto \varepsilon^{0.36}$ $\beta \propto \varepsilon^{1.0}$	$Q_G < 150$，$150 < Q_G < 650$ $\alpha_s = 0.1$	[120]
n-己烷-水溶液	氮气	$I_2 + 2OH^- = IO^- + I^- + H_2O$ $3IO^- = IO_3^- + 2I^-$	$\beta \propto \varepsilon^{0.72}$	$199 < Q_G < 994$，$\alpha_s = 0.5$	[120]
水溶液模型	200t 钢包的 1/7.2 水模型实验，吹入空气		$\beta \propto \varepsilon^{0.60}$ $\beta \propto \varepsilon^{1.92}$	$\varepsilon < 4.48 \times 10^{-3}$ $\varepsilon > 4.48 \times 10^{-3}$	[121]
坩埚脱硫实验，无搅拌			$\beta_m = 2.0 \times 10^{-4}$，$\beta_s = (0.8 \sim 1.2) \times 10^{-6}$		[122]
坩埚脱硫实验，无搅拌			$\beta_s = (0.8 \sim 1.2) \times 10^{-6}$		[123]
钢包钢液成分变化，夹杂物去除			$(6 \sim 20) \times 10^{-4}$		[124]
铝脱氧不锈钢渣钢反应过程钢中夹杂物的成分变化			$\beta_m = 2.0 \times 10^{-4}$，渣相中 SiO_2 的 $\beta_s = 2 \times 10^{-6}$ 其他组分 $\beta_s = 1 \times 10^{-5}$		[125]

系统	搅拌方法	化学反应	公式或者数据/m·s⁻¹	标注	参考文献
水模型 CFD 模拟，吹气搅拌			$(0.55 \sim 1.92) \times 10^{-5}$		[126]
4t 感应炉炼钢放入碳板测量钢中碳含量的变化			$(1.0 \sim 3.2) \times 10^{-4}$ m/s, 2800A $(2.9 \sim 5.2) \times 10^{-4}$ m/s, 4000A		[127]
RH 精炼过程中铝的扩散			对于 35t 钢包，$\beta = 3.7 \times 10^{-4}$ 对于 100t 钢包，$\beta = 2.5 \times 10^{-4}$ 对于 200t 钢包，$\beta = 1.3 \times 10^{-4}$		[120]
LF 吹气搅拌过程铝的扩散			对于 100t 钢包，$\beta = 6.4 \times 10^{-4}$ 对于 185t 钢包，$\beta = 4.2 \times 10^{-4}$		[120]
65t 钢包吹气搅拌+感应搅拌脱硫			约为 2.5×10^{-3}		[128]
100t ASEA-SKF 精炼过程脱硫			约为 3.3×10^{-3}		[129]
100t ASEA-SKF 精炼过程脱氢			约为 5.0×10^{-3}		[129]

注：Q_G 为吨钢吹气流量，L/min；ε 为搅拌功率，m^2/s^3；β 为质量传输系数，m/s；α_s 为渣的体积分数。

表 2-12 是传质系数和搅拌功率之间关系的几个计算公式，表格中物理量的单位是国际单位制。表 2-13 是传质的速率常数 k ［式（2-111）］和熔池搅拌功率之间关系的几个计算公式。

表 2-12　传质系数的计算公式

研究者	公式	备注	参考文献
Lamont	$\beta = 0.4 D^{1/2} \left(\dfrac{\varepsilon}{\nu} \right)^{1/4}$	基于 Kolmogorov 各向同性湍流理论的固体颗粒外侧液膜传质系数模型	[130]
El-Kaddah	对于湍流流动： $Sh_p = \dfrac{\beta d_p}{D} = 0.338 \left(Re_p \times \dfrac{u'}{\bar{u}} \right)^{0.8} \times Sc_p^{1/3}$ 对于层流流动： $Sh_p = \dfrac{\beta d_p}{D} = 0.683 \times Re_p^{0.466} \times Sc_p^{1/3}$	4t 感应炉炼钢放入碳板测量钢中碳的扩散	[127]
Kitamura	$\lg \beta = -0.02 + \dfrac{1}{2} \lg \left(\dfrac{\varepsilon H^2}{D} \right) - \dfrac{12500}{2.3RT}$ $\beta_m = (5 \sim 10) \beta_s$	1kg 坩埚脱磷实验	[131]
Lachmund	$\beta = k \cdot H = 0.0434 \varepsilon$	180t 钢包（$H = 3.1$m）顶渣脱硫	[132]

表 2-13　传质的速率常数 k［式（2-111）］和熔池搅拌功率之间的关系

研究者	公式	备注	参考文献
Asai	$k = 0.00122\varepsilon^{0.25}(\varepsilon < 0.060\mathrm{m}^2/\mathrm{s}^3)$ $k = 0.266\varepsilon^{2.1}(\varepsilon > 0.060\mathrm{m}^2/\mathrm{s}^3)$	2.5t 钢液脱硫	［119］
Lachmund	$k = 0.0104\varepsilon$	180t 钢包（$H=3.1$m）顶渣脱硫	［132］

有若干学者发现传质系数和搅拌功率之间的关系分为几个区间，如图 2-36 和图 2-37 所示。在不同的区间内，传质系数和搅拌功率的函数关系不同。

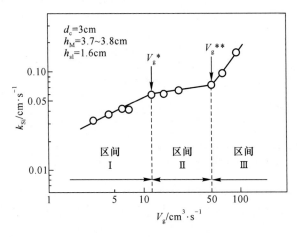

图 2-36　Hirasawa 等人研究渣中 FeO 对铜液中硅氧化的坩埚高温
实验得到的传质系数和吹气量的关系[133]

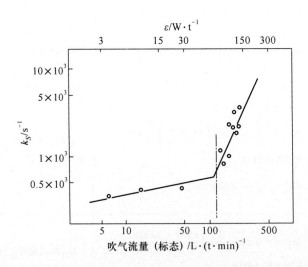

图 2-37　Asai 等人研究 2.5t 钢包脱硫实验得到的吹气流量和脱硫速率常数的关系[119,134]

图 2-38 把不同学者研究渣钢反应得出的传质系数和搅拌功率的测量数据整理到一起，可以看出，渣钢反应可以分为三个区间，在吹气量较小，即搅拌功率较小的情况下，渣钢

反应的界面近似为钢渣之间的平面，在这一区域的传质系数较小；当搅拌功率足够大的情况下，钢渣发生混合，大量渣滴进入了钢液，这一区域的传质系数较大；处于两者之间还有一个过渡区。

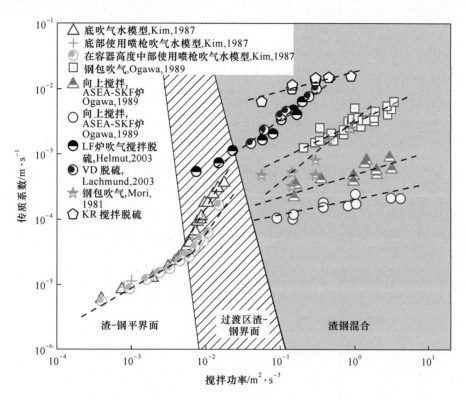

图 2-38 溶液中质量传输系数和搅拌功率的关系

(Kim[121]，Ogawa[135]，Lachmund[132]，Mori[131])

2.2.3 金属元素脱硫

用于钢液脱硫或者钢中硫化物控制的金属元素主要包括钙、镁、稀土、钛、锆、铋等[136-141]。目前，在炼钢厂广泛使用的脱硫金属主要是钙的合金。在炼钢厂向钢液中加钙的目的主要是改变钢中的 Al_2O_3 基夹杂物，而不是脱硫。但是，因为钙和钢中的氧和硫都有很强的结合能力，加入钙之后必然与钢中的硫发生反应。对于高硫的易切削钢和非调质钢，向钢液中加入钙的主要目的之一就是控制钢中的硫化物形貌。钙、镁和稀土元素非常活泼，因此在与钢中硫反应时非常剧烈，这些金属加入钢液后，钢中的氧活度难以控制，导致这些金属元素与硫之间化学反应的热力学数据的测量变得非常困难，文献中这些数据的差别也较大。例如，图 2-39 是不同学者计算得到的纯铁液中 Ca-S 的平衡曲线图，图 2-40 和图 2-41 是不同学者计算得到的 Ca-S、Mg-S 和稀土元素 RE-S 的平衡图。

钢液中金属钙脱硫的主要反应为

$$(CaS) = [Ca] + [S] \tag{2-124}$$

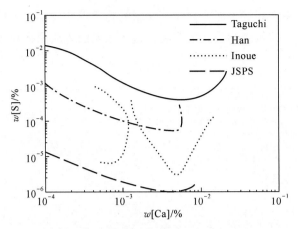

图 2-39   纯铁液中 Ca-S 的平衡曲线图

（Taguchi[43]、Han[32]、Inoue[42]、JSPS[6]）

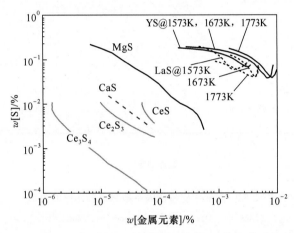

图 2-40   纯铁液中 Ca-S、Mg-S 和稀土元素 RE-S 的平衡曲线图

（Ce-S（Pan[142]）、LaS（王龙妹等人[143]）、YS（王龙妹等人[144]）、CaS（夏春祥等人[145]）、MgS（Han[146]））

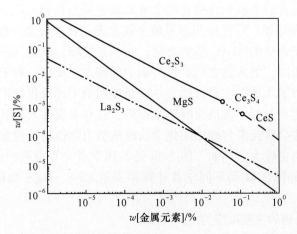

图 2-41   使用热力学软件计算的纯铁液中 Mg-S 和稀土元素 RE-S 的平衡曲线

一些学者[33,42] 测量了 Ca-S 之间的活度相互作用系数，根据式（2-124）反应的平衡常数和活度积得到式（2-125），然后以等式左边为纵坐标，以 $w[Ca]+1.25w[S]$ 为横坐标作图，斜率就是活度相互作用系数，截距则是平衡常数。

$$\lg(w[Ca] \cdot w[S]) + \sum e_{Ca}^k w[k] + \sum e_S^m w[m] - \lg(\gamma_{CaS} \cdot x_{CaS})$$
$$= -e_S^{Ca}(w[Ca] + 1.25w[S]) + \lg K_{2\text{-}87} \tag{2-125}$$

式中，k 和 m 为钢中的其他元素。

也有学者针对铝脱氧钢测量了 Ca-S 之间的活度相互作用系数，根据式（2-100）的逆向反应式（2-126），然后以式（2-127）左边为纵坐标，以 $w[Ca]$ 为横坐标作图，斜率就是活度相互作用系数，截距则是平衡常数。

$$(CaS) + \frac{1}{3}(Al_2O_3) = (CaO) + \frac{2}{3}[Al] + [S] \tag{2-126}$$

$$\lg\left(\frac{\gamma_{CaS} \cdot x_{CaS} \cdot a_{Al_2O_3}^{1/3}}{f_{Al}^{2/3} \cdot w[Al]^{2/3} \cdot a_{CaO}}\right) - \lg w[S] - \sum e_S^i w[i] = e_S^{Ca} w[Ca] - \lg K_{2\text{-}89} \tag{2-127}$$

式中，i 为钢中的其他元素。

钙同时具有脱氧和脱硫的能力，所以研究钙脱硫的时候必须同时考虑脱氧反应。图 2-42 是不同学者计算得到的纯铁液中钙脱氧和脱硫的平衡曲线，显示了同一种规律：纯铁液中氧含量低的情况下，钙的脱硫能力才会发挥出来。

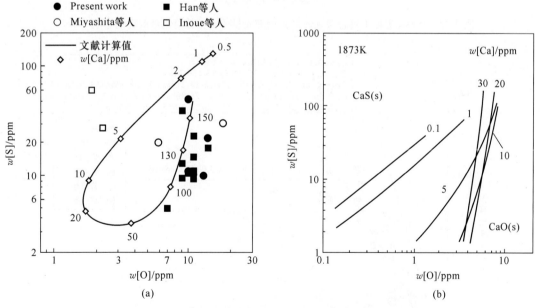

图 2-42　1873K 温度下纯铁液中钙脱氧和脱硫的平衡图
（溶解氧和溶解硫 $a_{CaO} = a_{CaS} = 1$）
（a）Taguchi[33]；（b）Inoue[42]

由于钢中氧含量的影响，一般都在钢液脱氧以后进行金属钙的脱硫，并且是通过向钢中加入钙合金进行的。图 2-43 和图 2-44 是多种钙合金脱硫的结果[147]，可以看出，合金中钙含量越高，脱硫后钢中剩余的硫含量越低；图 2-44 表明只有在钢中氧含量低到一定水平下，钢中的硫才会和钙发生反应。表 2-14～表 2-16 是钙脱氧和钙脱硫的热力学数据。

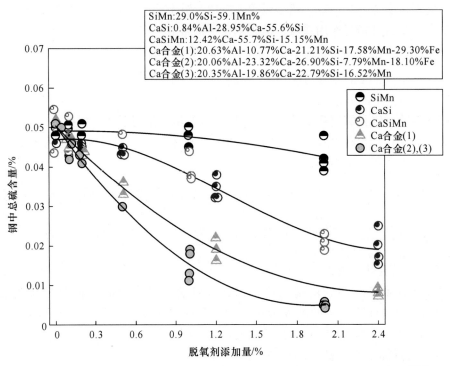

图 2-43　1873K 温度下钙合金加入量占钢液质量的百分数对钢液脱硫的影响[147]

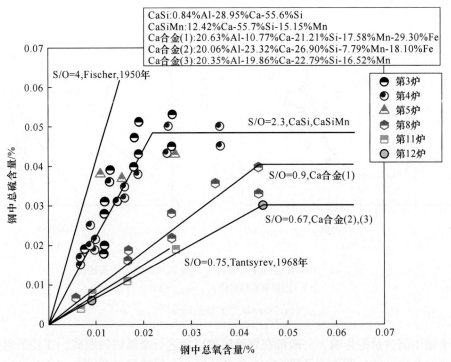

图 2-44　1873K 温度下钙合金同时脱氧和脱硫的效果[147]

表 2-14　钙脱氧反应（CaO）＝[Ca]+[O]平衡常数和一阶活度相互作用系数

作者	T/K	$\lg K$	e_O^{Ca}	e_{Ca}^O	参考文献
Itoh	1773~2023	$-3.29-7220/T$	$627-1760000/T$	$1570-4400000/T$	[37]
Kimura	1873	-10.3（$w[Ca]+$ $2.51w[O]<0.0008$）	-50000（$w[Ca]+$ $2.51w[O]<0.0008$）	0.05	[36]
		-7.6（$0.0008<w[Ca]+$ $2.51w[O]<0.03$）	-600（$0.0008<w[Ca]+$ $2.51w[O]<0.03$）	0.05	
		-5.8（$0.003<w[Ca]+$ $2.51w[O]$）	60（$0.003<w[Ca]+$ $2.51w[O]$）	0.05	
Kobayashi	1823	-9.82	-1330	-535	[44]
Han	1873	-8.26	-475	-1190	[32]
Inoue	1873	-10.2	-3600（$w[Ca]+$ $2.51w[O]<0.005$）	-9000（$w[Ca]+$ $2.51w[O]<0.005$）	[42]
			-990（$0.005<w[Ca]+$ $2.51w[O]<0.018$）	-2500（$0.005<w[Ca]+$ $2.51w[O]<0.018$）	
Nadif	1773~2023	$7.65-25688/T$			[47]
Kulikov	1773~2023	$8.17-34100/T$			[48]
Fujisawa	1773~2023	$-3.29-33800/T$			[49]

表 2-15　钙脱氧反应（CaO）＝[Ca]+[O]二阶活度相互作用系数

作者	T/K	r_O^{Ca}	r_{Ca}^O	$r_O^{(Ca,O)}$	$r_{Ca}^{(Ca,O)}$	参考文献
Itoh	1773~2023	$36100-101000000/T$	$-2600000+6080000000/T$	$-2080000+4860000000/T$	$181000-508000000/T$	[37]
Inoue	1873	570000（$w[Ca]+$ $2.51w[O]<0.005$）	3600000（$w[Ca]+$ $2.51w[O]<0.005$）	2900000（$w[Ca]+$ $2.51w[O]<0.005$）	2900000（$w[Ca]+$ $2.51w[O]<0.005$）	[42]
		42000（$0.005<w[Ca]+$ $2.51w[O]<0.018$）	2600000（$0.005<w[Ca]+$ $2.51w[O]<0.018$）	210000（$0.005<w[Ca]+$ $2.51w[O]<0.018$）	210000（$0.005<w[Ca]+$ $2.51w[O]<0.018$）	

表 2-16　钙脱硫反应（CaS）＝[Ca]+[S]的平衡常数和活度相互作用系数

作者	T/K	$\lg K$	e_S^{Ca}	e_{Ca}^S	参考文献
Taguchi	1873	-6.23	-22.4	-28	[43]
Han	1873	-8.26	-106	-132	[32]
Inoue	1873	-10.2	-269	-336	[148]
JSPS	1873	-9.08	-110	-140	[149]

镁脱硫只在铁水预处理过程中使用，很少在炉外精炼过程中使用，除非特殊的钢种为了控制钢中硫化物的形貌才会在炉外精炼过程向钢液中加入镁合金。镁的沸点为1105℃，在铁水温度下（1250~1450℃）会蒸发，镁溶于铁液后会和铁液中的溶解硫发生反应。在气泡表面和铁液表面也会发生镁脱硫反应，但不是脱硫的主要步骤。表2-17和图2-45是镁脱硫反应式（2-128）的标准吉布斯自由能和温度的关系。可以看出，低温有利于镁脱硫反应的进行。这和图2-46的生产实践结果相一致，温度越低，脱除每千克硫所需要镁的千克数越少。从式（2-128）的化学平衡可以计算出，热力学上，脱除每1kg硫需要0.76kg的镁。

$$[Mg] + [S] \rule[0.5ex]{2em}{0.4pt} (MgS) \tag{2-128}$$

表 2-17　金属镁脱硫反应的标准吉布斯自由能和温度的关系[109]

项目	$\Delta G^{\ominus}/J \cdot mol^{-1}$	$\lg K_1$
Hayes（1993年）	$\Delta G_f^{\ominus} = -325986 + 98.82T$	$\lg K_1 = 17028/T - 5.162$
Turkdogan（1996年）	$\Delta G_f^{\ominus} = -325950 + 98.77T$	$\lg K_1 = 17026/T - 5.159$
Hino（2010年）	$\Delta G_f^{\ominus} = -260643 + 115.63T$	$\lg K_1 = 13615/T - 6.04$
Saxena（1997年）	$\Delta G_f^{\ominus} = -149000 + 98.2T$	$\lg K_1 = 7783/T - 5.13$
Yang（2005年）	$\Delta G_f^{\ominus} = -325380 + 98.41T$	$\lg K_1 = 16997/T - 5.141$

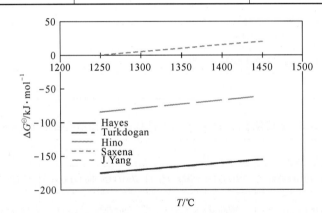

图 2-45　金属镁脱硫反应的标准吉布斯自由能和温度的关系[109]

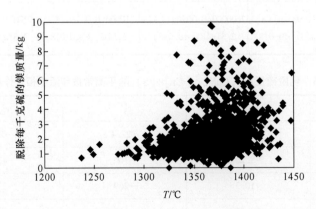

图 2-46　2006年南美洲某厂在92t铁水罐进行的2158炉CaO-Mg脱硫（CaO∶Mg=4∶1）的数据[109]

钢中硫化物形貌控制是一个非常重要也非常困难的任务。向钢液中加入钙、镁、锆、钛、硒、碲或稀土元素可以影响硫化物的形貌。但是，钙或者稀土元素，必须有一个精准的加入范围。Sanbongi 于 1979 年通过实验分析得出了针对含硫量小于 100ppm 的钢中硫化物形貌控制的最佳钙含量范围和最佳稀土元素含量范围，如图 2-47 所示[139]。可以看出这个范围非常小，也体现了对硫化物形貌控制的困难。

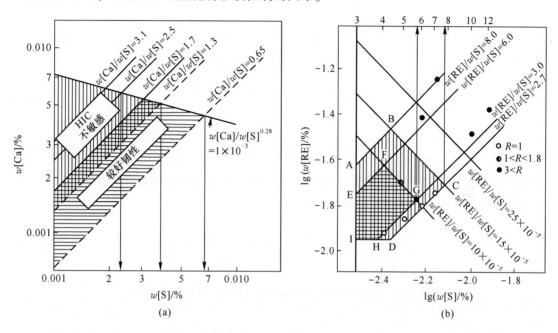

图 2-47 Sanbongi 于 1979 年得到的硫化物形貌控制的最佳钙范围和最佳稀土元素范围[139]

(a) 最佳钙含量范围；(b) 最佳稀土元素含量范围

2.3 钢液脱氢

钢液脱气是指以减少钢中氢和氮含量为目标的真空脱气过程，也包括将钢中碳含量脱至较低水平（<20ppm），例如汽车板用 IF 钢。钢液真空脱气主要有两种工艺：（1）循环式，如 RH、RH-OB 等过程；（2）非循环式，如 VD 等钢包脱气或真空罐脱气。还可以喷吹入氧气来增强脱碳反应，例如 RH-OB（吹氧）和 VOD（真空吹氧脱碳）。钢液中的氢和氮通过形成双原子气体分子去除；钢液中的氮还可以通过渣钢反应去除；钢液中的碳通过与溶解氧、炉渣中的 FeO 或气态氧（O_2）反应形成 CO 来去除。

在以 RH 为例的真空循环脱气系统中，脱气反应发生的地点至少有三个：上升管内的氩气泡、真空室内的钢液-真空界面、熔池中同质或异质形核的气泡（例如脱碳过程生成的 CO 可以作为氮气形核去除的核心），H_2、N_2 和 CO 气体生成物可以在这三个地点生成。Bannenberg 等人[150] 的数学模型和工业研究表明，吹氩流量高的条件下，氩气泡表面是主要反应界面。Fruehan 等人[151] 的研究表明，吹氩流量较低的条件下，氩气泡和钢液-真空界面都很重要。当氩气泡在钢液表面溢出、破裂时，大量的金属液滴会进入真空环境，所以会产生很大的金属-气体表面促进脱气的进行。

2.3.1　脱氢热力学

钢液真空脱氢的反应式为

$$\frac{1}{2}H_2 =\!=\!= [H] \qquad (2\text{-}129)$$

该反应的标准吉布斯自由能变化、平衡常数和活度系数为

$$\Delta G_H^{\ominus} = 36480 + 30.46T(\text{J/mol})^{[152]} \qquad (2\text{-}130)$$

$$K_H = \frac{f_H w[H]}{(p_{H_2})^{1/2}} = \exp\left(-\frac{\Delta G_H^{\ominus}}{RT}\right) \qquad (2\text{-}131)$$

$$\lg f_H = \sum (e_H^j w[j]) \qquad (2\text{-}132)$$

式中，活度相互作用系数 e_H^j 见表 2-18；p_{H_2} 为气相（气泡或者钢液表面的空气相）中氢气的分压，其与平衡时氢浓度存在下述关系

$$\frac{p_{H_2}}{f_H^2 w[H]_{eq}^2} = \exp\left(2 \times \frac{36480 + 30.46T}{RT}\right) \qquad (2\text{-}133)$$

表 2-18　钢液中金属元素和氢元素之间的活度相互作用系数[153-155]

元素	C	Mn	P	S	Si	Cu	B	Cr	Ni	Ti	Al	O
e_H^j	0.06	-0.0014	0.011	0.008	0.029	0.0004	0.08	-0.008	-0.002	-0.08	0.013	-0.19

对于钢包吹氩气搅拌过程，氩气泡中的氢气的分压可由下式计算[153]

$$p_{H_2} = p_{\text{bubble}} \frac{\dfrac{w[H]}{M_H}}{\dfrac{w[H]}{M_H} + \dfrac{w[Ar]}{M_{Ar}}} \qquad (2\text{-}134)$$

式中，p_{bubble} 是氩气泡的压力，Pa；M 是氢元素的原子量，kg/mol。

2.3.2　脱氢动力学

钢液脱氢的控制步骤是氢在钢液中的传质。氢的扩散系数大，反应速度快。对于非循环的真空脱气系统，提高氩气流量有利于提高钢液脱氢速率。由于气泡的膨胀和气泡尺寸对操作参数的依赖性，脱氢动力学有时需要考虑更多因素[156]。

假设脱气反应遵循一阶规律

$$-\frac{dw[H]}{dt} = k \cdot w[H] \qquad (2\text{-}135)$$

式中，t 为脱气时间，s；k 为脱气速率常数，s^{-1}，其表达式为

$$k = \beta \times \frac{A\rho}{W_m} = \beta \times \frac{A}{V_m} \tag{2-136}$$

式中，β 为钢中气体元素的传质系数，m/s；W_m 为钢液的质量，kg；V_m 为钢液的体积，m³；A 为钢液和气体的界面面积，m²；ρ 为钢液的密度，kg/m³。

把式（2-135）直接积分或者将式（2-136）代入式（2-135）并积分，得到

$$\frac{w[H] - w[H]^*}{w[H]_0 - w[H]^*} = \exp(-kt) \tag{2-137}$$

$$\frac{w[H] - w[H]^*}{w[H]_0 - w[H]^*} = \exp\left(-\beta \frac{A\rho}{W_m} t\right) \tag{2-138}$$

式中，$w[H]^*$ 为钢液-气体界面边界层处钢液一侧气体元素的百分浓度，或者是平衡时的浓度 $w[H]_{eq}$；$w[H]_0$ 为钢液中气体元素的初始百分浓度。

钢中 $w[H]$ 随时间的变化可以表示为

$$w[H]_t = (w[H]_0 - w[H]_{eq}) \times \exp(-kt) + w[H]_{eq} \tag{2-139}$$

氢的平衡浓度由式（2-133）计算，即

$$w[H]_{eq} = \frac{p_{H_2}^{1/2}}{f_H} \times \exp\left(-\frac{36480 + 30.46T}{RT}\right) \tag{2-140}$$

氢元素在钢液中的扩散系数[155] 为

$$D = 4.35 \times 10^{-7} \exp\left(-\frac{17200}{RT}\right) \tag{2-141}$$

Karouni[153] 进行了真空脱气过程流体流动和钢液脱氢的数值模拟仿真，使用表 1-12 中的 Lamont 公式，即式（2-142）[130] 计算了传质系数，并给出了氢浓度方程的源项，即式（2-143）。

$$\beta = 0.3 \left[D\left(\frac{\varepsilon}{\nu}\right)^{1/2} \right]^{1/2} \tag{2-142}$$

$$S_H = \beta \cdot \rho \cdot A \cdot (w[H]_{eq} - w[H]) \tag{2-143}$$

Hallberg 等人[129] 计算了钢包精炼过程的钢液流动及硫和氢的去除，计算中使用的传质系数为

$$\beta = \frac{D}{\delta} \tag{2-144}$$

式中，D 为气体元素的扩散系数，m²/s；δ 为边界层厚度，与钢液-气泡之间界面的位置和该位置处的钢液速度有关，m。

Yu 等人[154] 研究了 ASEA-SKF 钢包炉感应真空脱气过程中流体流动和氢的去除，使用了 Higbie 的渗透理论计算传质系数。

$$\beta = 2\left(\frac{D}{\pi\tau}\right)^{1/2} \tag{2-145}$$

$$D = D_0 + \frac{\mu}{\rho \cdot Sc} \tag{2-146}$$

$$\tau = \begin{cases} \dfrac{d_B}{u_B} & \text{对气泡而言} \\[3mm] \dfrac{r_{\text{open-air}}}{u_r} & \text{对吹氩钢包熔池表面而言} \end{cases} \tag{2-147}$$

式中，D_0 为氢元素在钢液中的分子扩散系数，$\times 10^{-7}\mathrm{m^2/s}$ 或者式（2-141）；τ 为在反应界面的停留时间，s；Sc 为 Schmidt 无量纲数，取值为 1；d_B 为气泡直径，m；u_B 为气泡速度，m/s；$r_{\text{open-air}}$ 为钢包上表面裸漏钢液区域的半径，m；u_r 为裸露钢液区域边缘的径向速度，m/s。

Yu 等人[154] 的研究发现 Higbie 的传质系数式（2-145）主要用于搅拌功率 $\varepsilon < 0.04\mathrm{m^2/s^3}$ 的情况，搅拌功率 $\varepsilon > 0.04\mathrm{m^2/s^3}$ 的情况下使用式（2-146）计算传质系数较为合理。

在大多数脱气装置中，真空度（压力）可低于 0.01atm❶，因此，相比于 $w[\mathrm{H}]$ 和 $w[\mathrm{H}]_0$，$w[\mathrm{H}]_{\text{eq}}$ 可以忽略，所以式（2-137）和式（2-138）的脱氢速率方程也可以简化为

$$\frac{w[\mathrm{H}]}{w[\mathrm{H}]_0} = \exp(-kt) \tag{2-148}$$

$$\frac{w[\mathrm{H}]}{w[\mathrm{H}]_0} = \exp\left(-\beta\frac{A\rho}{W_m}t\right) \tag{2-149}$$

真空脱氢速率非常快，可以在 5～10min 之内把钢中的氢脱除到 1.5ppm 以下。Steneholm 的研究结果表明，在氢的脱除阶段，脱氢的速率常数可以达到 0.00281$\mathrm{s^{-1}}$，如图 2-48 所示[120]。

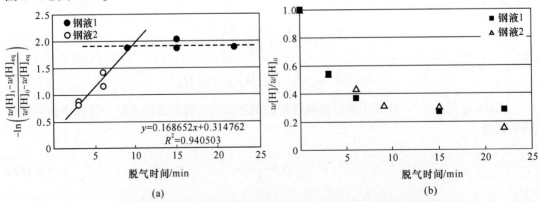

(a)　　　　　　　　　　　　　(b)

图 2-48　钢包钢液脱氢过程遵循一阶反应的脱氢动力学[128]

（a）一阶反应脱氢动力学；（b）氢气含量随真空脱气时间的变化而相对降低

❶　1atm＝101325Pa。

Bannenberg 等人[150] 开发了钢液脱氢的数学模型，并应用于 185t 真空脱气罐（Vacuum Degasser）的钢液脱氢过程。脱气后钢液中氢含量的测量值和计算值吻合很好，如图 2-49 所示。在该模型中，气泡的大小非常关键，需要合理的公式预报出气泡的大小才能进行模型的准确计算。计算了初始氢含量在 3~7ppm、氩气流速（标态）为 $0.9m^3/min$ 和 $1.8m^3/min$ 条件下钢液的脱氢率。由图 2-50 可以看出，对于含有 3ppm 初始氢的钢液，达到给定程度的脱氢量比最初含有 7ppm 氢的钢液所需的时间长 2~3min。用于搅拌的氩气流量增加一倍可略微缩短脱氢时间，脱氢 70% 的时间缩短了约 2min。

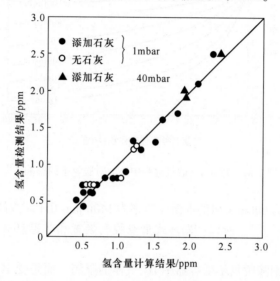

图 2-49　185t 真空脱气罐（Vacuum Degasser）钢液脱氢的测量值和计算值的对比[150]

（$1bar = 10^5 Pa$）

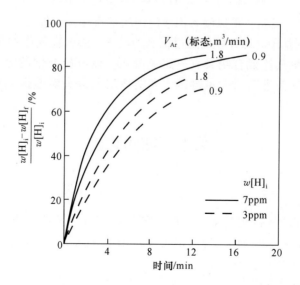

图 2-50　185t 真空脱气罐（Vacuum Degasser）钢液脱氢过程
初始氢含量和氩气流量的影响[150]

图 2-51 为真空度对脱氢率的影响[150]，当真空度为 1~1000mbar 时，搅拌用的氩气流量（标态）为 1.8m³/min，钢液脱氢率是氩气流量的函数。当真空度高于 10mbar 时，真空度的大小对最终氢含量影响不大。当吹氩流量（标态）从 0.9m³/min 增加到 1.8m³/min 时，脱氢的速率常数 k 从大约 0.0015s⁻¹ 增加到 0.00267min⁻¹。

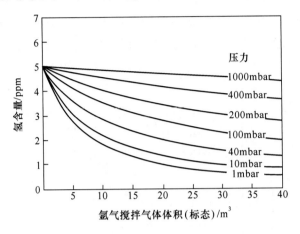

图 2-51　185t VD 脱气过程中压力对脱氢率的影响[150]

对于浸渍管直径为 600mm 和钢水循环速率为 140t/min RH 装置的脱氢过程，脱氢速率常数 k 为 0.00217min⁻¹[95]。所以，循环式真空脱气装置和非循环式真空脱气装置的脱氢效率非常近似。

应该注意的是，钢液脱氢不受容器中 H_2 气体的限制，而是受 H_2O 的限制。即使在非常低的 H_2O 压力下，由反应式（2-150）生成的平衡氢含量也很高。例如，当 H_2O 的分压为 0.2Pa、钢液中铝含量为 0.03% 时，钢液中平衡的氢含量大约为 1ppm。

$$3(H_2O) + 2[Al] = Al_2O_3 + 6[H] \tag{2-150}$$

Plessers 等人[157] 发明了可以浸入钢液使用的定氢探头，能够快速、在线测量钢液中的氢含量。测量原理基于已知体积的通过钢水的氩气与溶解在钢中的氢的平衡。因此，平衡后离开钢液的氩-氢气体混合物具有一定氢分压，该分压与钢的氢含量有关。Frigm 等人[158] 对使用定氢探头进行了大量测试，表明该定氢探头能够提供可靠的氢含量结果，误差约为 ±5%。

2.4　钢液脱氮

2.4.1　脱氮热力学

以 RH 真空循环脱气过程为例，钢液脱氮可以有五个反应地点：真空室钢液自由表面、钢液中生成的 CO 气泡表面、钢液中吹入的 Ar 气泡表面、钢包渣表面和大气接触的裸露钢液处、在钢渣界面处与渣的化学反应。

钢液真空脱氮的反应式为

$$\frac{1}{2}N_2 = [N] \tag{2-151}$$

式 (2-151) 的标准吉布斯自由能变化为[128]

$$\Delta G^{\ominus} = 3598 + 23.891T(\text{J/mol})^{[152]} \tag{2-152}$$

$$K_N = \frac{f_N w[\text{N}]}{(p_{N_2})^{1/2}} = \exp\left(-\frac{\Delta G_H^{\ominus}}{RT}\right) \tag{2-153}$$

$$\lg f_N = \sum (e_N^j w[j]) \tag{2-154}$$

$$w[\text{N}]_{eq} = \frac{K_N (p_{N_2})^{1/2}}{f_N} \tag{2-155}$$

2.4.2 脱氮动力学

为了确定钢液脱氮是一阶反应还是二阶反应，Thoms 等人[159] 做了实验室实验，在真空条件下向 0.54kg 钢液中喷吹氩气进行脱氮，Steneholm 也做了工业吹氩脱氮的试验，得到图 2-52 和图 2-53 的结果。可以看出，$w[\text{N}]/w[\text{N}]_0$ 与时间不成线性关系，$1/w[\text{N}] - 1/w[\text{N}]_0$ 与时间成线性关系，所以钢液脱氮属于二阶反应。图 2-53 显示出脱氮速率常数随着吹氩流量的升高而增加，但是，如果吹氩流量超过一个临界值，由于小气泡会凝聚成大气泡，从而降低了反应的速率常数。Thoms 等人[159] 还得出了钢液脱氮的速率常数和钢中氧和硫的活度之间的关系，见式 (2-156)；体现了钢中氧含量和硫含量对脱氮有重要影响，只有在低硫低氧的情况下，钢液才能有效脱氮。

$$k_N = \frac{0.297}{(1 + 160a_O + 140a_S)^{1/2}} - 0.0295 \tag{2-156}$$

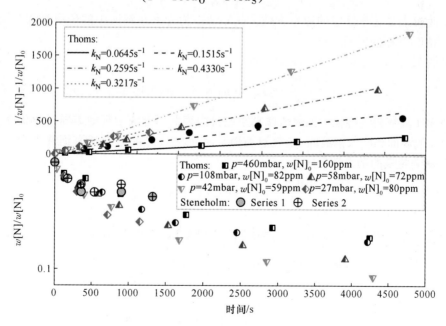

图 2-52　钢液真空吹氩脱氮的实验室实验和工业试验

(Thoms[159] 低氧低硫钢的真空吹氩脱氮的实验室 0.54kg 坩埚实验[159]；Steneholm[128]：实际钢液精炼)

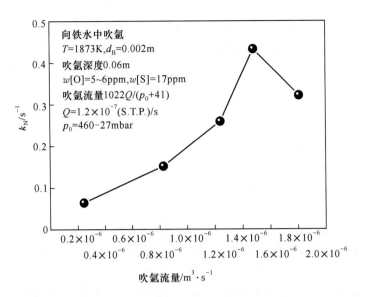

图 2-53　低氧低硫钢 0.54kg 坩埚真空吹氩实验得到的脱氮速率常数和吹氩流量的关系[159]

Steneholm 等人[128] 讨论了一阶脱氮和二阶脱氮的临界条件，认为钢液脱氮速率同时被两个主要因素影响：氮元素在钢液中的扩散及在钢液-气相界面处的化学反应

$$\begin{cases} \dfrac{k_r}{k_m} \ll \dfrac{1}{w[N]_{eq}+w[N]_i} & \text{一阶脱氮反应} \\[3mm] \dfrac{k_r}{k_m} \gg \dfrac{1}{w[N]_{eq}+w[N]_i} & \text{二阶脱氮反应} \end{cases} \qquad (2\text{-}157)$$

式中，k_r 为界面处化学反应的速率常数，m/s；k_m 为元素在钢液中的传质系数，m/s；下标 i 表示钢液-气相的界面。

钢液脱氮的动力学符合二阶规律，即

$$-\frac{dw[N]}{dt}=k_N \cdot (w[N]^2-w[N]_{eq}^2) \qquad (2\text{-}158)$$

对于 RH 真空脱气过程，如果考虑真空室自由表面、钢液中气泡表面（钢液中脱碳生成的 CO 气泡表面和吹入钢液的 Ar 气泡表面）和大气接触的顶部裸露钢液表面这三个反应地点，钢液脱氮的动力学公式为

$$-\frac{dw[N]}{dt}=k \cdot (w[N]^2-w[N]_{eq}^2)$$

$$=\beta \cdot \frac{A}{V_m} \cdot (w[N]^2-w[N]_{eq}^2) \qquad (2\text{-}159)$$

$$-\frac{dw[N]}{dt}=\beta_B \cdot \frac{A_B}{V_m} \cdot (w[N]^2-w[N]_{eq,\,B}^2)+$$

$$\beta_F \cdot \frac{A_F}{V_m} \cdot (w[N]^2-w[N]_{eq,\,F}^2)+$$

$$\beta_A \cdot \frac{A_A}{V_m} \cdot (w[N]^2-w[N]_{eq,\,A}^2) \qquad (2\text{-}160)$$

$$\frac{1}{w[N]_0} - \frac{1}{w[N]} = -C \cdot \left(\beta_B \cdot \frac{A_B}{V_m} \cdot w[N]^2_{eq, B} + \right.$$

$$\left. \beta_F \cdot \frac{A_F}{V_m} \cdot w[N]^2_{eq, F} + \beta_A \cdot \frac{A_A}{V_m} \cdot w[N]^2_{eq, A} \right) \cdot t \qquad (2\text{-}161)$$

$$C = \beta_B \cdot \frac{A_B}{V_m} + \beta_F \cdot \frac{A_F}{V_m} + \beta_A \cdot \frac{A_A}{V_m} \qquad (2\text{-}162)$$

式中，下标 B 为气泡，F 为真空室自由表面，A 为空气。

Mizukami 等人[160] 针对 160t 钢液的 RH 真空处理过程，得出了这些不同位置处传质系数的数值，见表 2-19。

表 2-19　Mizukami 等人建议的脱氮传质系数、反应面积和氮的平衡浓度值[160]

氩气流量（标态）/L · min⁻¹		800	3000
传质系数/m · s⁻¹	k_B	0.02（CO+Ar）、0.0067（Ar）	
	k_F	0.0183	
	k_A	0.0183	
反应面积/m²	A_B	31.8	81.7
	A_F	6.91	
	A_A	0~0.31	
氮的平衡浓度值/%	$w[N]_{eq,B}$	0.003~0.0015	
	$w[N]_{eq,F}$	0.0036~0.0050	
	$w[N]_{eq,A}$	0.0395	

一般认为，钢液脱氮反应由速率控制环节混合控制，即钢液中氮的传质、钢液和气相界面处的化学反应。吹氩流量和钢中硫含量对钢液脱氮都有影响，硫具有表面活性所以会延迟脱氮的进行。基于此混合控制模型计算的 VD 真空罐钢液脱氮过程如图 2-54 所示，钢中的溶解氧为 2ppm 和硫含量为 10ppm 且真空罐内压为 1mbar 的钢液，计算值由图中的曲线表示，不同符号代表钢液的实测氮含量。对含硫 20~200ppm 的钢液，计算值和测量值

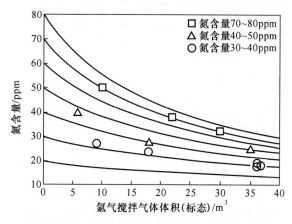

图 2-54　185t VD 真空罐钢液脱气的脱氮率计算值与硫含量低于 20ppm 的实测值比较[161]

吻合较好[150,161]。计算结果表明，如果初始氮含量为 50ppm 或更高，则在 15min 内可以去除大约 50% 的氮。

图 2-55[150] 是基于此混合控制模型计算的钢液真空脱氮的计算结果，有效脱氮的前提条件是钢液含有较低的硫含量和较高的吹氩流量。

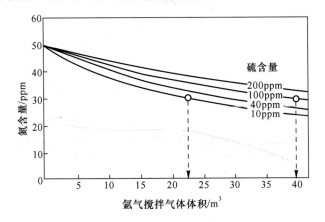

图 2-55　185t VD 真空罐钢液脱氮过程钢中硫含量对脱氮的影响[150]

对于 185t 真空脱气罐，真空度为 1mbar 条件下，脱氮的速率常数为 $k_N <$ $0.00217s^{-1}$[150]。图 2-56 中显示了 RH 循环脱气装置中脱氮的速率常数为钢中硫含量的函数[162]，图中显示的结果和式（2-119）体现的规律相同。从图中还可以看出，钢中硫含量接近 0 时的 k_N 值与 185t 真空罐脱气装置的脱氮速率常数非常相似。因此，循环式真空脱气装置和非循环式真空脱气装置在脱氮和脱氢方面同样有效。

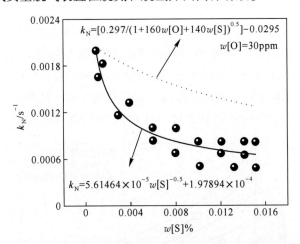

图 2-56　RH 真空处理过程中钢中硫含量脱氮速率常数的影响[162]

为了促进钢液脱氮，Kawakami 等人[163] 做了实验室研究，向 20kg 钢液表面通过氩气喷入铁矿石粉末，粉末中铁的氧化物和钢中的碳反应，生成大量的微小 CO 气泡，这些气泡作为脱氮反应的发生地，从而在脱碳的同时也能促进脱氮。结果发现，这种方法得到的脱氮速率比只吹氩搅拌不喷入铁矿石粉的脱氮速率快几倍，在 1000s 内，钢液中氮含量从

70ppm 降低到 28ppm, 碳含量从 0.55% 降低到 0.12%。研究还发现, 当 $w[C] > 0.09\%$ 时, 脱碳受钢液中氧的传递和钢液中形成的 CO 气泡所控制, 在这种工况下, 即使在常压条件下也可以脱氮, 而且有效反应面积可以达到钢液上表面横截面积的 7 倍; 当 $w[C] < 0.09$ 时, 脱碳受钢液中碳的传递所控制且脱碳反应在钢液表面发生, 在这种条件下, 钢液无法脱氮。

这种以促进钢液脱碳为手段而生成大量 CO 小气泡作为钢液脱氮发生地的方法, 在不锈钢的 VOD 脱氮过程中得到了应用。[164-166] 图 2-57[164] 显示了 VOD 过程冶炼不锈钢时钢液中碳、氮、氧元素随时间的变化, 可以看出, 脱碳和脱氮同时发生, 当脱碳完毕以后, 钢中氧含量上升, 脱氮变得十分微弱。

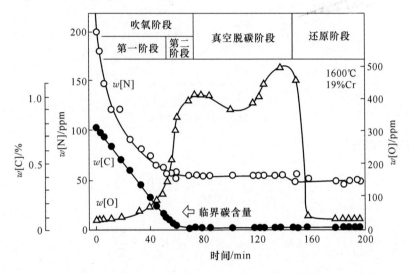

图 2-57　VOD 冶炼不锈钢过程钢液中碳、氮、氧元素随时间的变化[164]

2.4.3　精炼渣脱氮

钢液脱氮也可以通过渣钢反应来进行[167-168], 渣钢界面反应脱氮包含下述几个步骤: 氮原子从钢液一侧向钢渣界面传递, 受钢液中的传质控制; 钢渣界面上的化学反应, 生成 N^{3-}; 生成的 N^{3-} 由钢渣界面向渣相传递, 受渣相中的传质控制。

渣钢界面处脱氮化学反应式为

$$[N] + \frac{3}{2}(O^{2-}) \Longrightarrow (N^{3-}) + \frac{3}{2}[O] \tag{2-163}$$

假定传质和化学反应均为一阶反应, 则在各个步骤的传质方程为

$$\frac{dn_N}{dt} = \beta_m \cdot \frac{A\rho_m}{100M_N} \cdot (w[N] - w[N]_{s-m}) \tag{2-164}$$

$$\frac{dn_N}{dt} = \beta_s \cdot \frac{A\rho_s}{100M_N} \cdot [w(N^{3-})_{s-m} - w(N^{3-})] \tag{2-165}$$

式中，n 为氮的原子数，mol；下标 m 表示钢液，s 表示渣相，N 表示氮；$w[N]$，$w[N]_{s-m}$ 为钢液中和渣钢界面钢液一侧氮的百分浓度；$w(N^{3-})$，$w(N^{3-})_{s-m}$ 为渣相和渣钢边界层中渣相一侧氮离子的百分浓度。

渣钢之间氮的分配比的定义为

$$L_N = \frac{w(N^{3-})_{s-m}}{w[N]_{s-m}} \tag{2-166}$$

将式（2-166）中渣钢界面处的氮离子浓度代入式（2-165），然后得出渣钢界面处钢液侧的氮浓度，并代入式（2-164），可以得到

$$\frac{dn_N}{dt} = \beta \times \frac{A\rho_m}{100M_N} \times \left[w[N] - \frac{w(N^{3-})}{L_N} \right] \tag{2-167}$$

$$\beta = \frac{1}{\dfrac{1}{\beta_m} + \dfrac{\rho_m}{\beta_s \cdot \rho_s \cdot L_N}} \tag{2-168}$$

由质量平衡得到

$$\frac{dn_N}{dt} = -\frac{W_m}{100M_N} \times \frac{dw[N]}{dt} \tag{2-169}$$

$$w(N^{3-}) = (w[N]_0 - w[N]) \times \frac{W_m}{W_s} \tag{2-170}$$

式中，W 为钢液和渣相的质量，kg；下标 m 表示钢液，s 表示渣。

所以，式（2-167）可以转化为

$$\frac{dw[N]}{dt} = -\beta \times \frac{A}{V_m} \times (1 + \alpha) \times \left(w[N] - \frac{\alpha}{1+\alpha} w[N]_0 \right) \tag{2-171}$$

$$\alpha = \frac{W_m}{W_s} \times \frac{1}{L_N} \tag{2-172}$$

式中，$w[N]_0$ 为钢液中氮的初始百分浓度。

对式（2-171）积分得到

$$\frac{1}{1+\alpha} \times \ln \left(\frac{w[N] - \dfrac{\alpha}{1+\alpha} w[N]_0}{w[N]_0 - \dfrac{\alpha}{1+\alpha} w[N]_0} \right) = -\beta \times \frac{A}{V_m} \times t \tag{2-173}$$

此式可以进一步简化为

$$\frac{1}{1+\alpha} \times \ln \left[(1+\alpha) \times \frac{w[N]}{w[N]_0} - \alpha \right] = -\beta \times \frac{A}{V_m} \times t \tag{2-174}$$

式中，含铝钢液相中的传质系数 β_m 取 $8.0 \times 10^{-4}\,\mathrm{m/s}$，渣相中的传质系数 β_s 取 $2.34 \times 10^{-6}\,\mathrm{m/s}$[167]。

Ono-Nakazato 等人[167] 实验室研究了渣钢反应脱氮并用式（2-174）计算了钢中氮含量的变化，发现计算值和测量值吻合较好，如图 2-58 所示。

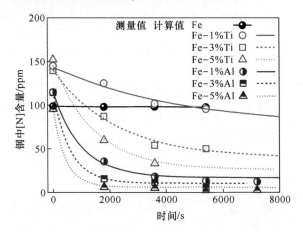

图 2-58　渣钢反应脱氮实验室测量值和计算结果的对比[167]

Nomura 等人得出钢渣反应的实验结果表明，钢渣反应的脱氮遵从一阶规律，在钢液相和渣相的传质混合控制，总的传质系数按式（2-168）计算为 $0.016\,\mathrm{m/s}$[168]。

与渣的硫容量相类比，有学者提出了渣的氮容量的概念。氮容量的初始概念是指氧离子在渣中可以容纳氮离子的能力，是针对下面的反应式（2-175）而言的。

$$\frac{1}{2}N_2 + \frac{3}{2}(O^{2-}) = (N^{3-}) + \frac{3}{4}O_2 \tag{2-175}$$

对于式（2-175），氮容量表达为

$$C_{N^{3-}} = w(N^{3-}) \frac{p_{O_2}^{3/4}}{p_{N_2}^{1/2}} = K_{2-175} \cdot \frac{a_{O_2}^{3/2}}{f_{N^{3-}}} \tag{2-176}$$

对于式（2-163）的渣钢界面脱氮反应而言，氮容量为[168]

$$C_{N^{3-},\,s-m} = \frac{w(N) a_O^{3/2}}{f_N w[N]} = L_N \cdot \frac{a_O^{3/2}}{f_N} = K_{2-163} \cdot \frac{a_O^{3/2}}{f_{N^{3-}}} \tag{2-177}$$

对于式（2-151）的钢液直接脱氮反应而言，氮容量为[167]

$$C_{N^{3-}} = \frac{K_{2-151} w(N) p_{O_2@s-m}^{3/4}}{f_N w[N]} = L_N \cdot \frac{K_{2-151} p_{O_2@s-m}^{3/4}}{f_N} \tag{2-178}$$

对于铝脱氧钢而言，因为铝和氮的相互作用很小，所以可以假设 $f_N = 1.0$。Ono-Nakazato 等人[167] 实验室得到式（2-178）的氮容量、氮的分配系数和钢液成分的关系见表 2-20。文献中渣的氮容量如图 2-59[167-168] 所示。

表 2-20　Ono-Nakazato 等人[167] 实验室得到式（2-178）的氮容量、氮的分配系数和钢液成分的关系

项目	Fe-w[Al] /%			Fe-w[Ti] /%		
	1	3	5	1	3	5
L_N	14.9	26.9	46.6	2.3	6.4	13.2
$C_{N^{3-}}$	NA①	6.7×10^{-13}	3.5×10^{-13}	NA	NA	NA

①没有数据。

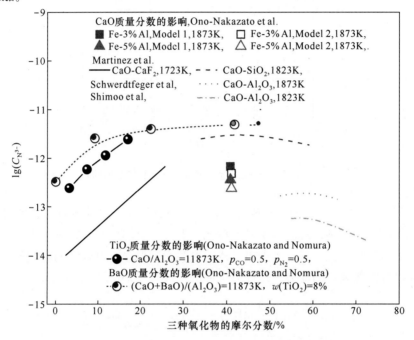

图 2-59　文献中渣的氮容量与渣成分的关系[167-168]

目前炼钢厂有在线测定钢液中氮含量的方法[169]，该系统称为 NITRIS，与钢水定氢探头测量原理相同。Jungreithmeier 等人[169] 详细介绍了使用钢中定氮探头得到的结果，并与传统的电火花法测量的氮含量进行了比较。

2.5　钢液脱碳

对于炼钢过程各阶段钢液脱碳反应的研究已有大量报道[170-176]。钢液中的碳通过与溶解氧、炉渣中的 FeO 或气态氧（O_2）反应生成 CO 气泡而去除。

$$[C] + [O] \text{ 或}(FeO) \text{ 或} \frac{1}{2}O_2 \longrightarrow CO + Fe \tag{2-179}$$

降低反应系统中 CO 气体的分压，有利于 CO 的生成，进而降低钢中的碳含量。使用 RH、RH-OB 或者 RH-KTB 真空循环装置对钢液进行精炼的目的之一是在加入铝之前通过

碳脱氧来脱碳并降低钢中的溶解氧含量，这样，利用真空碳脱氧，减少了铝的使用量，从而节省了成本。图 2-60 为 CO 分压为 1 和 0.2 时钢中碳和氧含量的平衡关系。在 RH 和其他脱气过程中，碳与氧反应并遵循指定的反应路径。理论上，一个碳原子对应钢液中一个溶解氧原子。然而，在实际过程中，还有其他的氧来源，例如空气吸入及精炼渣中存在不稳定的氧化物（包括 FeO 和 MnO）。在辅助吹氧脱碳的精炼过程中，如 RH-OB 或 VOD 过程，初始时钢液通过吹入的氧气脱碳，氧气不再吹入后，钢液中的碳即与钢液中的溶解氧反应而去除。

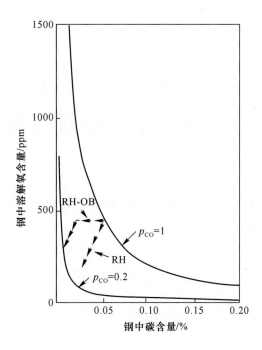

图 2-60　钢液中碳氧平衡与 CO 分压的关系[156]

目前在生产超低碳钢时进行钢液深脱碳主要通过 RH 工艺实现[177]，RH 真空循环工艺成为生产超低碳钢的重要工艺，关于其脱碳机理的研究已有很多报道[178-180]。2003 年，Park 等人[181] 研究了 RH 处理过程中的氩气泡运动、钢液流动和脱碳反应，建立了脱碳的数学模型。假设脱碳反应发生在三个地方：真空室钢液面处，溶解的碳和氧扩散到该界面发生碳氧反应；钢液中氩气泡表面，CO 气泡克服静压力上浮逸入真空室的过程中，碳氧反应在上升的氩气和 CO 气泡表面进行；钢液内部生成的 CO 气泡表面，如图 2-61 所示；结果发现，在脱碳反应初期钢液熔池内部的脱碳反应占主要地位，在脱碳后期真空室钢液自由表面的脱碳所占的贡献逐渐增加。2011 年，Ende 等人[182] 基于热力学计算软件 FactSage，引入有效平衡反应区的概念，将 RH 脱碳过程划分为 14 个有效反应区域，并根据各反应区域的反应机理，结合反应过程参数得到各反应区域的有效容积。假设脱碳反应在反应界面附近的有效反应容积内达到平衡，预测了 RH 精炼过程中钢液成分及温度的变化。

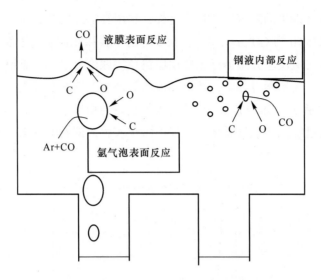

图 2-61　Park 等人建立的 RH 脱碳模型中的脱碳反应地点[181]

2.5.1 脱碳热力学

钢液脱碳反应为氧化反应，碳氧反应生成 CO 或 CO_2 气泡。在吹氧条件下，钢液中的碳与氧气反应的反应式为

$$[C] + \frac{1}{2}O_2 == CO \tag{2-180}$$

钢液中溶解的碳和氧则按下式进行反应：

$$[C] + [O] == CO \tag{2-181}$$

$$\Delta G^{\ominus} = -22200 - 38.4T = -RT\ln K \tag{2-182}$$

$$\lg K = \lg\left(\frac{p_{CO}}{a_C \cdot a_O}\right) = \frac{1160}{T} + 2.003 \tag{2-183}$$

脱碳反应还与以下两个反应有关：

$$[C] + CO \longrightarrow CO_2 \tag{2-184}$$

$$\Delta G^{\ominus} = -166900 + 91.13T(\text{J/mol}) \tag{2-185}$$

$$\lg\left(\frac{p_{CO_2}}{a_C \cdot p_{CO}}\right) = \frac{8718}{T} - 4.762 \tag{2-186}$$

$$[C] + CO_2 \longrightarrow 2CO \tag{2-187}$$

$$\Delta G^{\ominus} = 144700 - 129.5T(\text{J/mol}) \tag{2-188}$$

$$\lg\left(\frac{p_{CO}^2}{a_C \cdot p_{CO_2}}\right) = -\frac{7558}{T} + 6.765 \tag{2-189}$$

式中，p_{CO} 为一氧化碳分压与大气压的比值；p_{CO_2} 为二氧化碳分压与大气压的比值。

在碳含量相同的情况下，气相中 CO_2 的含量随温度的升高而降低；在相同温度下又随含碳量的增加而降低。在炼钢温度下，只有当碳含量小于 0.1% 时，气相中的 CO_2 含量才能达到 1% 以上。

碳氧反应式（2-181）的平衡常数为

$$K = \frac{p_{CO}}{a_C \cdot a_O} = \frac{p_{CO}}{f_C w[C] \cdot f_O w[O]} \tag{2-190}$$

与式（2-190）相关的活度相互作用系数列于表 2-21[183-184]。

表 2-21 活度相互作用系数 e_i^j

i \ j	C	Cr	Mn	O	P	S	Si	$\ln(0_i^0)$
C	158/T+0.0581	−0.024	−0.012	−0.34	0.051	0.046	162/T−0.008	−0.6199
Cr	−0.12	−0.00003	0.004	−0.14	−0.053	−153/T+0.062	−0.0043	0
Mn	−0.07	0.0042	0	−0.083	−0.0035	−0.048	0	0.3646
O	−0.45	−0.04	−0.021	−1750/T+0.734	0.07	−0.133	−0.131	−15280/T+3.5
P	0.13	−0.03	0	0.13	0.062	0.028	0.12	—
S	0.11	−94.2/T+0.0396	−0.026	−0.27	0.29	233/T+0.089	0.063	—
Si	380/T−0.023	−0.0003	0.002	−0.23	0.11	0.056	345/T+0.089	−11763/T

如果 $p_{CO} \approx 1$（绝对压力约为 0.1MPa），在 $w[C]$ 低时，f_C 和 f_O 均接近于 1，在这种情况下，有

$$K = \frac{1}{w[C] \cdot w[O]} \tag{2-191}$$

结合式（2-183），当 $p_{CO} \approx 1$ 时，钢液中的碳氧浓度积 $w[C] \cdot w[O]$ 只随温度变化，即

$$\lg(w[C] \cdot w[O]) = -\frac{1160}{T} - 2.003 \tag{2-192}$$

图 2-62 是根据式（2-190）、式（2-183）和表 2-21 的数据计算得出 C-O 平衡曲线和碳氧积的关系图（计算过程见例题 2-3）。可以看出，C-O 平衡曲线随温度变化不大，但是随

CO 气泡的分压变化而显著变化，随着 CO 分压的越来越小，C-O 平衡曲线下移，碳氧积越来越小。所以，碳氧的平衡受 CO 分压的影响很大。

图 2-62（c）给出了转炉生产或者实验室实验得到的实际钢液中 C-O 关系图，图 2-62（d）是和图 2-62（b）合并的结果。可以看出，随着 CO 分压的越来越小，C-O 平衡曲线下移，碳氧积会越来越小。当 CO 气泡分压达到 0.1atm 时，工业现场生产中碳氧积降低到了 0.0005。

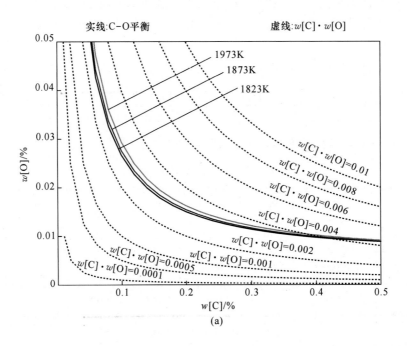

(a)

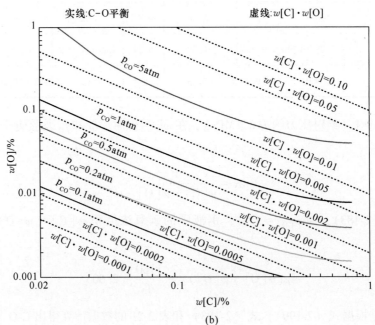

(b)

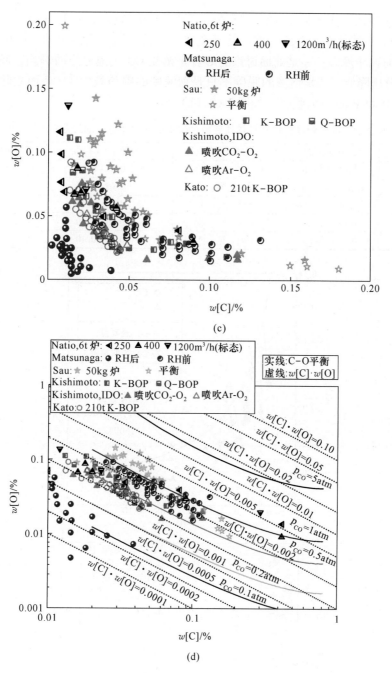

图 2-62 Fe-C-O 系统中 C-O 平衡和碳氧积 $w[C] \cdot w[O]$ 随温度和 CO 气泡分压的变化

(a) 温度的影响（$p_{CO} \approx 1$）；(b) CO 气泡分压的影响（1873K）；(c) 炼钢转炉或实验室实验得到的钢中的碳氧关系图；(d) 1873K 条件下 Fe-C-O 系统中 C-O 平衡值和碳氧积 $w[C] \cdot w[O]$ 及 (a) 图中的数据点 Sau 等人（50kg 钢感应炉低碳钢脱氮实验）[166]、Kishimoto 等人（转炉实践）[185]、Matsunaga（转炉实践）[186]、Natio 等人（6t 感应炉脱碳实验）[187]、Kato 等人（转炉实践）[188]

转炉底吹气体是降低转炉气氛中 CO 分压的有效办法，吹入的气体种类包括氩气、N_2、CO、CO_2 等，见表 2-22[95,189]。图 2-63 表明，在转炉底吹 N_2、CO 后钢液中平衡的碳和氧都显著降低，这表明底吹吹入气体是有利于转炉脱碳反应的，碳氧积也随之改变，要低于图 2-62 中的平衡计算值。钢厂的工业实践经验表明，钢液中的实际碳氧积要低于平衡值，这有两个原因：一是前面讨论的 C-O 平衡受 CO 气泡分压的影响，底吹吹入气体后 CO 气泡分压降低；二是钢液的脱碳不只是钢液中的碳和氧生成 CO 而去除，还包括泡沫渣中的 FeO 和 MnO 可以脱碳，如图 2-63（b）所示。

表 2-22 国外钢铁公司在转炉顶底复合吹中底吹气体方面的工业实践[14,189]

工艺过程	研究单位	底吹气体	气体流量/$m^3 \cdot (min \cdot t)^{-1}$	每炉底部磨损率/mm
LBE	ARBED-IRSID	N_2，Ar	0.01~0.10	0.3~0.6
LD-CB	Nippon Steel Corp.	CO_2，N_2，Ar	0.02~0.06	0.3~0.8
LD-KGC	Kawasaki Steel Corp.	CO，N_2，Ar	0.01~0.20	0.2~0.3
LD-OTB	Kobe Steel Corp.	CO，N_2，Ar	0.01~0.10	0.2~0.3
NK-CB	Nippon Kokan	CO_2，N_2，Ar	0.02~0.10	0.7~0.9

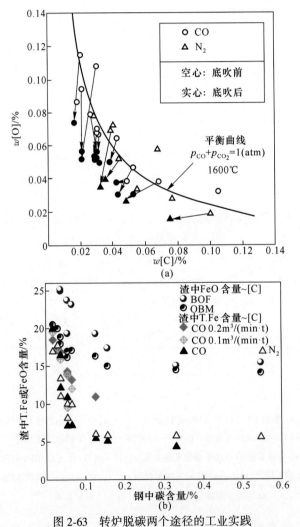

图 2-63 转炉脱碳两个途径的工业实践

（a）川崎制铁转炉底吹 N_2、CO 促进转炉生产过程的脱碳[189]；

（b）转炉渣中的 FeO 和钢中碳的关系（BOF&OBM[95]，其他数据为川崎 180t 转炉[189]）

在炉外精炼钢液脱碳过程中，增大吹氩流量也会降低 CO 分压，有利于脱碳的进行。

【例题 2-3】

计算温度为 1873K 时，压力分别为 0.1atm 和 1atm 时 Fe-C 熔体中的 C-O 平衡曲线。

求解过程：

根据碳氧反应式（2-181），得出平衡常数式（2-183）、式（2-190）和表 2-23 中碳与氧之间的相互作用系数。

表 2-23 碳与氧之间的相互作用系数

e_i^j	C	O
C	$\dfrac{158}{T} + 0.058$	-0.34
O	-0.45	$-\dfrac{1750}{T} + 0.734$

使用 Wagner 模型计算 C 和 O 的活度系数：

$$\lg f_C = e_C^C w[C] + e_C^O w[O] \qquad (2\text{-}193)$$

$$\lg f_O = e_O^C w[C] + e_O^O w[O] \qquad (2\text{-}194)$$

计算钢液中 C 和 O 的活度：

$$a_C = f_C \cdot w[C] \qquad (2\text{-}195)$$

$$a_O = f_O \cdot w[O] \qquad (2\text{-}196)$$

温度 $T = 1873K$，将公式（2-193）~式（2-196）代入公式（2-183）和式（2-190）得到：

$$\lg(p_{CO}) + 0.30754w[C] + 0.5403w[O] - \lg(w[C] \cdot w[O]) = 2.6223 \qquad (2\text{-}197)$$

使用 MATLAB 对该方程进行求解，得到了钢中碳含量和氧含量的关系如图 2-64 所示。

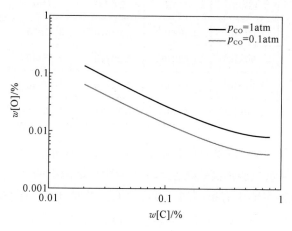

图 2-64 钢中碳含量和氧含量的关系

求解的 MATLAB 程序及运行步骤如下：

（1）打开 MATLAB。

（2）在命令行窗口输入如下代码：

```
y=0.02:0.02:0.8;%碳含量变化范围
A=zeros(40,1);%计算得到的氧含量
a=0.30754;
b=0.5403;
c=-1;
d=-1;
e=-2.6223;
pCO=1;%CO 的分压,atm
forj=1:40
    x=fsolve(@(x)a*y(j)+b*x+c*lg10(y(j))+d*lg10(x)+e+lg10(pCO),0.001);
    A(j,1)=x(1);%计算当前碳含量下对应的氧含量结果
end
output=[y'A]    %注意:将变量 y 转置,行数据转为列数据
xlswrite('data.xlsx',output);
```

（3）在当前的路径中找到文件名为'data'的 Excel 文件，图中当前路径的选择为桌面。

（4）打开'data.xlsx'文件，获取数据。第一列数据为钢中碳含量，第二列数据为对应的氧含量，作图。

进一步地研究也表明，随着碳含量的变化，碳氧积并不完全是一个常数。在不同碳含量和不同温度条件下，碳氧积的取值见表 2-24。

表 2-24　不同温度和含碳量条件下钢液中的碳氧浓度积[190]

$w[C]/\%$	$w[C]\cdot w[O]$					备注
	1773K	1873K	1973K	2073K	2173K	
0.02~0.2	1.86×10^3	2.00×10^3	2.18×10^3	2.32×10^3	2.45×10^3	有 CO_2 反应 $f_C=f_O\approx1$
0.5	1.77×10^3	1.90×10^3	2.08×10^3	2.20×10^3	2.35×10^3	基本无 CO_2 反应 $f_C>1,\ f_O>1$
1.0	1.68×10^3	1.81×10^3	1.96×10^3	2.08×10^3	2.25×10^3	
2.0	1.55×10^3	1.70×10^3	1.84×10^3	195×10^3	2.10×10^3	

熔池中的 [C] 和 [O] 浓度变化基本上保持着反比关系，[C] 高时 [O] 低，所以在 [C] 高时增加供氧量只能提高脱碳速率而不会增加熔池中的 [O]；若要使 [C] 降低到很低的值，必须维持熔池中有很高的 [O]。[C] 低时 [O] 还与渣中 a_{FeO}、熔池温度等因素有关。因为脱碳反应产物为 CO 和 CO_2 气体，所以当温度一定时，[C]-[O] 平衡关系还受到 p_{CO} 和总压变化的影响。

脱碳造成的碳含量和氧含量的降低，从相对分子质量上存在以下关系式。

$$\Delta w[O] = \frac{16}{12}\Delta w[C] \tag{2-198}$$

在 RH-OB 和 RH-KTB 过程中，向钢液中吹入氧气，所以脱碳前期钢中氧含量不会下降，即所谓的强制脱碳阶段；在后期，通过钢液中原有的溶解氧脱碳，也称为自然脱碳过程。所以，RH-OB 及 RH-KTB 与传统 RH 相比的优势之一是转炉可以在更高的碳含量下出钢，从而减少转炉处理时间、降低炉渣中 FeO 含量。

某厂 RH 处理前后钢中的碳含量和氧含量如图 2-65 所示[95]，当真空室压力接近 0.001atm 时，最终碳和氧含量对应的 CO 分压在 0.06~0.08atm 范围内。用非循环式真空脱气罐也得到了类似的结果[191]。

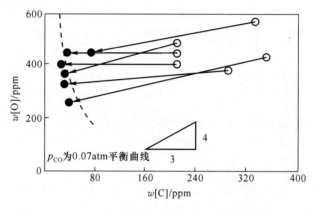

图 2-65　某厂 RH 处理前后钢中的碳含量和氧含量[95]

图 2-66[95] 为钢液真空脱碳前后钢中溶解氧含量变化。在经过 RH 处理 20min 后，无论是非循环式脱气还是 RH 循环式脱气，当钢中初始氧含量高（碳含量低）的情况下，钢的最终氧含量较高。从图 2-66 可以看出，脱碳后钢中氧含量的减少量低于式（2-198）的计算值。这是因为在真空脱碳过程中，钢包渣向钢液中传氧。钢液增氧的来源还包括上一包操作时在真空室内部的含 FeO 挂渣氧化壳，这些挂渣会通过下述反应进行脱碳。

$$(FeO) + [C] \Longrightarrow [Fe] + CO \qquad (2-199)$$

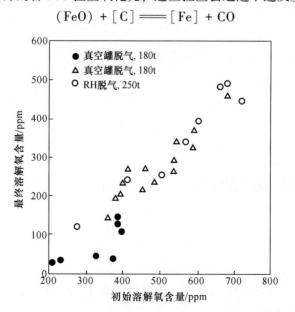

图 2-66　钢液真空脱碳前后钢中溶解氧含量变化[95]

根据质量守恒定律，钢包渣和真空室内壁氧化壳向钢中的供氧量为[95]

$$\Delta w[O]_{from\ slag} = \frac{16}{12}(w[C]_0 - w[C]_f) - (w[O]_0 - w[O]_f) \tag{2-200}$$

式中，下标 0 表示初始值，f 表示最终值。

使用公式（2-200）计算得到的真空处理过程中钢包渣和真空室内壁的氧化壳向钢液中的传氧量如图 2-67[95] 所示。可以看出，初始碳含量越高，这一部分传氧量就越高；当钢中初始碳含量小于等于 200ppm 情况下，这部分传氧量为零。

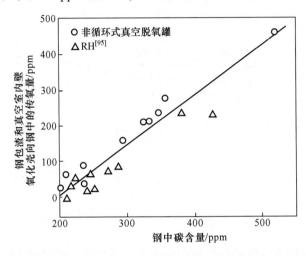

图 2-67　钢液真空脱碳过程中钢包渣和真空室内壁挂渣氧化壳向钢液的传氧量

2.5.2　脱碳动力学

假设钢液脱碳反应遵从一阶规律，则有式（2-201）成立，积分可以得到式（2-202）。

$$-\frac{dw[C]}{dt} = k_C \cdot w[C] \tag{2-201}$$

$$\frac{w[C] - w[C]_f}{w[C]_0 - w[C]_f} = \exp(-k_C \cdot t) \tag{2-202}$$

式中，k_C 为脱碳速率常数，s^{-1}。

对于 RH 脱碳过程，速率常数为

$$k_C = \frac{1}{60} \times \frac{Q_m}{V_m \cdot \rho} \times \frac{\beta_V}{\frac{Q_m}{\rho} + \beta_V} \tag{2-203}$$

式中，Q_m 为钢液的循环流量，kg/min；V_m 为钢包钢液的体积，m^3；ρ 为钢液的密度，kg/m^3；β_V 为脱碳的体积传质系数，m^3/s。

$$k_C = \frac{1}{60} \times \frac{Q_m}{W} \times \frac{\beta_V}{\dfrac{Q_m}{\rho} + \beta_V} \tag{2-204}$$

式中，W 为钢包钢液质量，kg。

需要说明的是，RH 过程中的脱碳 90% 以上是在真空室完成的，其余 10% 在上升管内完成。脱碳速度主要由两种现象所控制：(i) CO 气泡的形核速率，即化学反应速率；(ii) CO 气泡长大和运动去除速率，即钢液循环速率[192]。图 2-68 是根据式 (2-204) 得到的 RH 真空脱碳过程中传质系数、钢液环流量和速率常数的关系，可以看出：(1) 在高碳区域，$w[C] > 40ppm$，现象 (i) 化学反应是控制环节；(2) 在低碳区域，$w[C] \leqslant 40ppm$，$\beta_v \leqslant 0.167m^3/s$，$k_C \leqslant 0.0025s^{-1}$，真空室钢液脱碳速度由脱碳反应和钢液循环，即 (i) 和 (ii) 混合控制；(3) 在超低碳范围，则 (ii) 钢液循环是控制环节。所以，在脱碳初期，应该通过迅速增大真空度和增加钢液循环流量等手段加快脱碳，在脱碳末期应该加强真空室钢液面的搅拌进行快速脱碳，例如向真空室液面吹氧（RH-KTB）等方法。

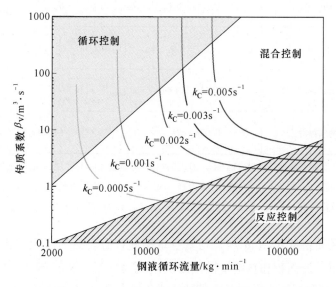

图 2-68　100t 钢液 RH 真空脱碳过程中传质系数、钢液循环流量和速率常数的关系

根据 Kuwabara 等人[193] 的研究，RH 处理过程中钢液的循环流量为

$$Q_m = 11.4 Q_G^{1/3} \cdot D^{4/3} \left[\ln \left(\frac{p_1}{p_0} \right) \right]^{1/3} \times 10^3 \tag{2-205}$$

式中，Q_m 为钢液的循环流量，kg/min；Q_G 为上升管吹氩流量（标态），L/min；D 为上升管内径，m；p_1，p_0 为氩气注入点和真空室钢液自由表面的压力，Pa。p_0 除以大气压就是真空室的真空度。

表 2-25 总结了 RH 精炼过程钢液循环流量的计算公式，表中公式是根据工业试验或物理模拟实验测量，并根据质量守恒定律推导得到的半经验公式。由表可知，RH 循环流量与提升气体流量密切相关，循环流量随提升气体流量的增大而增大。此外，循环流量还与

浸渍管内径、浸渍管浸入深度[194-195]、真空度、吹气孔内径以及吹入气体运动轨迹等因素有关，各因素之间相互制约。研究发现，吹气流量的增加不可能一直增大循环流量[196]，即循环流量存在"饱和值"[197]，一般认为是气泡在上升管内形成气柱，不再以单个气泡形式存在，使得上升管内的有效气体量减少[198-199]，对流体的推进力减弱，导致循环流量不再增加甚至降低。浸渍管浸入深度的最优值也随工况变化而不同，过大或过小都会影响RH 循环流量。

表 2-25　文献的 RH 处理过程中钢液的循环流量 Q_m 与提升气体流量 Q_G 的关系式

年份	作者	公式	参考文献
1978	Tanaka 等人	$Q_m = C \cdot (H_{gas} \cdot Q_G^{5/6} \cdot D_{snorkel}^2)^{1/2}$	[200]
1979	Katoh 等人	$Q_m = C \cdot \rho_l \cdot D_{snorkel}^{3/2} \cdot Q_G^{1/3} \times 10^{-3}$	[201]
1981	Ono 等人	$Q_m = 3.8 D_{up}^{0.3} \cdot D_{down}^{1.1} \cdot Q_G^{0.21} \cdot H_{gas}^{0.5}$	[202]
1986	Seshadri 等人	$Q_m = 60\rho_l \cdot A_{down} \cdot \left(0.74 Q_G \ln \dfrac{p_0}{p_1}\right)^{1/3}$	[196]
1988	Kuwabara 等人	$Q_m = 11400 Q_G^{1/3} \cdot D_{snorkel}^{4/3} \cdot \left(\ln \dfrac{p_0}{p_1}\right)^{1/3}$	[193]
2004	胡汉涛等人	$Q_m = 0.024\rho \cdot D_{up}^{0.72} \cdot D_{down}^{0.88} \cdot Q_G^{0.23} \cdot (1000 d_n)^{0.13}$	[203]

注：C 为常数；Q_m 为钢液的循环流量，kg/min；Q_G 为提升气体流量（标态），L/min；H_{gas} 为气体注入深度，cm；ρ 为液相的密度，kg/m³；$D_{snorkel}$ 为浸渍管内径，cm；D_{up} 为上升管内径，cm；D_{down} 为下降管内径，cm；A_{down} 为下降管截面积，m²；p_0 为吹气孔位置处静压力，Pa；p_1 为真空室压力，Pa；d_n 为吹气孔内径，mm。

脱碳的体积传质系数 β_V（m³/s）与真空室钢液自由表面的面积成正比，在液面形状近似水平的情况下，该面积和真空室横截面积 A_v 基本一致。Kato 等人[204] 通过 240~300t RH 装置的工业生产数据回归得到了脱碳的体积传质系数 β_V 的经验公式。

$$\beta_V = 0.26 \left(\frac{Q_m}{1000}\right)^{0.64} \cdot A_v \cdot w[C] \tag{2-206}$$

式中，$w[C]$ 在 0.0025%~0.01% 范围内此公式有效。

实际上，RH 处理过程中，钢液脱碳的发生位置有很多，包括氩气泡表面、真空室钢液的自由表面、生成的 CO 气泡的表面、耐火材料表面等。根据式（2-203）~式（2-205），脱碳速率会随着上升管直径和吹氩流量的增加而增加，这已被炼钢厂工业实践所证实[204]。

图 2-69 给出了式（2-202）中脱碳速率常数 k_C 和每吨钢搅拌气体流量（标态）（m³/(min·t)）之间的线性关系，可以看出，循环式真空脱碳过程（RH、DH）比非循环式真空脱碳过程（VAD[191]）的脱碳效果要好，非循环式真空脱碳过程中搅拌气体流量低，

去除50%的碳需要7min；而在循环式真空过程例如RH工艺过程，可以缩短至3~4min。

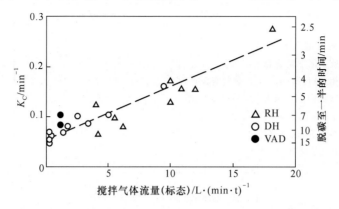

图 2-69　不同炉外精炼过程搅拌气体流量对钢液脱碳速率常数的影响[191]

表2-26总结了文献中关于RH脱碳反应的研究，列出了RH处理不同阶段的脱碳速率。这些研究表明，脱碳反应速率在整个RH精炼过程中是不断变化的，随着钢液中碳含量的降低，脱碳反应速率也逐渐降低，见式（2-206），钢液中碳氧浓度变化造成脱碳反应的限制性环节发生变化，所以，脱碳速率常数 k_C 存在转折点。

表 2-26　RH精炼过程中钢液脱碳反应的文献总结

年份	作者	反应限制性环节	反应位置	相关参数	方法	参考文献
1998	Kuwabara 等人	C 传质	氩气泡表面，钢液内部，熔池表面，液滴表面	圆形浸渍管：（1）0~10min C 含量 42ppm，$k_C = 0.178\text{min}^{-1}$；（2）10~20min C 含量16ppm，$k_C = 0.097\text{min}^{-1}$。椭圆形浸渍管：（1）0~10min C 含量 17ppm，$k_C = 0.269\text{min}^{-1}$；（2）10~20min C 含量 8ppm，$k_C = 0.075\text{min}^{-1}$	理论模型+工业试验	[205]
1993	Inoue 等人	C、O 传质，$w[C]/w[O] = 0.75$	—	脱碳速率变化转折点 C 含量约40ppm	实验室实验 + 工业试验	[206]
1993	Yamaguchi 等人	C、O 传质，$w[C]/w[O] = 0.66$，$w[C]_{critical} = 200\text{ppm}$	真空室	$\beta_{V,C} \propto A^{0.32} \times Q^{1.17} \times C_V^{1.48}$ $\dfrac{\beta_{V,O}}{\beta_{V,C}} = 0.69$	—	[207]
1993	Kishimoto 等人	C 传质	—	$k_C = 0.1 \sim 0.25\text{min}^{-1}$	实验室实验 + 工业试验	[208]

年份	作者	反应限制性环节	反应位置	相关参数	方法	参考文献
1995	Takahashi 等人	氩气泡表面：C 传质、化学反应和气相 CO 传质；钢液内部：压力决定反应能否发生；熔池表面：C 传质和化学反应	氩气泡表面，钢液内部，熔池表面	$A_{\text{surface}} = 10\pi R_{\text{vacuum}}^2$	—	[209]
1996	Kitamura 等人	C、O 传质，化学反应	氩气泡表面，钢液内部，熔池表面	$\beta_C = 0.0015\,\text{m/s}$ $\beta_O = \beta_C \left(\dfrac{D_O}{D_C}\right)^{1/2}$	—	[171]
1997	Zhang 等人	C、O 传质	氩气泡表面，钢液内部，熔池表面	$\beta_{V,C} \propto \varepsilon^n$ $\dfrac{\beta_{V,O}}{\beta_{V,C}} = 0.69$	—	[210]
2001	朱苗勇 等人	C、O 传质，$w[C]_{\text{critical}} = 200\,\text{ppm}$	真空室	$\beta_{V,C} = \begin{cases} 0.0026Q^{0.64} \cdot S_V \cdot w[C] \\ w[C] \leq 100\,\text{ppm} \\ 0.0026Q^{0.64} \cdot S_V \\ w[C] > 100\,\text{ppm} \end{cases}$	有限体积法 SIMPLE TPS-3D	[211]
2003	Park 等人	C 传质	氩气泡表面，钢液内部，熔池表面	$k_{C,\text{inner}} = 1000(\%/\text{s})$ $\beta_{C,\text{surface}} = 0.005\,\text{m/s}$ $A_{\text{surface}} = A_{\text{Bath}}$ $p_{\text{critical}} = 0.1\,\text{atm}$ $D_C = 3 \times 10^{-8}\,\text{m}^2/\text{s}$	有限差分法求解	[181]
2010	Liu 等人	—	—	$k_C = \begin{cases} 0.306\,\text{min}^{-1}, & t < 10\,\text{min} \\ 0.072\,\text{min}^{-1}, & t \geq 10\,\text{min} \end{cases}$	工业试验	[172]
2012	Li 等人	C 传质	氩气泡表面，钢液内部，熔池表面，液滴表面	$D_C = 3\times 10^{-8}\,\text{m}^2/\text{s}$	—	[212]
2014	Zhang 等人	C、O 传质，$r_{w[C]/w[O]} = 0.52$	真空室和钢包	$\dfrac{\beta_{V,O}}{\beta_{V,C}} = 0.69$	CFD11.0	[213]

续表 2-26

年份	作者	反应限制性环节	反应位置	相关参数	方法	参考文献
2015	Geng 等人	C、O 传质，选取计算的脱碳速率中的较小值	熔池表面，氩气泡表面，钢液内部	$\beta_{C,inner} = 6 \times 10^{-4}$ m/s $D_C = 2.24 \times 10^{-8}$ m/s $\beta_{O,inner} = 4.5 \times 10^{-4}$ m²/s $D_C = 1.26 \times 10^{-8}$ m²/s	CFX 有限体积法	[214]
2018	Zhan 等人	C、O 传质	钢液内部，液体表面，氩气泡表面，熔池表面	—	四阶龙格-库塔法	[215]
2018	Ling 等人	C、O 传质，$r_{w[C]/w[O]} = 0.52$	钢液内部，液体表面，氩气泡表面	$k_{C,surface} = 10 k_{C,inner}$ $\dfrac{\beta_{V,O}}{\beta_{V,C}} = 0.69$	Fluent 14.0	[180, 216]
2019	Huang 等人	C 传质	氩气泡表面，钢液内部，熔池表面，液滴表面	$\beta_{C,inner} = 20$ m/s $\beta_{C,surface} = 0.0015$ m/s $A_{surface} = 10\pi R_{vacuum}^2$	Matlab 2014a	[217]

注：k_C、k_O 分别为碳氧反应的速率常数，s^{-1} 或 min^{-1}；β_C、β_O 分别为碳和氧的传质系数，m/s；D_C、D_O 分别为碳和氧的扩散系数，m^2/s；S_V 为真空室钢液表面积，m^2；β_V 为体积传质系数，m^3/s。

①1atm = 101325Pa。

习　题

2-1　铝脱氧反应的热力学计算。

Al_2O_3 的摩尔体积为 $3.8 \times 10^{-5} m^3/mol$，计算 1873K 温度时，化学平衡条件下的 $w[Al]$ 和 $w[O]$ 的平衡关系图。第一种情况：只考虑一阶活度相互作用系数（见图 2-70）；第二种情况：同时考虑一阶和二阶活度相互作用系数（见图 2-71）。对比二者的不同。

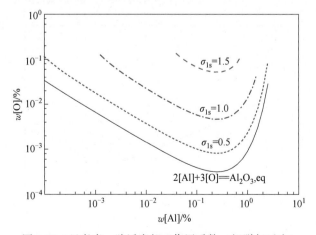

图 2-70　只考虑一阶活度相互作用系数（铝脱氧反应）

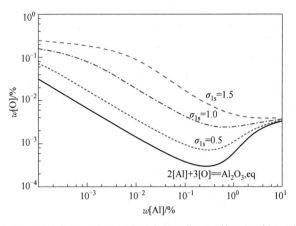

图 2-71   同时考虑一阶和二阶活度相互作用系数（铝脱氧反应）

2-2   铁铝脱氧反应过程中 $FeO \cdot Al_2O_3$ 夹杂物生成的热力学,

$FeO \cdot Al_2O_3$ 的摩尔体积为 $4.2 \times 10^{-5} m^3/mol$, $FeO \cdot Al_2O_3$ 的形核速率为 $I = 10^6/(m^3 \cdot s)$, 频率因子为 $A = 10^{31}/(m^3 \cdot s)$, 计算 1873K 温度时, 化学平衡条件下的 $w[Al]$ 和 $w[O]$ 的平衡关系图和形核条件下的关系图。第一种情况：只考虑一阶活度相互作用系数（见图 2-72）；第二种情况：同时考虑一阶和二阶活度相互作用系数（见图 2-73）。对比二者的不同。

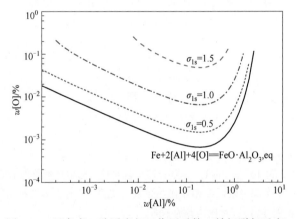

图 2-72   只考虑一阶活度相互作用系数（铁铝脱氧反应）

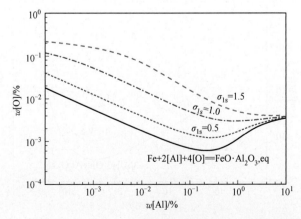

图 2-73   同时考虑一阶和二阶活度相互作用系数（铁铝脱氧反应）

2-3　针对 KR 铁水预脱硫，使用热力学和动力学理论计算铁液中溶解铝含量对钢中脱硫速率的影响

基本条件为：KR 过程铁水包中铁水 250t，脱硫剂为 CaO 颗粒，颗粒直径为 1mm，加入量为 1200kg，碳含量为 1.8%，铁液中初始硫含量为 400ppm，温度为 1873K，铁液的搅拌功率分别为 100W/t 和 1000W/t，铁水黏度为 0.0067kg/(m·s)，铁液中铝的含量范围为 0~1%，硅的含量为 0~3%。（提示：根据式(2-98)~式(2-100) 的反应求解，传质系数使用表 2-12 的 Lamont 公式，脱硫剂颗粒和铁液的相对速度使用 Stokes 速度计算）。

2-4　真空深脱碳

03Ni18Co9Mo5Ti 是高强度马氏体时效钢，为了提高钢锭质量，需要用真空电弧炉或电子束精炼炉进行重熔。碳元素是本钢种的最有害元素之一，钢种 $w[C]>0.005\%$ 时将形成脆性的网状碳化物。然而采用特殊原料也难以熔炼碳含量如此低的钢，因此需要在真空重熔时对钢进一步脱碳。求解在脱氧状态（含有铝）下什么温度和压力下可能进行深脱碳。已知数据：钢的成分同钢号数字，另有 0.6%Ti，0.05%~0.15%Al（脱氧剂）。温度范围 1873~2273K，$w[C]$ 的范围 0.005%~0.02，$w[Al]$ 的范围 0.05%~0.15%（提示：为了估算有铝存在时碳氧化的可能性，需要比较和碳和铝平衡时氧的浓度（见图 2-74）。只有和铝的平衡氧含量高于和碳平衡的氧含量，深脱碳过程才有可能发生）。

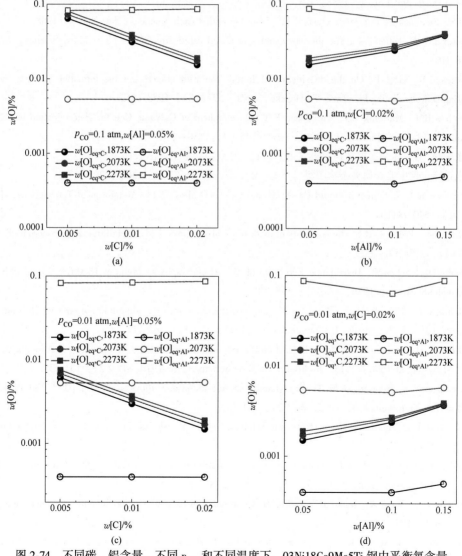

图 2-74　不同碳、铝含量，不同 p_{CO} 和不同温度下，03Ni18Co9Mo5Ti 钢中平衡氧含量

(a) $p_{CO}=0.1atm$，$w[Al]=0.05\%$；(b) $p_{CO}=0.1atm$，$w[C]=0.02\%$；

(c) $p_{CO}=0.01atm$，$w[Al]=0.05\%$；(d) $p_{CO}=0.01atm$，$w[C]=0.02\%$

参 考 文 献

[1] Turkdogan E T. Deoxidation of steel [J]. Journal of the Iron and Steel Institute, 1972, 210 (1): 21.

[2] Ren Y, Zhang L, Yu L, et al. Yield of Y, La, Ce in high temperature alloy during electroslag remelting process [J]. Metallurgical Research and Technology, 2016, 113 (4): 405-1-405-9.

[3] Itoh H, Hino M, Ban-Ya S. Thermodynamics on the Formation of Spinel Nonmetallic Inclusion in Liquid Steel [J]. Metallurgical and Materials Transactions B, 1997, 28 (5): 953-956.

[4] Hino M. Thermodynamics for the Control of Non-Metallic Inclusion Composition and Precipitation [C] // 182th-183th Nishiyama Memorial Seminar, (ISIJ, Tokyo), 2004: 1-26.

[5] Turkdogan E. Reaction of Liquid Steel with Slag During Furnace Tapping [C]// International Conference on Molten Slags and Fluxes, 1988: 1-9.

[6] JSPS, Steelmaking Data Sourcebook [M]. Gordon and Breach Science (New York), 1988.

[7] Sigworth G K, Elliott J F. The thermodynamics of liquid dilute iron alloys [J]. Metal Science, 1974, 8: 298-310.

[8] Sakagami R, Sasai T. On the deoxidation of liquid iron with silicon and the formation of SiO_2 inclusions during solidification [J]. Tetsu-To-Hagane, 1971, 57 (13): 1953-1962.

[9] Fruehan R J, Martonik L J, Turkdogan E T. Development of Galvanic Cell for Determination of Oxygen in Liquid Steel [J]. Journal of Metals, 1969, 245 (7): 1501-1509.

[10] 张立峰. 钢中非金属夹杂物图集 (上) [M]. 北京: 冶金工业出版社, 2019.

[11] 张立峰, 钢中非金属夹杂物图集 (下) [M]. 北京: 冶金工业出版社, 2019.

[12] Fruehan R J. Activities in liquid Fe-Al-O and Fe-Ti-O alloys [J]. Metallurgical Transactions, 1970, 1 (12): 3403-3410.

[13] Holcomb, Pierre G R S. The solubility of oxides in molten alloys [J]. Metallurgical Transactions B, 1977, 8 (1): 215-217.

[14] Janke D, Fischer W. Deoxidation Equilibria of Ti, Al and Zr in Fe Melts at 1600℃ [J]. Archiv fur fas Eisenhüttenwesen, 1976, 47 (4): 195-198.

[15] Rohde L E, Choudhury A, Wahlster M. New investigations into the aluminium-oxygen equilibrium in iron melts [J]. Archiv fur das Eisenhüttenwesen, 1971, 42 (3): 165-174.

[16] Schenck H, Steinmetz E, Mehta K K. Equillbrium and Kinetics of the Precipitation of Alumina in the Fe-O-Al System at 1600℃ [J]. Archiv fur fas Eisenhüttenwesen, 1970, 41 (2): 131-138.

[17] Jacobson N S, Mehrotra G M. Thermodynamics of iron-aluminum alloys at 1573K [J]. Metallurgical and Materials Transactions B, 1993, 24 (3): 481-486.

[18] Shevtsov V E. Thermodynamics of Oxygen Solutions in the Fe-Al System [J]. Russian Metallurgy, 1981 (1): 52-57.

[19] Suito H, Hajime I, Ryo I. Aluminium-Oxygen Equilibrium between $CaO-Al_2O_3$ Melts and Liquid Iron [J]. ISIJ International, 1991, 31 (12): 1381-1388.

[20] Dimitrov S, Weyl A, Janke D. Control of the aluminium-oxygen reaction in pure iron melts [J]. Steel Research, 1995, 66 (1): 3-7.

[21] Seo W G, Han W H, Kim J S, et al. Deoxidation Equilibria among Mg, Al and O in Liquid Iron in the Presence of $MgO-Al_2O_3$ Spinel [J]. ISIJ International, 2003, 43 (2): 201-208.

[22] Kang Y, Thunman M, Sichen D, et al. Aluminum Deoxidation Equilibrium of Molten Iron-Aluminum Alloy

with Wide Aluminum Composition Range at 1873K [J]. ISIJ International, 2009, 49 (10): 1483-1489.

[23] Paek M K, Jang J M, Kang Y B, et al. Aluminum Deoxidation Equilibria in Liquid Iron: Part I [J]. Experimental, Metallurgical and Materials Transactions B, 2015, 46 (4): 1826-1836.

[24] Wanibe Y, Sano K. On a Cloud Group of Inclusions formed during Deoxidation of Liquid Iron with Aluminum [J]. Journal of the Japan Institute of Metals, 1967, 8 (2): 75-80.

[25] d'Entremont J C, Gokcen D, Chipman J. Aluminum-Oxygen Interaction in Liquid Iron. Transaction Metal Society AIME, 1963, 22: 14-18.

[26] Mclean A, Bell H B. Journal of the Iron and Steel Institute, 1965, 203: 123-130.

[27] Steinmetz E, Lindenberg H U, Moersdorf W, et al. Shapes of Aluminum Oxides in Steels [J]. Archiv fuer das Eisenhuettenwesen, 1977, 48 (11): 569-574.

[28] Steinmetz E, Lindenberg H U, Moersdorf W, et al. Shapes and Formation of Aluminum Oxides in Raw Steel Ingots and Continuously Cast Slabs [J]. Stahl und Eisen, 1977, 97 (23): 1154-1159.

[29] Steinmetz E, Lindenberg H U, Hammerschmid P, et al. Formation of Oxides in Aluminum Deoxidized Steel Melts with Reoxidation Processes [J]. Stahl und Eisen, 1983, 103 (11): 539-545.

[30] Tiekink W, Boom R, Overbosch A, et al. Some aspects of alumina created by deoxidation and reoxidation in steel [J]. Maney Publishing, 2010, 37: 488-495.

[31] Miyashita Y, Nishikawa K. The Deoxidation of Liquid Iron with Calcium [J]. Tetsu-to-Hagane, 1971, 57 (13): 1969-1975.

[32] Han Q, Zhang X, Chen D, et al. The Calcium-Phosphorus and the Simultaneous Calcium-Oxygen and Calcium-Sulfur Equilibria in Liquid Iron [J]. Metallurgical and Materials Transactions B, 1988, 19 (4): 617-622.

[33] Taguchi K, Ono-Nakazato H, Nakai D, et al. Deoxidation and Desulfurization Equilibria of Liquid Iron by Calcium [J]. ISIJ International, 2003, 43 (11): 1705-1709.

[34] Wakasugi T, Tsukihashi F, Sano N. The Effect of Second Order Interaction Parameters on the Solubility Product of Calcium and Oxygen in Molten Iron [J]. Tetsu-to-Hagane, 1989, 75 (11): 2018-1022.

[35] Gustafsson S, Mellberg P O. On the Free Energy Interaction Between Some Strong Deoxidizers, Especially Calcium, and Oxygen in Liquid Iron [J]. Scaninject II, Injection Metallurgy, Lulea, Sweden, 1980, 19.

[36] Kimura T, Suito H. Calcium deoxidation equilibrium in liquid iron [J]. Metallurgical and Materials Transactions B, 1994, 25 (1): 33-42.

[37] Itoh H, Hino M, Ban-Ya S. Deoxidation Equilibrium of Calcium in Liquid Iron [J]. Tetsu-to-Hagane, 1997, 83 (11): 7-12.

[38] Tano M, Fujiwara H, Ichise E. The 8th Japan-Germany Seminar [J]. ISIJ, Tokyo, 1993: 113.

[39] Degawa T, Ototani T, Kataura Y. Deoxidation of liquid iron and its alloys by calcium contained in lime crucible. Transactions of the Iron and Steel Institute of Japan, 1976, 16 (5): 275-282.

[40] Kusakawa Taji, Matsui Kazuyuki. Data of Steel Reaction Association, 1976, 1: 9959.

[41] Ozawa Michiharu, Otsuka Yukio, Hori Takashi Kazuta. Data of Steel Reaction Association, 1975, 1: 9839.

[42] Inoue R, Suito H. Calcium desulfurization equilibrium in liquid iron [J]. Steel Research, 1994, 65 (10): 403-409.

[43] Taguchi K, Ono-Nakazato H, Nakai D, et al. Deoxidation and Desulfurization Equilibria of Liquid Iron by Calcium [J]. ISIJ International, 2003, 43 (11): 1705-1709.

[44] Kobayashi S, Omori Y, Sanbongi K. On the Deoxidation of Liquid Iron with Bubbles of Argon-Calcium Gas Mixture [J]. Transactions ISIJ, 1971, 11 (1): 260-269.

[45] Cho S W, Suito H. Assessment of Calcium-Oxygen Equilibrium in Liquid Iron [J]. ISIJ International, 1994, 34 (3): 265-269.

[46] Ohta H, Suito H. Deoxidation Equilibria of Calcium and Magnesium in Liquid Iron [J]. Metallurgical and Materials Transactions B, 1997, 28 (6): 1131-1139.

[47] Nadif M, Gatellier C. Influence of Calcium and Magnesium on the Solubility of Oxygen and Sulphur in Liquid Steel (Laboratory Results) [J]. Revue de Métallurgie, 1986, 83 (5): 377-394.

[48] Kulikov I S. Deoxidation of iron by the alkaline earth metals. Izvestia Akademii nauk SSSR. Metally, 1985, 9: 6-12.

[49] Toji Fujisawa. Nishiyama Memorial Technical Lecture [J]. Japan Iron and Steel Association, Tokyo. 1988 (126-127) 91.

[50] Han Q, Rare Earth, Alkaline Earth and Other Elements in Metallurgy [M]. IOS Press, US, 1988.

[51] Inoue R, Suito H. Thermodynamics of O, N, and S in liquid Fe equilibrated with CaO-Al$_2$O$_3$-MgO slags [J]. Metallurgical and Materials Transactions B, 1994, 25 (2): 235-244.

[52] Seo J D, Kim S H. Thermodynamic assessment of Mg deoxidation reaction of liquid iron and equilibria of [Mg]-[Al]-[O] and [Mg]-[S]-[O][J]. Steel Research International, 2000, 71 (4): 101-106.

[53] Gorobetz A P. Investigation into the thermodynamics of the deoxidation of iron by a magnesium solution. Metallurgical. Koksokhim, 1980, 69: 34-37.

[54] Yavoiskii V I, Volojimorov L P, Lujin V P. Type of conductivity of magnesium dioxide stabilized in liquid iron. Izvestia Akademii nauk SSSR. Metally, 1974, 2: 14.

[55] Turkdogan E T. Possible failure of emf oxygen sensor in liquid iron containing dissolved calcium or magnesium [J]. Steel Research, 1991, 62 (9): 379-382.

[56] Olette M, Gatellier C. Action d'une addition de calcium, de magnésium ou des éléments des terres rares sur la propreté inclusionnaire des aciers [J]. Revue de Métallurgie, 1981, 78 (12): 961-973.

[57] Cha W Y, Nagasaka T, Miki T, et al. Equilibrium between Titanium and Oxygen in Liquid Fe-Ti Alloy Coexisted with Titanium Oxides at 1873K [J]. ISIJ International, 2006, 46 (7): 996-1005.

[58] Pak J J, Jo J O, Kim S I, et al. Thermodynamics of Titanium and Oxygen Dissolved in Liquid Iron Equilibrated with Titanium Oxides [J]. ISIJ International, 2007, 47 (1): 16-24.

[59] Kojima Y, Inouye M, Ohi J. Titanoxyd im Gleichgewicht mit Eisen-Titan-Legierungen bei 1600oC [J]. Archiv für das Eisenhüttenwesen, 1969, 40 (9): 667-671.

[60] Yoshikawa T, Morita K. Influence of alloying elements on the thermodynamic properties of titanium in molten steel [J]. Metallurgical and Materials Transactions B, 2007, 38 (4): 671-680.

[61] Hadley R L, Derge G, Equilibrium between titanium in liquid iron and titanium oxides [J]. Journal of Metals, 1955, 7.

[62] Janke D, Fischer W A. Deoxidation equilibria of titanium, aluminum, and zirconium in iron melts at 1600 degree C [J]. Arch. Eisenhüttenwes, 1976, 47: 195-198.

[63] Smellie A M, Bell H B. Titanium deoxidation reactions in liquid iron [J]. Canadian Metallurgical Quarterly, 1972, 11 (2): 351-361.

[64] Wentrup H, Heiber G, Ueber das Gleichgewicht zwischen Sauerstoff und Titan in Eisenschmelzen, Arch. Eisenhiiftenw, 1939, 13: 69-72.

[65] Chen H M, Chipman J. The chromium–oxygen equilibrium in liquid iron [J]. Transactions of the American Society for Metals, 1947, 38: 70-116.

[66] Dimitrov S, Wenz H, Koch K, et al. Control of the chromium-oxygen reaction in pure iron melts [J]. Steel Research, 1995, 66 (2): 39-44.

［67］ Fruehan R J. The Thermodynamic Properties of Various Liquid Ferrous Alloys Determined by a Mass Spectrometer ［J］. Trans. Metall. Soc. AIME, 1969, 245: 1215.

［68］ Heinz M, Koch K, Janke D. Oxygen activities in chromium-containing iron and nickel-based melts ［J］. Steel Res. , 1989, 60 (6): 246-254.

［69］ Hilty D C, Forgeng W D, Folkman R L. Oxygen solubility and oxide phases in the Fe-Cr-O system ［J］. JOM, 1955, 7: 253-268.

［70］ Itoh T, Nagasaka T, Hino M. Equilibrium between dissolved chromium and oxygen in liquid high chromium alloyed steel saturated with pure Cr_2O_3 ［J］. ISIJ International, 2000, 40 (11): 1051-1058.

［71］ Janke D, Fischer W A. Gleichgewichte von Chrom und Mangan mit Sauerstoff in Eisenschmelzen bei 1600 C ［J］. Archiv für das Eisenhüttenwesen, 1976, 47 (3): 147-151.

［72］ Nakamura Y, Uchimura M. Solubilities of Oxygen in Fe−Cr Melts in Equilibrium with MgO-Cr_2O_3 and α-CaCr_2O_4 ［J］. Transactions of the Iron and Steel Institute of Japan, 1973, 13 (5): 343-349.

［73］ Sakao, H, Sano K. Activity and Solubility of Oxygen in Liquid Iron−Chromium Alloy ［J］. Journal of the Japan Institute of Metals, 1962, 26 (4): 236-240.

［74］ Hino M, Ito K. Thermodynamic Data for Steelmaking ［M］. The 19th Committee in Steelmaking, T. J. S. f. P. o. Science, ed. , Tohoku University Press, Sendai, 2010.

［75］ Fruehan R J. The effect of zirconium, cerium, and lanthanum on the solubility of oxygen in liquid iron ［J］. Metallurgical and Materials Transactions B, 1974, 5 (2): 345-347.

［76］ Janke D, Fischer W A. Deoxidation equilibria of cerium, lanthanum, and hafnium in liquid iron ［J］. Archiv für das Eisenhüttenwesen, 1978, 49 (9): 425-430.

［77］ Richerd J, Mem. Sci. Rev. Metall. , 1962, 59: 527-548, 597-615.

［78］ Hitchon J W I, Chaillou A, Olette M. Report, Report IRSID (Institut de Recherches de la Siderurgie Francaise), 1966.

［79］ Buzek Z. Chemical metallurgy of iron and steel ［J］. International Symposium on Metallurgical Chemistry, 1971 (7): 173.

［80］ Fischer W, Bertram H. Deoxidation, desulfurization, and nitrogen removal of iron melts containing oxygen, sulfur or nitrogen using rare-earth metals cerium and lanthanum ［J］. Archiv fur das Eisenhüttenwesen, 1973, 44 (2): 87-95.

［81］ Han Q, Feng X, Liu S, et al. Equilibria between cerium or neodymium and oxygen in molten iron ［J］. Metallurgical Transactions B, 1990, 21 (2): 295-302.

［82］ Vahed A, Kay D A R. Thermodynamics of rare earths in steelmaking ［J］. Metallurgical Transactions B, 1976, 7 (3): 375-383.

［83］ Turkdogan E T. Ladle deoxidation, desulphurisation and inclusions in steel-Part 1: Fundamentals ［J］. Archiv für das Eisenhüttenwesen, 1983, 54 (1): 1-10.

［84］ Jacquemot A, Gatelier C. Report, Report IRSID (Institut de Recherches de la Siderurgie Francaise), 1973.

［85］ 韩其勇, 刘士伟, 牛红兵, 等. 纯铁液中 Ce-O、Nd-O 平衡常数的测定 ［J］. 金属学报, 1982, 18 (2): 176-186.

［86］ Turkdogan E. Sulfide Inclusions in Steel ［C］//Proc. Znt. Symp. , November 7-8, 1974, Port Chester, 1975.

［87］ 王常珍, 王福珍, 杜英敏, 等. 溶铁中 Ce-S-O 平衡的研究 ［J］. 金属学报, 1980, 16 (1): 83-90.

［88］ 石川遼平, 井上博文, 貢本三木. 东北大学造铁制炼研究所学报, 1973, 29: 193.

［89］ Куликов, Н С. Раскисленне Метаппов, 1975, 182.

［90］ Chipman J, Pillay T. Activities in Dilute Liquid Solution Fe-Si-O ［J］ . 1961 (221): 1277-1278.

［91］ Körber F, Oelsen W. Reactions of Chromium with Acid Slags ［J］. Mitt. Kaiser-Wilhelm Inst. Eisenforsch, 1935, 17: 231-245.

［92］ Matoba S, Gunji K, Kuwana T. Silicon-oxygen Equilibrium in Liquid Iron ［J］. Tetsu-to-Hagan, 1959, 45 (3): 229-232.

［93］ Abraham K P, Davies M W, Richardson F D . Activities of manganese oxide in silicate melts ［J］. J. Iron and Steel Inst. , 1960, 196: 82-89.

［94］ Rao B K D P, Gaskell D R. The thermodynamic properties of melts in the system MnO-SiO$_2$ ［J］. Metallurgical Transactions B, 1981, 12 (2): 311-317.

［95］ Guohua Zhang, Kuochih Chou, Uday Pal. Estimation of sulfide capacities of multicomponent slags using optical basicity ［J］. ISIJ International, 2013, 53 (5): 761-767.

［96］ Gatellier C, Olette M. Aspects fondamentaux des réactions entre éléments métalliques et éléments non métalliques dans les aciers liquides ［J］. Revue de Métallurgie, 1979, 76 (6): 377-386.

［97］ 张立峰. 钢中非金属夹杂物 ［M］. 北京: 冶金工业出版社, 2019.

［98］ Bjorklund J, Andersson M, Jonsson P. Equilibrium between slag, steel and inclusions during ladle treatment: Comparison with production data ［J］. Ironmaking and Steelmaking, 2007, 34 (4): 312-324.

［99］ Fruehan R J, Ladle Metallurgy Principles and Practices, Iron and Steel Society, Warrendale PA, 1985.

［100］ Ren Y, Zhang L, Fang W, et al. Effect of Slag Composition on Inclusions in Si-Deoxidized 18Cr-8Ni Stainless Steels ［J］. Metallurgical and Materials Transactions B, 2016, 47 (2): 1024-1034.

［101］ Olette M, Gatellier C, Vasse R. Process in Ladle Steel Refining, International Symposium Physical Chemistry of Iron and Steelmaking, VII-1, Toronto, 1982, 29. 8-2. 9.

［102］ Suzuki K, Ban-Ya S, Hino M. Deoxidation Equilibrium of Chromium Stainless Steel with Si at the Temperatures from 1823 to 1923K ［J］. ISIJ International, 2001, 41 (8): 813-817.

［103］ 张立峰. 钢中非金属夹杂物: 工业实践 ［M］. 北京: 冶金工业出版社, 2019.

［104］ Turkdogan E T. Deoxidation of steel ［J］. J. Iron and Steel Inst. , 1972, 210: 21.

［105］ Park J H, Zhang L. Kinetic Modeling of Non-Metallic Inclusions Behavior in Molten Steel-A Review ［J］. Metallurgical and Materials Transactions B, 2020, 51 (6): 2453-2482.

［106］ Kawawa T, Ohkubo M. A Kinetics on Deoxidation of Steel ［J］. Trans. ISIJ, 1968, 8 (4): 203-219.

［107］ Bannenberg N, Recent developments in steelmaking and casting ［J］. Niobium, Science and Technology: Proceedings of the International Symposium Niobium, 2001: 379-404.

［108］ Lindström D, Du S. Study on desulfurization abilities of some commonly used desulfurization agents ［J］. Steel Research International, 2014, 86 (1): 73-83.

［109］ Schrama F N H, Beunder E M, Van den Berg B, et al. Sulphur removal in ironmaking and oxygen steelmaking ［J］. Ironmaking and Steelmaking, 2017, 44 (5): 333-343.

［110］ Stolte G. Secondary Metallurgy: Principles, Processes, Applications ［M］. Verlag Stahleisen GmbH, 2002.

［111］ Yoshioka T, Shimamura Y, Karasev A, et al. Mechanism of a CaS Formation in an Al-Killed High-S Containing Steel during a Secondary Refining Process without a Ca-Treatment ［J］. Steel Research International, 2017, 88 (10): 1700147.

［112］ Sosinsky D J, Sommerville I D. Coposition and Temperature Dependence of the Sulfide Capacity of Metallurgical Slags ［J］. Metallurgical transactions. B, Process metallurgy, 1986, 17 B (2): 331-337.

［113］ Ranz W, Marshall W. Evaporation from Drops, Part I ［J］. Chemical Engineering Progress, 1952, 48: 141-146.

［114］ Sano Y, Yamaguchi N, Adachi T. Mass Transfer Coefficients for Suspended Particles in Agitated Vessels and Bubble Columns ［J］. Journal of Chemical Engineering of Japan, 1974, 7 (4): 255-261.

［115］ Riboud P V, Olette M. Proceedings of the 7th Int. Conf. on Vacuum Metallurgy ［J］. Iron and Steel Institute of Japan, Tokyo, Japan, 1982: 879-889.

［116］ Baird M H I, Davidson J F. Gas absorption by large rising bubbles ［J］. Chemical Engineering Science, 1962, 17 (2): 87-93.

［117］ Hara Y, Proceedings, Scaninject Ⅳ, part Ⅰ, 1986, 82: 801.

［118］ Sawada I, Kitamura T, Ohashi T. Proceedings, Scaninject Ⅳ, part Ⅰ, 1986, 12: 1.

［119］ Asai S, Kawachi M, Muchi I. Mass Transfer Rate in Ladle Refining Process, Proceedings-SCANINJECT 3, 3rd International Conference on Refining of Iron and Steel by Powder Injection. , (Lulea, Swed), Metallurgiska Forskningsstationman, 1983, 12. 1-12. 29.

［120］ Deo B, Boom R. Fundamentals of Steelmaking Metallurgy ［M］. Prentice Hall International, 1993.

［121］ Kim S H, Fruehan R. Physical modeling of liquid/liquid mass transfer in gas stirred ladles ［J］. Metallurgical transactions B, 1987, 18 (2): 381-390.

［122］ Kang J G, Shin J H, Chung Y, et al. Effect of Slag Chemistry on the Desulfurization Kinetics in Secondary Refining Processes ［J］. Metallurgical and Materials Transactions B, 2017, 48 (4): 2123-2135.

［123］ Yan P, Huang S, Van Dyck J, et al. Desulphurisation and inclusion behaviour of stainless steel refining by using CaO-Al$_2$O$_3$ based slag at low sulphur levels ［J］. ISIJ International, 2014, 54 (1): 72-81.

［124］ Kumar D, Ahlborg K C, Pistorius P C. Development of a Reliable Kinetic Model for Ladle Refining ［J］. Metallurgical and Materials Transactions B, 2019, 50 (5): 2163-2174.

［125］ Okuyama G, Yamaguchi K, Takeuchi S, et al. Effect of slag composition on the kinetics of formation of Al$_2$O$_3$-MgO inclusions in aluminum killed ferritic stainless steel ［J］. ISIJ International, 2000, 40 (2): 121-128.

［126］ Hoang Q N, Ramirez-Argaez M A, Conejo A N, et al. Numerical Modeling of Liquid Mass Transfer and the Influence of Mixing in Gas-Stirred Ladles ［J］. JOM, 2018, 70 (10): 2109-2118.

［127］ El-Kaddah N, Szekely J, Carlsson G. Fluid flow and mass transfer in an inductively stirred four-ton melt of molten steel: A comparison of measurements and predictions ［J］. Metallurgical Transactions B, 1984, 15B (4): 633-640.

［128］ Steneholm K, Andersson M, Tilliander A, et al. Removal of hydrogen, nitrogen and sulphur from tool steel during vacuum degassing ［J］. Ironmaking and Steelmaking, 2013, 40 (3): 199-205.

［129］ Hallberg M, Jonsson T L I, Jonsson P G. A new approach to using modelling for on-line prediction of sulphur and hydrogen removal during ladle refining ［J］. ISIJ International, 2004, 44 (8): 1318-1327.

［130］ Lamont J C, Scott D S. Eddy Cell Model of Mass Transfer into the Surface of a Turbulent Liquid ［J］. AIChE Journal, 1970, 16 (4): 513-519.

［131］ Kitamura S Y, Kitamura T, Shibata K, et al. Effect of stirring energy, temperature and flux composition on hot metal dephosphorization kinetics ［J］. ISIJ International, 1991, 31 (11): 1322-1328.

［132］ Lachmund H, Xie Y, Buhles T, et al. Slag emulsification during liquid steel desulphurisation by gas injection into the ladle ［J］. Steel Research, 2003, 74 (2): 77-85.

［133］ Hirasawa M, Mori K, Sano M, et al. Rate of mass transfer between molten slag and metal under gas injection stirring ［J］. Transactions of the Iron and Steel Institute of Japan, 1987, 27 (4): 277-282.

［134］ Asai S, Kawachi M, Muchi I. Mass Transfer Rate in Ladle Refining Processes ［C］. Scaninject Ⅲ: Proceedings of 3rd International Conference on Injection Metallurgy, (Lulea, Sweden), 1983.

［135］ Ogawa K, Onoue T. Mixing and mass transfer in ladle refining process ［J］. ISIJ International, 1989, 29 (2): 148-153.

［136］Brown A J, Guyer B D, Muller C M, et al. Improving sulfide shape control in high-quality heavy plate steel grades at arcelormittal coatesville ［J］. Iron and Steel Technology, 2019, 16 (7)：46-62.

［137］Dash A, Kaushik P, Mantel E. A laboratory study of factors affecting sulfide shape control in plate grade steels ［J］. Iron and Steel Technology, 2012, 9 (2)：186-201.

［138］Shiiki K, Yamada N, Kano T, et al. Development of shape-controlled-sulfide free machining steel for application in automobile parts ［C］//2004 SAE World Congress, March 8, 2004-March 11, 2004, (Detroit, MI, United states), SAE International, 2004.

［139］Sanbongi K. Controlling Sulfide Shape with Rare Earths or Calcium during the Processing of Molten Steel ［J］. Transactions of the Iron and Steel Institute of Japan, 1979, 19 (1)：1-10.

［140］Haida O, Emi T, Sanbongi K, et al. Optimizing sulfide shape control in large hsla steel ingots by treating the melt with calcium or rare earths ［J］. Tetsu-to-Hagane, 1978, 64 (10)：1538-1547.

［141］Luyckx L, Bell J R, McLean A, et al. Sulfide Shape Control in High Strength Alloy Steels ［J］. Metallurgical Transactions, 1970, 1 (12)：3341-3350.

［142］Pan F, Zhang J, Chen H, et al. Thermodynamic Calculation among Cerium, Oxygen, and Sulfur in Liquid Iron ［J］. Scientific Reports, 2016, 6：1-6.

［143］王龙妹, 杜挺. 金属镧在碳饱和铁水中脱硫的热力学研究 ［J］. 中国稀土学报, 1984, 2 (1)：46-53.

［144］王龙妹, 杜挺. 金属钇在碳饱和铁水中脱硫的热力学研究 ［J］. 稀土, 1983 (4)：48-54, 4.

［145］夏春祥, 张超, 何金平, 等. 武钢 CSP 钙处理钢中夹杂物行为的研究 ［C］//宝钢学术年会, 2013.

［146］Han Q, Zhou D, Xiang C. Determination of Dissolved Sulfur and Mg-S, Mg-O Equilibria in Molten Iron ［J］. Steel Research, 1997, 68 (1)：9-14.

［147］Ototani T, Kataura Y. Deoxidation and desulfurization of liquid steel with calcium complex alloys ［J］. Tetsu-to-Hagane, 1971, 57 (12)：1753-1763.

［148］Inoue R, Suito H. Calcium desulfurization equilibrium in liquid iron ［J］. Steel Research 1994, 65 (10)：403-409.

［149］JSPS, The 19th Committee on Steelmaking：Steelmaking Data Sourcebook, Gordon and Breach Science Publishers, New York, 1988：280-293.

［150］Bannenberg N, Bergmann B, Gaye H. Combined decrease of sulphur, nitrogen, hydrogen and total oxygen in only one secondary steelmaking operation ［J］. Steel Research, 1992, 63 (10)：431-437.

［151］Fruehan R J. Future steelmaking technologies and the role of basic resenrch ［J］. Metallurgical and Materials Transactions A, 1997, 28 (10)：1963-1973.

［152］Engh T A, Principle of Metal Refining, Oxford University Press, 1992：1009.

［153］Karouni F, Wynne B P, Talamantes-Silva J, et al. Modeling the Effect of Plug Positions and Ladle Aspect Ratio on Hydrogen Removal in the Vacuum Arc Degasser ［J］. Steel Research International, 2018, 89 (5).

［154］Yu S, Louhenkilpi S. Numerical simulation of dehydrogenation of liquid steel in the vacuum tank degasser ［J］. Metallurgical and Materials Transactions B, 2013, 44 (2)：459-468.

［155］Jauhiainen A, Jonsson L, Jonsson P, et al. The influence of stirring method on hydrogen removal during ladle treatment ［J］. Steel Research, 2002, 73 (3)：82-90.

［156］Fruehan R J, Vacuum Degassing of Steel, Iron and Steel Society/AIME, Warrendale PA, 1990.

［157］Plessers J, Maes R, Vangelooven E. Ein neues Tauchsystem für die schnelle Bestimmng von Wasserstoff in flüssigem Stahl ［J］. Stahl und Eisen, 1988, 108：451-455.

[158] Frigm G, Proc. electric furnace conf. , (Warrendale, PA), Iron and Steel Society, 1990, 83.

[159] Thoms A, Tu S, Janke D. Denitrogenation of steel melts with oxygen and sulphur by injection of argon under reduced pressure [J]. Steel Research, 1997, 68 (11): 475-478.

[160] Mizukami Y, Mukawa S, Saeki T, et al. The Rate of Nitrogen Removal from Molten Steel by Reductive Gas [J]. Tetsu-to-Hagane, 1988, 74 (2): 294-301.

[161] Bergmann B, Bannenberg N, Gaye H. La dénitruration au cours du dégazage en poche * [J]. Revue de Métallurgie, 1989, 86 (11): 907-918.

[162] Kishida T, Stahl und eisen, 1987, 107: 894.

[163] Kawakami M, Inouye M, Kim J S, et al. Mechanism of Simultaneous Decarburization and Nitrogen Removal by Blasting Iron Ore Powder on to Molten Steel Surface [J]. Tetsu-to-Hagane, 2004, 90 (6): 414-421.

[164] Shinme K, Matsuo T, Morishige M. Acceleration of Nitrogen Removal in Stainless Steel under Reduced Pressure [J]. Transactions of the Iron and Steel Institute of Japan, 1988, 28 (4): 297-304.

[165] Inomoto T, Kitamura S Y, Yano M. Kinetic study of the nitrogen removal rate from molten steel (normal steel and 17 mass%Cr steel) under CO boiling or argon gas injection [J]. ISIJ International, 2015, 55 (9): 1822-1827.

[166] Sau R, Jha N N, Paul A. Laboratory investigation of denitrogenation of low carbon steel by gas generation in situ [J]. Ironmaking and Steelmaking, 2003, 30 (1): 43-47.

[167] Ono-Nakazato H, Matsui A, Miyata D, et al. Effect of aluminum, titanium or silicon addition on nitrogen removal from molten iron [J]. ISIJ International, 2003, 43 (7): 975-982.

[168] Nomura K, Ozturk B, Fruehan R J. Removal of Nitrogen from Steel Using Novel Fluxes [J]. Metallurgical Transactions B, 1991, 22B: 783-790.

[169] Jungreithmeier A, Jandl K, Viertauer A, et al. Industrial use of the on-line nitrogen determination system NITRIS [J]. Veitsch-Radex Rundschau, 1996 (1): 3-5.

[170] Gao L, Shi Z, Yang Y, et al. Mathematical modeling of decarburization in levitated Fe-Cr-C droplets [J]. Metallurgical and Materials Transactions B, 2018, 49 (4): 1985-1994.

[171] Kitamura T, Miyamoto K, Tsujino R, et al. Mathematical model for nitrogen desorption and decarburization reaction in vacuum degasser [J]. ISIJ International, 1996, 36 (4): 395-401.

[172] Liu B, Zhu G, Li H, et al. Decarburization rate of RH refining for ultra low carbon steel [J]. International Journal of Minerals Metallurgy and Materials, 2010, 17 (1): 22-27.

[173] Li P, Wu Q, Hu W, et al. Mathematical simulation of behavior of carbon and oxygen in RH decarburization [J]. Journal of Iron and Steel Research International, 2015, 22 (S1): 63-67.

[174] Yoshihiko H, Hiroshi I, Yoshiyasu S. Effects of [C], [O] and pressure on RH vacuum decarburization [J]. Tetsu-to-hagané, 1998, 84 (10): 21-26.

[175] Lin C, Liu Y, Chang C, et al. Effect of oxygen blowing parameters on the performance of Ruhrstahl-Heraeus refining process [J]. China Steel Technical Repot, 2016, 29: 8-14.

[176] Pirker S, Forstner K. Analytical and numerical approaches in studying immersed de-carbonization in RH-plants [J]. Steel Research International, 2008, 79 (8): 591-599.

[177] Emi T. Proceedings, Vol. Scaninject Ⅶ, part Ⅰ, 1995: 255.

[178] Kleimt K. Dynamic modelling of vacuum circulation process for steel decarburization [J]. Metallurgie Secondaire, 1995, 92 (4): 493-502.

[179] Kleimt B, Cappel J, Hoffmann J, et al. Dynamic process models for on-line observation of the vacuum tank degassing process [J]. Revue De Métallurgie, 2003, 100 (6): 583-593.

［180］ Ling H, Zhang L. Investigation on the fluid flow and decarburization process in the RH process ［J］. Metallurgical and Materials Transactions B, 2018, 49 (5): 2709-2721.

［181］ Park Y, Yi K. A new numerical model for predicting carbon concentration during RH degassing treatment ［J］. ISIJ International, 2003, 43 (9): 1403-1409.

［182］ Ende M, Kim Y, Cho M, et al. A kinetic model for the Ruhrstahl Heraeus (RH) degassing process ［J］. Metallurgical and Materials Transactions B, 2011, 42 (3): 477-489.

［183］ Elliott J F, Gleiser M. Thermochemistry for steelmaking Vol. I, Addison-Wesley series in the engineering sciences, sponsored by the American Iron and Steel Institute, Addison-Wesley Pub. , 1960: 74.

［184］ Elliott J F, Gleiser M, Ramakrishna V. Thermochemistry for Steelmaking Vol. II, Addison-Wesley series in the engineering sciences: metallurgy and materials, sponsored by the American Iron and Steel Institute, Addison-Wesley Publishing, 1963: 502.

［185］ Kishimoto Y, Kato Y, Sakuraya T, et al. Effect of stirring force by bottom blown gas and partial pressure of CO in it on characteristics of metallurgical reaction in a converter ［J］. Tetsu-to-Hagane, 1989, 75 (8): 1300-1307.

［186］ Matsunaga H. Text Book of the 54th and 55th Nishiyama Memorial Lecture, 1978: 59.

［187］ Naito K, Kitamura S, Ogawa Y. Effects of BOF top blowing and bottom stirring conditions on suppressing excessive oxidation ［J］. Ironmaking and Steelmaking, 2002, 29 (3): 209-214.

［188］ Kato Y, Okuda H. Reaction model for carbon, manganese, and oxygen in bottom blowing with mixed gas in final stage of steel refining in converter ［J］. ISIJ International, 2003, 43 (11): 1710-1714.

［189］ Kishimoto Y, Takeuchi S, Kato Y, et al. Development of CO gas bottom blowing process in combined blowing converter and its characteristics in metallurgical reaction ［J］. Tetsu-to-Hagane, 1989, 75 (7): 1146-1153.

［190］ 王新华. 钢铁冶金 炼钢学 ［M］. 北京: 高等教育出版社, 2007: 239-282.

［191］ Bannenberg N, Chapellier P, Nadif M. Stahl und Eisen, 1993, 113 (9): 75.

［192］ Kikuchi N. Development and prospects of refining techniques in steelmaking process ［J］. ISIJ International, 2020, 60 (12): 2731-2744.

［193］ Kuwabara T, Umezawa K, Mori K, et al. Investigation of decarburization behavior in RH-reactor and its operation improvement ［J］. ISIJ International, 1988, 28 (4): 305-314.

［194］ Anil K, Dash S. Prediction of circulation flow rate in the RH degasser using discrete phase particle modeling ［J］. ISIJ International, 2009, 49 (4): 495-504.

［195］ Mondal M, Maruoka N, Kitamura S, et al. Study of fluid flow and mixing behaviour of a vacuum degasser ［J］. Transactions of the Indian Institute of Metals, 2012, 65 (3): 321-331.

［196］ Seshadri V, Costa S. Cold model studies of R. H. degassing process ［J］. Transactions of the Iron and Steel Institute of Japan, 1986, 26 (2): 133-138.

［197］ Wei J, Yu N, Fan Y, et al. Study on flow and mixing characteristics of molten steel in RH and RH-KTB refining processes ［J］. Journal of Shanghai University (English Edition), 2002, 6 (2): 167-175.

［198］ Sumida N, Fujii T, Oguchi Y, et al. Production of ultra-low carbon steel by combined process of bottom-blown converter and RH degasser ［J］. Kawasaki Steel Technical Report, 1983, 8: 69-76.

［199］ Ling H, Li F, Zhang L, et al. Investigation on the effect of nozzle number on the recirculation rate and mixing time in the RH process using VOF+DPM model ［J］. Metallurgical and Materials Transactions B, 2016, 47 (3): 1950-1961.

［200］ Hideo Tanaka, Sakakibara Michiaki, Hayashi Junichi. Characteristics of flow rate in RH vacuum degassing method ［J］. Ironmaking Research, 1978, 293 (12): 427-432.

[201] Katoh T, Okamoto T. Mixing of molten steel in ladle with RH reactor by the water model experiment [J]. Denki-Seiko [Electric Furnace Steel], 1979, 50 (2): 128-137.

[202] Ono K, Yanagida M, Katoh T, et al. The circulation rate of RH degassing process by water model experiment [J]. Denki Seiko [Electric Furnace Steel], 1981, 52: 149-157.

[203] 胡汉涛, 魏季和, 黄会发, 等. 吹气管内径对 RH 精炼过程钢液流动和混合特性的影响 [J]. 特殊钢, 2004, 25 (5): 9-11.

[204] Kato Y, Fujii T, Suetsugu S, et al. Effect of geometry of vacuum vessel on decarburization rate and final carbon content in RH degasser [J]. Tetsu-to-Hagane, 1993, 79 (11): 1248-1253.

[205] Kuwabara T, Umezawa K, Mori K, et al. Investigation of decarburization behavior in RH-reactor and its operation improvement [J]. Transactions of the Iron and Steel Institute of Japan, 1988, 28 (4): 305-314.

[206] Inoue S, Furuno Y, Usui T, et al. Acceleration of decarburization in RH vacuum degassing process [J]. ISIJ International, 1992, 32 (1): 120-125.

[207] Yamaguchi K, Kishimoto Y, Sakuraya T, et al. Effect of refining conditions for ultra low carbon steel on decarburization reaction in RH degasser [J]. ISIJ International, 1992, 32 (1): 126-135.

[208] Kishimoto Y, Yamaguchi K, Sakuraya T, et al. Decarburization reaction in ultra-low carbon iron melt under reduced pressure [J]. ISIJ International, 1993, 33 (3): 391-399.

[209] Takahashi M, Matsumoto H, Saito T. Mechanism of decarburization in RH degasser [J]. ISIJ International, 1995, 35 (12): 1452-1458.

[210] Zhang L, Jing X, Li J, et al. Mathematical model of decarburization of ultra low carbon steel during RH treatment [J]. International Journal of Minerals Metallurgy and Materials, 1997, 4 (4): 19-23.

[211] 朱苗勇, 黄宗泽. RH 真空脱碳精炼过程的模拟研究 [J]. 金属学报, 2001, 37 (1): 91-94.

[212] Li C, Cheng G, Wang X, et al. Mathematical model of RH blow argon mode affecting: decarburization rate in ultra-low carbon steel refining [J]. Journal of Iron and Steel Research International, 2012, 19 (5): 23-28.

[213] Zhang J, Liu L, Zhao X, et al. Mathematical model for decarburization process in RH refining process [J]. ISIJ International, 2014, 54 (7): 1560-1569.

[214] Geng D, Zheng J, Wang K, et al. Simulation on decarburization and inclusion removal process in the Ruhrstahl-Heraeus (RH) process with ladle bottom blowing [J]. Metallurgical and Materials Transactions B, 2015, 46 (3): 1484-1493.

[215] Zhan D, Zhang Y, Jiang Z, et al. Model for Ruhrstahl-Heraeus (RH) decarburization process [J]. Journal of Iron and steel Research International, 2018, 25 (4): 409-416.

[216] Ling H, Zhang L. A mathematical model for prediction of carbon concentration during RH refining process [J]. Metallurgical and Materials Transactions B, 2018, 49 (6): 2963-2968.

[217] Huang Y, Cheng G, Wang Q, et al. Mathematical model for decarburization of ultra-low carbon steel during RH treatment [J]. Ironmaking and Steelmaking, 2019, 47 (6): 655-664.

3 物料对钢液炉外精炼效果的影响

图 3-1 展示了钢包钢液底吹氩气过程中主要的物理现象,底部吹氩气可以搅拌钢液、促进化学反应和成分及温度的均匀化;合金从顶部钢液的裸露处加入,对钢液进行脱氧及合金化;顶部精炼渣和钢液直接接触,发生物质交换和化学反应,过大的吹气量会造成顶部液渣卷渣,产生渣的乳化现象;同时,在出钢、炉外精炼及连铸浇铸过程中,钢液和精炼渣一直与钢包耐火材料相接触。

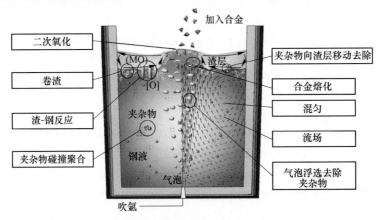

图 3-1 钢液底吹氩气搅拌过程中主要的物理现象

在出钢及精炼过程中,各种合金会加入钢液中;为了保温及进一步进行精炼,钢液上部覆盖有精炼渣;在炉外精炼全过程,钢液被放置在耐火材料的容器中。所以,在精炼过程中,影响钢液洁净的物料因素主要包括合金、精炼渣和耐火材料三种。只有做到合金的洁净化和收得率及添加量的精准化、精炼渣和耐火材料依据钢种的定制化,并厘清合金、精炼渣和耐火材料影响钢液洁净度的机理,才能保证洁净钢的冶炼效果。

3.1 合金添加

3.1.1 合金中杂质元素

在所有钢种的冶炼和精炼过程中,都会加入合金,特别是铁合金。全球生产的铁合金的 85%~90% 都用于炼钢过程。向钢液中加入合金的目的主要有两个,一是合金化,达到各个钢种对合金元素成分的要求;二是脱氧或者脱硫。铁合金是指以铁为基础的合金,例如硅铁合金、锰铁合金等。表 3-1 是炼钢使用的主要铁合金及其金属元素和金属杂质的含量[1]。铁合金中会有一定量或者痕量的其他元素,例如 Mn、Si、Cr、Ca、Al、Mg、Ti、

表 3-1 炼钢过程中使用的主要铁合金及其金属元素和金属杂质的含量

铁合金	Si	Al	C	Mn	Cr	V	B	Ti	Ca	Fe	Mg	Mo	Nb	P	T. O
FeSi (10, 15, 20)	8~30	<1.5	1~2	1~3	0.8	—	—	—	—	—	—	—	—	—	—
FeSi (45, 50, 65)	41~68	<2	0.2	0.4~1	0.5	—	—	—	—	—	—	—	—	—	—
FeSi75	86.52	0.18	—	—	—	—	—	—	0.06	13.04	—	—	—	—	—
FeSi75Al (1, 2, 3)	72~80	<3	0.15	0.5	0.3	—	—	—	—	—	—	—	—	—	—
FeSi90Al (1, 2)	87~95	<3	0.15	0.5	0.2	—	—	—	—	—	—	—	—	—	—
FeSi (12, 17, 22, 25) Mn	10~35	—	0.5~3.5	>60	—	—	—	—	—	—	—	—	—	—	—
LCFeMn (85, 90)	1~2	—	0.2~0.5	85~95	—	—	—	—	—	—	—	—	—	—	—
MCFeMn (75, 85, 88)	1~3	—	1~2	75~95	—	—	—	—	—	—	—	—	—	—	—
HCFeMn (70, 75, 78)	1~6	—	6~7.5	70~82	—	—	—	—	—	—	—	—	—	—	—
LC (0.2, 0.5, 1.2) FeCr	<1.5	—	0.01~0.25	—	45~95	—	—	—	—	—	—	—	—	—	—
MC (10, 20, 40) FeCr	<1.5	—	0.5~4	—	45~95	—	—	—	—	—	—	—	—	—	—
HCFeCr (50, 70, 90)	<1.5	—	4~10	—	50~90	—	—	—	—	—	—	—	—	—	—
FeCrSi (13, 20, 26, 33, 40)	10~45	—	0.2~6	—	35~55	—	—	—	—	—	—	—	—	—	—
FeTi20	5~30	5~25	1	—		—	—	20~30	—	—	—	—	—	—	—
FeTi30	4	8	0.12	—		0.8	—	28~37	—	—	—	—	—	—	—
FeTi35	—	5.05	—	0.63	—	0.42	—	42.17	0.22	50.56	—	—	0.16	—	0.66
FeTi35Si (1, 5, 7, 8)	1~8	8~14	0.2	—		0.4~1	—	28~40	—	—	—	—	—	—	—

铁合金	Si	Al	C	Mn	Cr	V	B	Ti	Ca	Fe	Mg	Mo	Nb	P	T.O
FeTi70	—	2.48	—	0.25	—	1.83	—	69.62	0.024	24.95	—	0.13	0.36	—	0.16
FeTi75Si (0.5, 0.8)	0.5~0.8	4~5	0.3	—	—	0.6~3	—	65~75	—	—	—	—	—	—	—
FeV40	2	0.5	0.5~1	2~6	—	35~48	—	—	—	—	—	—	—	—	—
FeV50	2	0.2~2.5	0.3~0.75	0.2~5	—	48~60	—	—	—	—	—	—	—	—	—
FeV75	0.8~1	2~2.5	0.1~0.15	0.4~0.6	—	70~85	—	—	—	—	—	—	—	—	—
FeB (6, 10, 17, 20)	2~12	0.5~12	0.05~4	—	—	—	6~20	—	—	—	—	—	—	—	—
FeBAl	10	10	—	—	—	—	6	—	—	—	—	—	—	—	—
FeSiBAl	15	15	—	—	—	—	10	—	—	—	—	—	—	—	—
FeSi-REM (5, 10, 15, 20, 30)	2~8	3~15	—	—	—	—	—	—	—	—	—	—	—	—	—
FeMn (45, 55, 65) Al	<2.5	12~16	—	40~80	—	—	—	—	—	—	—	—	—	—	—
FeMnCr	<1.6	—	<0.05	16~44	31~54	—	—	—	—	—	—	—	—	—	—
FeMnSiCr	20~40	—	<0.05	15~35	20~30	—	—	—	—	—	—	—	—	—	—
FeCrAl	0.5~1	18~22	1~2	—	48~52	—	—	—	—	—	—	—	—	—	—
FeMnAlSi	10~15	10~14	—	22~24	—	—	—	—	—	—	—	—	—	—	—
FeP	—	1.97	—	2.03		0.21		1.97	0.14	63.61	—	—	—	31.77	0.14
FeNb	—	0.94	—	0.23		—		0.43	—	30.21	0.69	1.39	65.84	—	—
FeMo	—	0.85	—	—		—		—	—	27.98	—	70.36	—	—	—

V、W、Mo、Nb、Ni、B 和稀土元素，还含有一定量的非金属杂质元素例如 O、N、P、S、H 等元素，也含有一定的多种非金属夹杂物。这些其他金属元素、杂质元素及非金属夹杂物的存在，必定会对钢的洁净度产生重要影响。铁合金的质量是炼钢工作者必须关注和详细研究的课题，可以说，没有洁净的铁合金就没有洁净钢，没有质量和成分稳定、精准的铁合金，就没有质量和成分稳定、精准的高品质钢。

表 3-2 为炼钢用主要铁合金中的非金属和金属杂质元素的含量，表 3-3 为炼钢用主要铁合金中的非金属夹杂物种类，表 3-4 为不同钢种对于铁合金洁净度的要求。一些合金中的总氧 T. O 含量非常高，例如 FeTi35 合金中的总氧含量达 4000~11500ppm、FeMo 合金中达 3000~9000ppm、HCFeMn 中达 1500~5500ppm、FeTi35 中达 100~450ppm、LCFeMn 中达 100~250ppm、FeP 合金中达 70ppm。这些合金加入钢液后，必然会恶化钢液的洁净度，产生新的氧化物夹杂和硫化物夹杂。

表 3-2　炼钢用主要铁合金中的非金属和金属杂质元素的含量[1-2]

合金种类	O/ppm	S/ppm	P/ppm	微量元素的含量/%
FeSi65	1700	10~61	10~250	0.98~3.5 Al, 0.22~0.31 Ca, 0.2~0.39 Mg
FeSi72	450~1270	120~170	110~350	0.05~0.24 Al, 0.007~0.011 Ca
FeSi75	160~3600	2~500	10~500	0.004~3.49 Al, 0.006~1.75 Ca
FeTi72	—	80	120	3.14 Al
FeTi35	6476	221~500	≤1000	≤5.05, 0.22Ca
FeTi70	≥1859	≤100	100	0.2~3.3 Al, 1.83 V
FeTi72	—	80	120	3.14 Al
MCFeMn	100~8900	≤200	≤3000	0.03 Al
LCFeMn	40~11500	30~250	≤3000	0.05~0.22 Al, 0.34 Ca, 0.25 Mg, 0.09~2.44Si
HCFeMn	3426	≤500	≤3500	0.22Al, 0.09~2.44Si
SiMn	1500	30~400	≤2000	0.006~0.015 Al, 0.003 Ca, 0.02~0.035 Mg, 0.2~0.25 Ti
HCFeCr	200	120~500	170~300	5.57 Si, 0.28 Ti
LCFeCr	650~780	≤500	≤900	≤0.05 Al, 0.25~0.65 Mn
LPFeCr	2100	280	100	1.89 Si, 0.13 Ti
FeNb	354	≤500	≤1000	≤1 Al, 0.69 Mg, 1.39 Mo, 0.43~0.82 Ti
FeMo	3260~6047	≤1800	≤1000	≤1.5 Si, 0.85 Al
FeV	—	800	700	2.1 Al, 1.8 Si
FeV40	—	600	1000	1 Al, 2Si
FeV50	—	≤500	≤1000	≤1.5 Al, 2.5 Si
FeV80	7140	210~500	180~600	1.5~3 Al, 1.2~1.5 Si, 0.25 Ca
FeP	1390	78	—	2.03 Mn, 1.97 Ti
FeB	500	100	150	<3 Al, 2 Si

表 3-3 炼钢用主要铁合金中的非金属夹杂物种类[1-2]

合金种类	检测方法	成分	尺寸/μm	百分含量/%	形貌
FeSi75	OM，SEM-EDS，SEM-EMP，XRD，EE-3D	（Al-Ca-Mg）-O，Si_2Al_2Ca，$FeSi_2Ti$，$Fe_4Si_8Al_6Ca$，Al-Ca-Mg-P，SiC，REM-Si-Fe-Ti-O	≤50	0~36	针状
FeSi72	MS-EE，SEM-EDS	Si-(O)，Ca-Si-Al-Ni-(O)，Fe-Si-Ti-Al-(O)，Si-Ca，Al-Si-Ca，Al-Si-Fe-Ca，Fe-Si-Ti，富 Al 相和富 Ca 相	2~187	4~40	不规则
FeSi65（75）	FGA	SiO_2，Al_2O_3，$(Al，Ca，Si)_xO_y$，$(Al，Mg)_xO_y$	—	—	—
FeSi45（65）	—	Ca-Al-P	—	—	层状
HCFeMn	AC-3D，SEM-EDS	C，Ti-O，TiC	—	0.3~0.5	粉末状
MCFeMn	OM，SEM-EDS，EE-3D	MnO-SiO_2，MnO-MnS，MnO-SiO_2-MnS，SiC	3~180	—	单相、多相颗粒不规则
LCFeMn	SEM-EDS	C，Si/SiO_2，MnO-SiO_2-MnS，TiN	—	0.2~0.25	长手指状，粉末状，立方体状
FeMn	OM	TiS-MnS，TiS-MnS-TiC，TiS-TiC，Ti(C，N)	—	—	水晶透明状，树枝状，不规则
SiMn	SEM-EDS，EE-3D	Mn_5Si_3，Mn_3Si-Mn eutectic，TiC，REM-Si-Mn-O，Si-O-Mg-O，Mn-Si-Fe-O	1~26	2~56	不规则
FeTi35	SEM-EDS	Al_2O_3，TiN，TiO_x，Si/SiO_2，Al-Ti-O	1~90	9~9.5	不规则
FeTi70	SEM-EDS，AC-3D，EE-3D	Ca-(Ti-Si)-O，Al-O，Al-Ti-O，Ti-Fe，REM-Si-Cr-Al-O	1~260	1~75	不规则
LCFeCr（65）	SEM-EDS	CaSi，Cr-Si-O，Cr-Mn-Si-O	3~100	—	球状
HCFeCr（65）	SEM-EDS	（Cr Mn Fe Ti）S，Cr_5S_6	4~40	—	多边形
HC 和 LP FeCr（65）	SEM-EDS	（Cr，Ti）（C，N），MnS，Al_2O_3	2~60	—	多边形
FeCr	SEM-EDS	FeO-$(Cr，Al)_2O_3$，CrS，（Cr，Mn）S，CrO-SiO_2	—	—	树枝状
LCFeCr	EE-3D，SEM-EDS，MS-EE	Si-Cr-Mn-O-N，Cr-Fe-O，Cr-Fe-Mn-O-N，Cr-Si-Fe-Mn-O，Cr-Mn-O，Al-O，Al-Si-Ca-Mg-O，Cr-O，Cr-Si-Mn-Al-O，Cr-Mg-Al-O	2~77	2~50	球状，棒状，树枝状，多面体状
HCFeCr	EE-3D，SEM-EDS	Cr-Mn-S-O，Cr-C-N，Si-Al-Ca-Mg-O，Ca-O-P	2~28	7~57	球状，棒状，不规则，簇状

续表 3-3

合金种类	检测方法	成分	尺寸/μm	百分含量/%	形貌
FeMo	AC-3D，EE-3D，SEM-EDS	$MgAl_2O_4$，$CaMo_2O_4$，Si/SiO_2，Al_2O_3，Si-Al-O，Ca-Si-Al-O，Si-Mg-O	4～50	0.5～54	球状，不规则
FeNb	EE-3D，SEM-EDS	Al-O，Ti-O，Al-Ti-O，Si-Al-Mg-O，Ti-Nb-S-O，Nb-Ti-O	1～118	4～59	不规则，簇状
FeV	EE-3D，MS-EE，SEM-EDS	Al-O，Al-Ca-O，Al-Mg-O，Si-O，Al-Si-O，VC	2～491	2～51	平板，不规则，棒状
FeB	EE-3D，SEM-EDS	Al-O，Si-Al-O，Fe-O	3～28	14～45	不规则，球状
FeP	AC-3D，SEM-EDS	（Fe，P，Mn，Ti）O	10～80	0.3～0.4	不规则

表 3-4　不同钢种对于铁合金洁净度的要求[1]

钢种	铁合金	成分要求/%
帘线钢	SiMn	$w(P)<0.15$，$w(S)<0.04$，$w(Al)<0.05$，$w(Ti)<0.02$
	FeSi	$w(P)<0.05$，$w(S)<0.02$，$w(Al)<0.05$，$w(Ti)<0.02$
	MCFeMn	$w(P)<0.2$，$w(S)<0.03$，$w(Al)<0.05$，$w(Ti)<0.02$
汽车用钢	MCFeMn	$w(P)<0.2$，$w(S)<0.03$，$w(Al)<0.05$，$w(Ti)<0.02$
	LCFeMn	$w(P)<0.02$，$w(S)<0.03$，$w(C)<0.03$
	FeTi	$w(P)<0.03$，$w(S)<0.02$，$w(C)<0.05$，$w(Si)<1.5$
	FeNb	$w(P)<0.05$，$w(S)<0.03$，$w(C)<0.05$，$w(Si)<2.5$
管线钢	MCFeMn	$w(P)<0.2$，$w(S)<0.03$
	FeTi	$w(P)<0.05$，$w(S)<0.03$，$w(C)<0.1$，$w(Si)<4.5$
	FeNb	$w(P)<0.05$，$w(S)<0.03$，$w(C)<0.05$
	FeMo	$w(P)<0.04$，$w(S)<0.1$
	FeV	$w(P)<0.07$，$w(S)<0.04$，$w(C)<0.4$，$w(Si)<2.0$

3.1.2　合金的物理化学性质及向钢液中的加入方法

金属和合金可以在炼钢过程的多个阶段添加到钢水中，例如转炉、出钢、钢包各种精炼阶段和真空处理阶段等。添加的时间取决于工艺路线、车间布置以及合金的特性，例如熔点、挥发性和氧化敏感性。由于镍很容易被还原，因此镍随时能以氧化镍的形式添加到电弧炉中。在转炉炼钢工艺路线中，硅铁和锰铁等合金在出钢时添加，而其他合金则在炉外精炼的后续阶段添加。Argyropoulos 和 Guthrie[3] 研究了多种不同尺寸的铁合金在不同条件下的溶解时间。Lee 等人[4] 对硅铁（75FeSi）、硅锰（SiMn）、高碳锰铁（HCFeMn）和高碳铬铁（HCFeCr）等合金在钢液和精炼渣中的溶解动力学进行了系统的研究。

表 3-5 中铁合金的熔点都低于钢液熔化温度。表 3-6 中金属的熔点都高于钢液的温度，这些合金的溶解速度比表 3-5 中的合金要慢，其溶解速度受钢液中的传质控制，吹氩搅拌可以加快钢液中的传质。因此，在加入钢液时，此类合金的尺寸应该在 3～10mm 之间，以

确保在钢液中快速溶解、良好混匀和高收得率。钒铁、钨铁和钼铁等合金的压实粉末比同尺寸的固体块溶解得更快。自放热合金在熔化时产生热量，也可加速熔化以及提高收得率。表 3-7 是学者测量得到的各种 FeSi 合金中溶解铝和溶解钙的活度系数。

表 3-5　熔点小于钢液温度的铁合金的热物理性能[3]

材料	密度 /kg·m⁻³	比热容 /J·(kg·K)⁻¹	导热系数 /W·(m·K)⁻¹	凝固潜热 /kJ·(kg·K)⁻¹	固相线 温度/K	液相线 温度/K
锰铁，79.5% Mn+6.4% C+0.27% Si	7200	700.0	7.53	534564	1344	1539
硅锰，65.96% Mn+17.07% Si+1.96% C	5600	628.0	6.28	578783	1361	1489
50%硅铁，49.03% Si+最多 1.02% Al	4460	586.0	9.62	908200	1483	1500
铬铁，50%~58% Cr+ 最多 0.25% C+最多 1.5% Si+最多 0.50% Mn+最多 1.5% Al	6860	670.0	6.50	324518	1677	1755

表 3-6　熔点高于钢液温度的金属的热物理性能[3]

金属	密度/kg·m⁻³	比热/J·(kg·K)⁻¹	导热系数/W·(m·K)⁻¹	在钢液中的扩散系数 D/m²·s⁻¹
钼	10000	310.0	100.0	$3.2×10^9$
钒	5700	400.0	50.0	$4.1×10^9$
铌	8600	290.0	64.0	$4.6×10^9$
钨	19300	140.0	115.0	$5.9×10^9$

表 3-7　FeSi 合金中溶解铝和溶解钙的活度系数[5]

合金	γ^o_{Al}	γ^o_{Ca}	备注
FeSi50	0.62	0.0082	Factsage 计算
FeSi50	0.55	0.0046	Thermocac 计算
FeSi45	0.84		Dumay 实验
FeSi65	0.65~0.67	0.003	Dumay 实验
FeSi75	0.45	0.0021	Tuset 实验
FeSiAlCa Alloy	0.67	0.003	实验
FeSi	$0.45+1.03(1-x_{Si})$	$1.167-8.807x_{Si}$	Dumay 实验

注：$a_{Al} = x_{Al} \cdot \gamma^o_{Al}$，$a_{Ca} = x_{Ca} \cdot \gamma^o_{Ca}$。

合金添加入钢液的方法包括袋装直接投入、通过铲子或机械化溜槽添加、喂金属线（或者粉末压实带外壳的线）、投弹射入等。在 CAS（composition adjustment by sealed argon bubbling，成分微调系统）精炼过程中，为了提高添加合金的收得率使合金不与液态渣接触，从钢包底部吹入的氩气，排开浮渣，然后将由耐火材料制作的顶钟罩浸入钢液中，之后向顶钟罩上方加入合金，该工艺既可以防止在顶钟罩覆盖区域添加的合金发生严重氧化，并且氩气上浮带来的搅拌可以提高熔化速率和混匀程度。Mazumdar 和 Guthrie[6] 对 CAS 过程添加合金进行了水模型研究，发现铝和硅铁加入没有渣相的气泡上浮区更容易溶解，比加入下沉区收得率更高，他们还建议锰铁合金和铌铁合金的颗粒尺寸在 5mm 左右最佳。

使用喂线法向钢液加入合金最初是为了添加钙而开发，后来开始用于添加密度低于钢液或溶解度有限、蒸气压高和对氧亲和力高的合金，或者有毒及添加量很小的合金。利用喂线技术加入合金能够实现加入量的精准控制。例如，硼铁或碲添加物可以通过喂线以精确和微量的方式添加，因为这些元素的过量添加可能会导致钢的热脆。喂线技术也被用来向钢液中添加铝线，实现更高的收得率、更好地控制铝含量和提高钢的洁净度[7]。Herbert 等人[8] 在英国钢铁公司 Lackenby 厂研究了喂线方式对钢中铝含量的影响。Schade 等人[9] 通过喂线方式研究了少量硅改性的钼铁、铌铁和铬铁（微放热合金）等合金在钢液的溶解特性。由于金属间化合物（硅化物）的形成伴随着热量的释放，这些改性合金加入到钢液中后出现放热现象，释放的热量有助于合金的熔化，实现较高的溶解速度，所以，此类合金也可以在停留时间相对较短的中间包钢液内添加。

添加到钢液中的铁合金和熔剂通常会导致钢液温度的下降。表 3-8 总结了熔池平均温度为 1650℃时包括焦炭在内的各种合金添加剂对钢液温度变化的影响，这些数据是根据各种溶质的比热和溶解热计算得出的。可以看出，向钢液中添加硅铁不会导致钢液温度降低。事实上，使用 FeSi（75%）的合金会导致钢液温度升高，这是由于硅溶解在钢液中是放热的。尽管 FeSi（75%）中每单位质量所含硅的成本高于 FeSi（50%），但因为 FeSi（75%）溶解可以放热的原因被更广泛地使用。

表 3-8　向初始温度为 1650℃的钢液添加合金引起的温度变化

在 100% 的回收率下加入 1% 的合金元素	钢液温度变化 ΔT/℃
焦炭	−65
高碳 FeCr（50%）	−41
低碳 FeCr（70%）	−28
高碳 FeMn	−30
FeSi（50%）	约 0
FeSi（75%）	+14

对于铝镇静钢，计算因为铝添加对钢液温度的影响时，必须考虑脱氧反应的放热。例如，当用铝对含有 600ppm 溶解氧的钢液进行脱氧时，脱氧反应产生的热量会导致钢液温度升高 19℃。换句话说，当使用铝进行脱氧时，可以减少钢液 19℃ 的温降。

添加助熔剂和精炼渣调节剂也会降低钢液的温度。表 3-9 是根据比热计算的添加熔剂对钢液温度的影响。铝镇静钢出钢时，通常向钢液中每吨钢添加 10kg 的石灰和预熔铝酸钙。从出钢到钢包加热期间钢液温度降低为 55~75℃，而由添加助熔剂造成的热损失与铝脱氧反应产生的热量大致达到平衡。因此，对于这种情况，实际的热量损失几乎完全来自辐射散热和钢包内衬的热传导。

表 3-9　以 1kg/t 的速率添加各种溶剂对钢液温度的影响

在 100%的回收率下加入 1%的溶剂	钢液温度变化 $\Delta T/℃$
SiO_2	-2.5
CaO	-2.0
MgO	-2.7
$CaO \cdot MgO$(白云石)	-2.3
$CaO \cdot Al_2O_3$(铝酸钙)	-2.4
CaF_2	-3.2

3.1.3　合金在钢液中的运动、溶解和扩散

合金在钢液中的溶解和扩散包括下述几个步骤：（1）合金粒子在钢液中运动；（2）合金粒子的熔化；（3）熔化后的合金作为溶质元素在钢液中扩散直至混匀。

3.1.3.1　合金粒子的运动

合金粒子进入钢液后，其完全溶解需要一定的时间，这期间合金粒子会随钢液流动直至溶解。合金粒子在钢液中受各种力的作用，在牛顿第二定律的作用下，合金粒子运动的加速度见式（3-1）。等式右边的第一项为拖曳力、第二项为重力和浮力之和、第三项为虚拟质量力、第四项为压力梯度力。

$$
\begin{aligned}
\frac{\mathrm{d}\boldsymbol{u}_{\mathrm{alloy}}}{\mathrm{d}t} &= \boldsymbol{F}_{\mathrm{D}} + \boldsymbol{F}_{\mathrm{G}} + \boldsymbol{F}_{\mathrm{B}} + \boldsymbol{F}_{\mathrm{VM}} + \boldsymbol{F}_{\mathrm{P}} \\
&= \frac{3\mu_1 C_{\mathrm{D}} Re}{4\rho_{\mathrm{alloy}} d_{\mathrm{alloy}}^2}(\boldsymbol{u}_1 - \boldsymbol{u}_{\mathrm{alloy}}) + \frac{\rho_{\mathrm{alloy}} - \rho_1}{\rho_{\mathrm{alloy}}} g\boldsymbol{e} + \\
&\quad C_{\mathrm{VM}} \frac{\rho_1}{\rho_{\mathrm{alloy}}} \frac{\mathrm{d}}{\mathrm{d}t}(\boldsymbol{u}_1 - \boldsymbol{u}_{\mathrm{alloy}}) + \frac{\rho_1}{\rho_{\mathrm{alloy}}} \boldsymbol{u}_1 \nabla \cdot \boldsymbol{u}_1
\end{aligned} \tag{3-1}
$$

3.1.3.2　合金粒子的熔化

当常温合金粒子加入高温钢液后，钢液受常温合金急冷，会在合金粒子外表面形成一层钢壳包裹着合金粒子；钢壳存在一个逐渐生长的过程，随着传热的进行，钢壳又会逐渐受热熔化，因此合金粒子的总直径会存在一个先增加后减小的过程。文献给出合金粒子直径变化的计算公式为[10-12]

$$
d_{\mathrm{alloy}} = \begin{cases}
d_{\mathrm{alloy},0}\left[1 + \dfrac{2\sqrt{Fo}}{\sqrt{\pi}Ph \cdot \dfrac{\rho}{\rho_{\mathrm{alloy}}}} - \dfrac{(Bi \cdot \Theta + 1) \cdot Fo}{Ph \cdot \dfrac{\rho}{\rho_{\mathrm{alloy}}}}\right] & Fo < \dfrac{1}{\pi} \\[6mm]
d_{\mathrm{alloy},0}\left[1 + \dfrac{1}{Ph \cdot \dfrac{\rho}{\rho_{\mathrm{alloy}}}}\left(\dfrac{1}{\pi} - Bi \cdot \Theta \cdot Fo\right)\right] & Fo > \dfrac{1}{\pi}
\end{cases} \tag{3-2}
$$

式中，$d_{\mathrm{alloy},0}$ 为合金粒子的初始直径，m；d_{alloy} 为合金粒子的直径，m；Θ 为无量纲温度，计算公式为

$$
\Theta = \frac{T - T_{\mathrm{L}}}{T_{\mathrm{L}} - T_0} \tag{3-3}
$$

式中，T 为钢液温度，K；T_{L} 为钢的液相线温度，K；T_0 为加入合金的初始温度，K。

式（3-2）涉及一些无量纲准数，傅里叶数（Fourier number）表示传导输送速率与热量储存速率的比值；毕渥数（Biot number）表示固体内部单位导热面积上的导热热阻与（外部）换热热阻之比；相转变数 Ph（Phase transfer number）是指相之间转换的凝固潜热和液体与固体实际温差需要的热能之比。热力学准数 Fo、Ph 和 Bi 的计算公式如下

$$Fo = \frac{4k_{\text{alloy}}t}{\rho_{\text{alloy}}C_{\text{p, alloy}}d_{\text{alloy}}^2} \tag{3-4}$$

$$Ph = \frac{L_{\text{alloy}}}{C_{\text{p, alloy}}(T_{\text{L}} - T_0)} \tag{3-5}$$

$$Bi = \frac{Nu \cdot k}{2k_{\text{alloy}}} \tag{3-6}$$

式中，k 为导热系数，W/(m·K)，没有下标的物理量均指钢液相；L 为凝固潜热，J/kg；Nu 为 Nusselt 数，表示流体层流底层的导热阻力与对流传热阻力，其定义式为式（3-7），计算公式为式（3-8）。

$$Nu = \frac{h_{\text{alloy}}d_{\text{alloy}}}{k} \tag{3-7}$$

$$Nu = 2 + (0.4Re^{1/2} + 0.06Re^{2/3})Pr^{0.04} \tag{3-8}$$

式中，雷诺数 Re 和普朗特数 Pr 的表达式为

$$Re = \frac{\rho d_{\text{alloy}}(u - u_{\text{alloy}})}{\mu} \tag{3-9}$$

$$Pr = \frac{C_{\text{p}}\mu}{k} \tag{3-10}$$

式中，C_{p} 为钢液的比热，J/(kg·K)；μ 为钢液的黏度，kg/(m·s)；k 为钢液导热系数，W/(m·K)；Pr 为普朗特数（Prandtl Number），表示温度边界层与流动边界层的关系。

式（3-2）给出了合金粒子加入钢液后的两种熔化机理，如图 3-2 所示。熔化机理 I：当 $Fo > 1/\pi$ 时，在冷凝钢壳熔化时内部合金已经熔化且温度已经均匀，即在冷凝钢壳熔化后粒子直接溶解进入钢液内，钢壳的存在时间（钢壳厚度变为零的时间）即为粒子的熔化时间；熔化机理 II：当 $Fo < 1/\pi$ 时，内部合金在冷凝钢壳熔化后合金温度仍未均匀，即在冷凝钢壳熔化后合金粒子未完全熔化，粒子直径逐步减小直至为零则完全溶解进入钢液，定义为合金熔化机理 II。

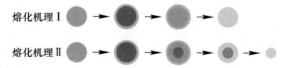

图 3-2　合金粒子在钢液中熔化的两种机理

熔化机理 I：当钢壳熔化后，合金粒子已经完全熔化，对应式（3-2）中 $Fo > 1/\pi$。令合金粒径等于初始合金粒径，即钢壳完全熔化，推导出钢壳存在的时间为

$$t_{\text{alloy}} = \frac{\rho_{\text{alloy}}C_{\text{p, alloy}}d_{\text{alloy}}}{2\pi h_{\text{alloy}}\Theta_1} \tag{3-11a}$$

$$h_{alloy} = \frac{Nu \cdot k_L}{d_{alloy}} \tag{3-11b}$$

式中，t_{alloy} 为包裹粒子的钢壳的存在时间，s；h_{alloy} 为粒子的传热系数，J/(m²·s·K)；k 为流体的导热系数，J/(m·s·K)。

　　Pandelaers 等人[13] 研究了金属 Ti 和 FeTi 合金在纯铁中的熔化过程，得到了图 3-3 所示的钢壳存在时间和过热度之间的关系；可以看出，过热度越高，钢壳存在时间越短；在相同过热度条件下，金属 Ti 比 FeTi 的熔化时间更短。

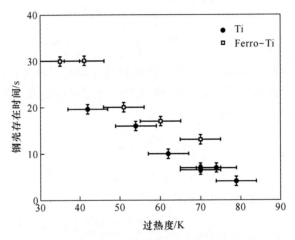

图 3-3　金属 Ti 和 FeTi 合金加入合金后钢壳存在时间和
过热度之间的关系（合金粒子半径为 0.01m）[13]

　　熔化机理Ⅱ：当钢壳熔化后，合金粒子未完全熔化，对应式（3-2）中 $Fo < 1/\pi$ 的情况，合金在冷凝钢壳熔化后逐步溶解进入钢液，直至合金粒子直径减小到零，则完全熔化。

　　刘畅[14] 计算得到的 RH 处理过程向钢液中加入 FeTi 合金和 Al 合金粒子的熔化时间，如图 3-4 所示。可以看出，合金粒子越大，熔化时间越长，FeTi 合金比 Al 合金粒子更难以熔化。

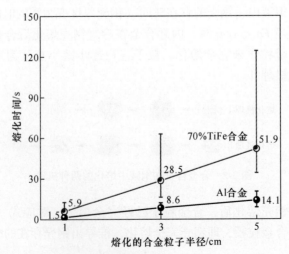

图 3-4　不同直径、不同种类的合金粒子的熔化时间[14]

【例题 3-1】

向钢液中加入直径为 0.01m、0.03m、0.05m 的 Al 合金粒子，假设合金粒子与钢液的相对运动速度由下式计算[11]。

$$u - u_{\text{alloy}} = u_\infty \frac{a\exp(bt) + 1}{a\exp(bt) - 1}$$

$$u_\infty = \left(\frac{\rho - \rho_{\text{alloy}}}{\rho} \times \frac{4gd_{\text{alloy}}}{3 \times 0.44}\right)^{1/2}$$

$$a = \frac{u_0 + u_\infty}{u_0 - u_\infty}, \ b = \frac{3 \times 0.44u_\infty}{2d_{\text{alloy}}} \times \frac{\rho}{\rho_{\text{alloy}}}$$

钢液和 Al 合金粒子的物理参数示于表 3-10 中。

表 3-10　钢液和 Al 合金粒子的物理参数

物相	参数	符号	数值	单位
钢液	钢液密度	ρ	7020	kg/m³
	钢液黏度	μ	0.0067	kg/(m·s)
	钢液热容	C_p	820	J/(kg·K)
	钢液的导热系数	k_L 或 k	40.3	J/(m·s·K)
	钢固相线温度	T_S	1777	K
	钢液相线温度	T_L	1873	K
	钢液过热度	ΔT	20、40、60	K
铝合金粒子	Al 合金的初始温度	T_0	298	K
	Al 合金密度	ρ_{Al}	2700	kg/m³
	Al 合金热容	$C_{p,Al}$	1080	J/(kg·K)
	Al 合金的导热系数	k_{Al}	123	J/(m·s·K)
	Al 合金的熔化焓	L_{Al}	3.88×10^5	J/kg
	初始 Al 合金直径	$d_{0,Al}$	0.01/0.03/0.05	m
	Al 合金总加入量	m_{Al}	113	kg
	Al 合金粒子初始速度	u_0	5	m/s

用熔化机理 I 计算出：合金粒子钢壳存在时间随粒子直径的关系图和合金粒子直径随时间的变化图。

（1）合金粒子钢壳存在时间随粒子直径的关系图（式（3-11a））。

1）求解思路：根据合金熔化机理 I，通过相对速度计算合金粒子的传热系数 h_{alloy}，得出合金粒子熔化时间，可得合金粒子存在时间 t_{alloy} 与合金粒子直径 d_{alloy} 的关系方程；通过求解该方程，可得到合金粒子钢壳存在时间随粒子直径的关系图。

2）求解过程：合金粒子钢壳存在时间随粒子直径的关系。

①基本方程：根据已知物相参数，代入计算 u_∞。

$$u_\infty = \left(\frac{\rho - \rho_{\text{alloy}}}{\rho} \times \frac{4gd_{\text{alloy}}}{3 \times 0.44}\right)^{1/2} = \left(\frac{7020 - 2700}{7020} \times \frac{4 \times 9.8 \times d_{\text{alloy}}}{3 \times 0.44}\right)^{1/2} = 4.275d_{\text{alloy}}^{1/2}$$

$$(3-12)$$

$$a = \frac{u_0 + u_\infty}{u_0 - u_\infty} = \frac{5 + 4.275d_{\text{alloy}}^{1/2}}{5 - 4.275d_{\text{alloy}}^{1/2}} \tag{3-13}$$

$$b = \frac{3 \times 0.44u_\infty}{2d_{\text{alloy}}} \times \frac{\rho}{\rho_{\text{alloy}}} = 1.716 \times \frac{5d^{-1} + 4.275d_{\text{alloy}}^{-1/2}}{5 - 4.275d_{\text{alloy}}^{1/2}} \tag{3-14}$$

将式（3-12）~式（3-14）代入式（3-15），可以计算出合金粒子与钢液运动的相对速度 $u - u_{\text{alloy}}$。

$$u - u_{\text{alloy}} = u_\infty \frac{a\exp(bt) + 1}{a\exp(bt) - 1} \tag{3-15}$$

根据粒子相对运动速度及已有物相参数，由雷诺数和普朗特数计算当前钢液的努塞尔数 Nu。

$$Re = \frac{\rho d_{\text{alloy}}(u - u_{\text{alloy}})}{\mu} = \frac{7020d_{\text{alloy}}}{0.0067} \times (u - u_{\text{alloy}}) \tag{3-16}$$
$$= 1047761.194d_{\text{alloy}}(u - u_{\text{alloy}})$$

$$Pr = \frac{C_{\text{p}} \cdot \mu}{k_{\text{L}}} = \frac{820 \times 0.0067}{40.3} = 0.136 \tag{3-17}$$

$$Nu = 2 + (0.4Re^{1/2} + 0.06Re^{2/3})Pr^{0.04} \tag{3-18}$$
$$= 2 + 377.914d_{\text{alloy}}^{1/2}(u - u_{\text{alloy}})^{1/2} + 5712.960d_{\text{alloy}}^{3/2}(u - u_{\text{alloy}})^{3/2}$$

将求得的努塞尔数和已知导热系数代入式（3-19），可得合金粒子的传热系数 h_{alloy}。

$$h_{\text{alloy}} = \frac{Nu \cdot k}{d_{\text{alloy}}} = 40.3d_{\text{alloy}}^{-1} \cdot Nu \tag{3-19}$$
$$= 80.6d_{\text{alloy}}^{-1} + 15229.934d_{\text{alloy}}^{-1/2}(u - u_{\text{alloy}})^{1/2} + 230232.288d_{\text{alloy}}^{1/2}(u - u_{\text{alloy}})^{3/2}$$

根据题设的温度条件，计算不同过热度条件下的无量纲温度 Θ。

$$\Theta = \frac{T - T_{\text{L}}}{T_{\text{L}} - T_0} = \frac{20}{1873 - 298} \, \text{或} \frac{40}{1873 - 298} \, \text{或} \frac{60}{1873 - 298} \tag{3-20}$$
$$= 0.0127 \, \text{或} \, 0.0254 \, \text{或} \, 0.0381$$

将物相参数及无量纲温度 Θ 代入式（3-21），得出合金粒子熔化时间 t_{alloy}。

$$t_{\text{alloy}} = \frac{\rho_{\text{alloy}}C_{\text{p, alloy}}d_{\text{alloy}}}{2\pi h_{\text{alloy}}\Theta} \tag{3-21}$$

联立式（3-12）~式（3-15）、式（3-19）、式（3-21），可得合金粒子存在时间 t_{alloy} 与合金粒子直径 d_{alloy} 的关系方程。通过求解该方程，可得到合金粒子钢壳存在时间随粒子直径的关系图。

②求解步骤：求解该方程使用 Excel 的规划求解模块（见图 3-5）。

图 3-5 Excel 的规划求解模块

第一步，将需要计算的各方程填入工作表中的单元格，初始化所有变量，构建求解方程式（3-22），并填入单元格。

$$t_{\text{alloy}} - \frac{\rho_{\text{alloy}} C_{\text{p, alloy}} d_{\text{alloy}}}{2\pi h_{\text{alloy}} \Theta} = 0 \tag{3-22}$$

第二步，对式（3-22）所在单元格进行规划求解，求解目标为0，可变单元格选择 t_{alloy} 所在单元格，求解方法选择非线性。规划求解的参数设置如图3-6所示。

图3-6　规划求解的参数设置

第三步，点击求解，可变单元格中将得到规划求解的结果（见图3-7），目标单元格中显示迭代残差。若得到错误解或迭代残差过高，可通过改变可变单元格的初值，重新规划求解。

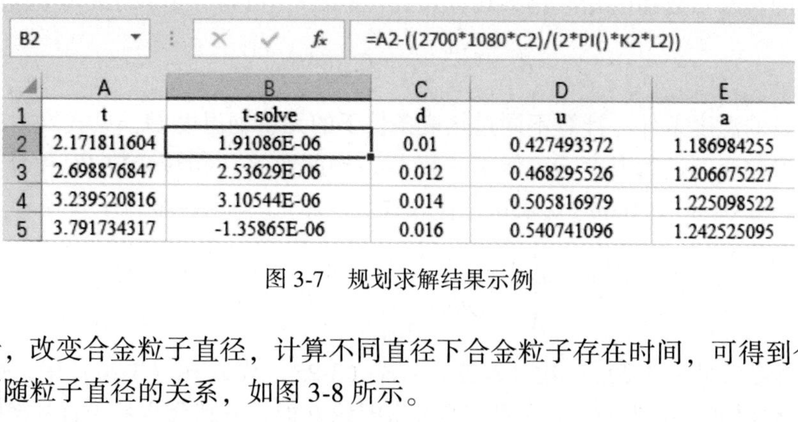

B2		f_x	=A2-((2700*1080*C2)/(2*PI()*K2*L2))	
	A	B	C	D	E
1	t	t-solve	d	u	a
2	2.171811604	1.91086E-06	0.01	0.427493372	1.186984255
3	2.698876847	2.53629E-06	0.012	0.468295526	1.206675227
4	3.239520816	3.10544E-06	0.014	0.505816979	1.225098522
5	3.791734317	-1.35865E-06	0.016	0.540741096	1.242525095

图3-7　规划求解结果示例

第四步，改变合金粒子直径，计算不同直径下合金粒子存在时间，可得到合金粒子钢壳存在时间随粒子直径的关系，如图3-8所示。

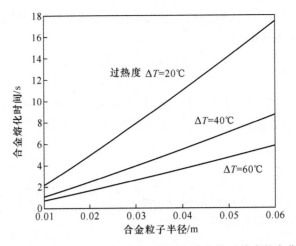

图 3-8   合金粒子钢壳存在时间随粒子直径和过热度的变化

（2）合金粒子直径随时间的变化图（式（3-2））。

1）求解思路：根据合金熔化机理Ⅰ，可通过相对速度计算毕渥数 Bi，将 Bi、Fo、Ph 和 Θ 代入合金粒子直径的计算公式可得出合金粒子直径 d_{alloy} 与时间 t 的关系方程；通过求解该方程，可得到合金粒子直径随时间变化的关系图。

2）求解过程：合金粒子直径随时间的变化关系。

①基本方程：根据已知物相参数，代入计算 u_∞，计算合金粒子与钢液运动的相对速度 $u - u_{alloy}$，见式（3-12）~式（3-15）。

根据求得的相对运动速度及已有物相参数，由雷诺数和普朗特数计算当前钢液的努塞尔数 Nu，见式（3-16）~式（3-18）。

将已知物相参数代入式（3-23）、式（3-24），可以计算出傅里叶数 Fo 和相转变数 Ph。

$$Fo = \frac{4k_{alloy}t}{\rho_{alloy}C_{p,\ alloy}d_{alloy}^2} = 1.69 \times 10^{-4} \times \frac{t}{d_{alloy}^2} \tag{3-23}$$

$$Ph = \frac{L_{alloy}}{C_{p,\ alloy}(T_L - T_0)} = 0.23 \tag{3-24}$$

将求得的努塞尔数和已知导热系数代入式（3-25），可得合金粒子的毕渥数 Bi。

$$Bi = \frac{Nu \cdot k}{2k_{alloy}} = 0.164Nu \tag{3-25}$$

根据题设的温度条件，计算不同过热度条件下的无量纲温度 Θ，见式（3-20）。

将物相参数及无量纲温度 Θ、傅里叶数 Fo、毕渥数 Bi、相转变数 Ph 和合金粒子初始直径 $d_{alloy,\ 0}$（0.01m、0.03m、0.05m）代入式（3-26），得出合金粒子直径 d_{alloy}。

$$d_{alloy} = d_{alloy,\ 0}\left[1 + \frac{1}{Ph \cdot \dfrac{\rho}{\rho_{alloy}}} \times \left(\frac{1}{\pi} - Bi \cdot \Theta \cdot Fo\right)\right] \tag{3-26}$$

将已知参数和式（3-20）、式（3-23）~式（3-25）代入式（3-26）中，可得合金粒子直径 d_{alloy} 随时间 t 变化的关系方程。通过求解该方程，得到合金粒子直径随时间变化的关系图。

②求解步骤：求解该方程使用 Excel 的规划求解模块（见图 3-9）。

图 3-9　Excel 的规划求解模块

第一步，将需要计算的各方程填入工作表中的单元格，初始化所有变量，构建求解方程式（3-27），并填入单元格。

$$d_{\text{alloy}} - d_{\text{alloy, 0}} \left[1 + \frac{1}{Ph \cdot \dfrac{\rho}{\rho_{\text{alloy}}}} \times \left(\frac{1}{\pi} - Bi \cdot \Theta_1 \cdot Fo \right) \right] = 0 \tag{3-27}$$

第二步，对式（3-27）所在单元格进行规划求解，求解目标为 0，可变单元格选择 d_{alloy} 所在单元格，求解方法选择非线性。规划求解的参数设置如图 3-10 所示。

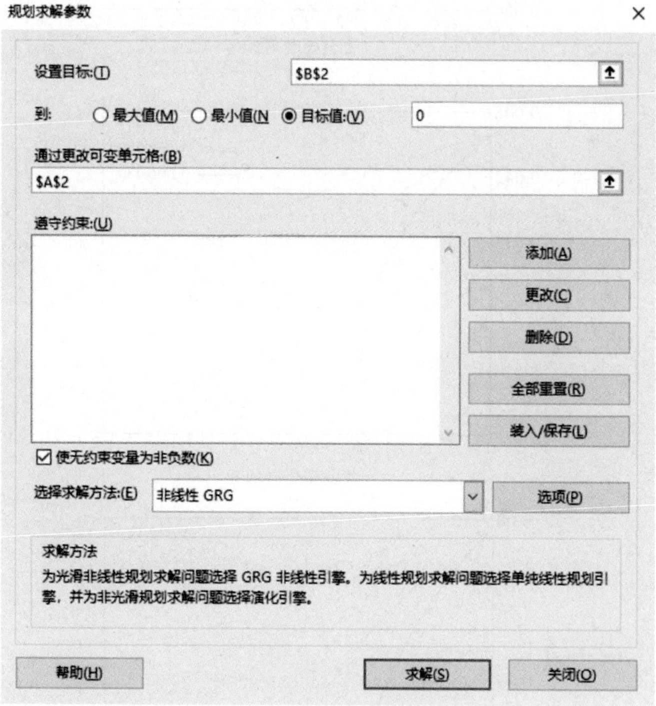

图 3-10　规划求解的参数设置

第三步，点击求解，可变单元格中将得到规划求解的结果（见图 3-11），目标单元格中显示迭代残差。若得到错误解或迭代残差过高，可通过改变可变单元格的初值，重新规划求解。

第四步，改变时间 t，计算合金粒子直径随时间的变化，得到合金粒子直径与时间变化的关系图如图 3-12 所示。

L2		▼	fx	=A2-0.03*(1+1.67*(1/PI()-K2*0.038*J2))							
	A	B	C	D	E	F	G	H	I	J	K	L
1	d	t	a	b	gen u00	uoo	u-u00	re	nu	fo	bi	d
2	0.045423125	0.2	1.446294	34.53724	0.914213	0.835786	0.915479	43569.99	102.4877	0.0163818	16.80798	2.704E-09
3	0.045156282	0.3	1.444689	34.63914	0.911524	0.830876	0.911562	43128.76	101.8982	0.024864	16.7113	5.18364E-09
4	0.044885299	0.4	1.443057	34.74355	0.908785	0.825889	0.908786	42739.35	101.3759	0.0335535	16.62565	7.31841E-09
5	0.044610377	0.5	1.441398	34.85044	0.905997	0.820831	0.905997	42347.24	100.848	0.0424605	16.53908	8.48747E-09
6	0.044331362	0.6	1.439711	34.95994	0.903159	0.815697	0.903159	41950.57	100.312	0.051596	16.45116	8.30008E-09
7	0.044048073	0.7	1.437996	35.07218	0.900269	0.810485	0.900269	41549.1	99.76729	0.0609721	16.36184	6.68327E-09

图 3-11　规划求解结果示例

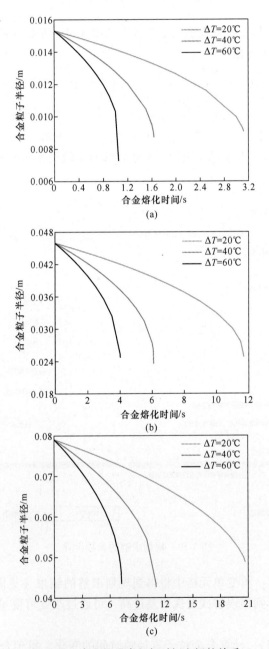

(a)

(b)

(c)

图 3-12　合金粒子直径与时间之间的关系

（a）初始 $d_{alloy,0}=0.01m$；（b）初始 $d_{alloy,0}=0.03m$；（c）初始 $d_{alloy,0}=0.05m$

3.1.3.3 合金粒子在钢液中的扩散

合金熔化后，以合金溶质的形式溶解进入钢液中，需要求解溶质元素的传输方程，才能计算出溶质元素浓度随时间的变化。与流体流动相结合的溶质元素传递的传输方程为

$$\frac{\partial}{\partial t}(\rho C_{\text{alloy}}) + \nabla \cdot (\rho \boldsymbol{u} C_{\text{alloy}}) = \nabla \cdot \left(\frac{\mu_t}{Sc_t} \nabla C_{\text{alloy}}\right) + S_{C_{\text{alloy}}} \tag{3-28}$$

$$S_{C_{\text{alloy}}} = \sum_i \frac{m_{\text{alloy}, i}}{V_{\text{cell}} \cdot \Delta t} \tag{3-29}$$

式中，C_{alloy} 为合金元素浓度；Sc_t 为湍流施密特数，取值 1.0；$S_{C_{\text{alloy}}}$ 为加入合金熔化产生的浓度源项；$m_{\text{alloy}, i}$ 为合金粒子的质量，kg；Δt 为时间步长，s。

通过用户自定义子程序将上述合金熔化的机理和传输模型加入流体流动和质量传输的模拟计算中，可以根据溶质元素浓度随时间的变化得到反应体系的混匀时间。在计算混匀时间时，定义合金溶质的无量纲浓度变化稳定在±5%所需的时间即为混匀时间 τ_{m}。

3.1.4 合金洁净度对钢洁净度的影响

合金通过下述方式影响钢的洁净度：（1）合金加入顺序，例如，硅铁合金和铝铁合金的加入顺序不同，会对钢液脱氧的效果，以及钢中非金属夹杂物的种类和数量都会产生影响。（2）合金的物理性能，例如密度、熔点、导热系数、凝固潜热和尺寸等，密度大、熔点高的铁合金更易进入钢液深处，因此收得率会更高；导热系数、凝固潜热和尺寸等因素会影响铁合金颗粒的熔化，因此影响合金在钢液中的溶解和扩散，从而也影响了精炼的时间。（3）合金中的杂质元素会影响钢液的洁净度，例如对于帘线钢和304不锈钢等典型的硅锰脱氧钢，严禁钢中产生 Al_2O_3 基的夹杂物；但是硅铁合金中一般都含有约1%的铝、约0.5%的钙、约0.3%的镁，铝、镁、钙的脱氧能力都远远强于硅，所以最终夹杂物中的 Al_2O_3 成分往往都和这些金属杂质有关，恶化了钢的洁净度。（4）合金中含量非常高的 O、N、S、P 等杂质元素直接造成钢中这些杂质元素的提高，对应的氧化物、硫化物等夹杂物也增加。（5）合金中已有非金属夹杂物可以作为钢液中夹杂物新相的形核核心，生成大颗粒的复合夹杂物。

304不锈钢是典型的硅锰脱氧钢，为了提高其抛光性能和耐腐蚀性能，要求钢中非金属夹杂物的 Al_2O_3 含量应该小于15%。Todoroki 等人[15]研究硅铁合金中的铝和钙对304不锈钢中夹杂物成分的影响，发现合金中较高的铝易于形成镁铝尖晶石 Al_2O_3-MgO 夹杂物，而钙的存在使 Al_2O_3-MgO 夹杂物向 Al_2O_3-MgO-CaO 夹杂物转变，如图 3-13 所示。

Park 等人[16]研究了硅铁合金中铝含量对 Fe-16Cr-14Ni-1.5Mn-Si 钢中夹杂物成分的影响，发现使用含有1.13%铝的合金（FeSi-H）的情况下，钢中非金属夹杂物由原始的 SiO_2-MnO 夹杂物转变为 SiO_2-Al_2O_3-MgO 夹杂物；使用含有0.17%铝的合金（FeSi-L）的情况下，精炼前后钢中非金属夹杂物成分变化不大，依旧是 SiO_2-MnO 夹杂物，如图 3-14 所示。

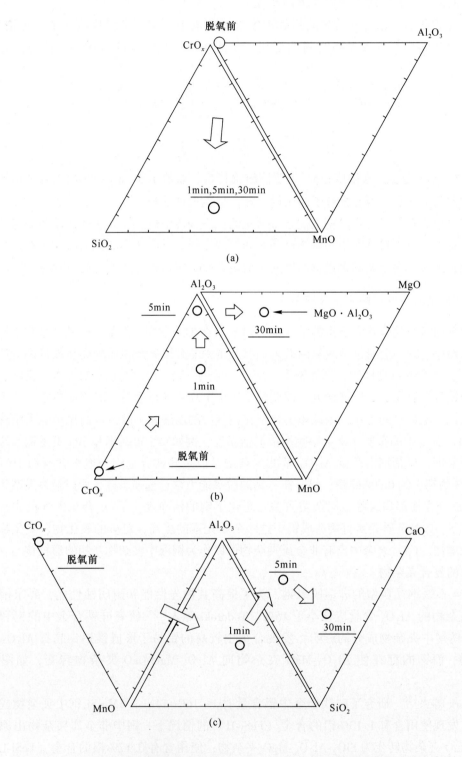

图 3-13   FeSi 合金中铝元素和钙元素含量对 304 不锈钢中非金属夹杂物成分的影响[15]
(a) 低铝低钙 FeSi 合金；(b) 高铝低钙 FeSi 合金；(c) 高铝高钙 FeSi 合金

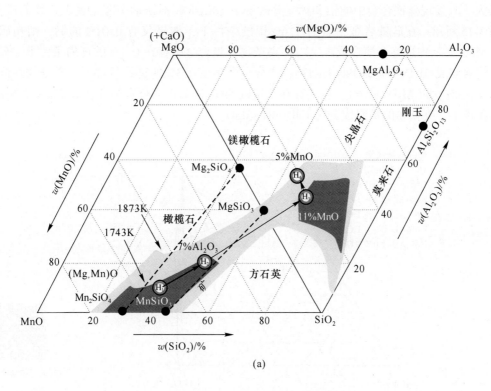

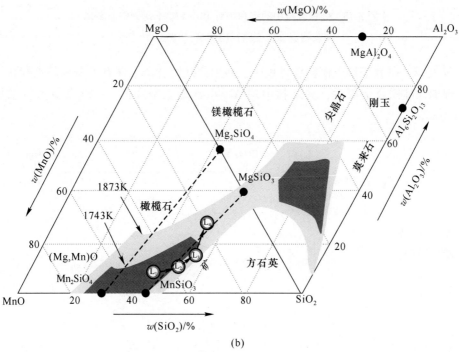

图 3-14 硅铁合金中铝含量对 Fe-16Cr-14Ni-1.5Mn-Si 钢中夹杂物成分的影响[16]

(a) 使用 FeSi-H 合金；(b) 使用 FeSi-L 合金

Li 等人[17] 发现硅铁合金中的铝和钙显著改变了 18Cr-8Ni 不锈钢中非金属夹杂物的成分，如图 3-15 所示。在硅铁合金中含有 1.6% 铝的条件下，如果仅有 0.01% 的钙，则初始的 SiO_2-MnO 夹杂物最终会演变成纯 Al_2O_3 夹杂物；当合金中存在 0.1% 的钙的条件下，夹杂物最终演变成 Al_2O_3-5%CaO 的夹杂物；当合金中存在 0.3% 的钙的条件下，夹杂物最终成分的 $w(CaO)/w(Al_2O_3)\approx1$，且还存在一定的 SiO_2-MnO；当合金中存在 0.7% 及 1.0% 的钙的条件下，夹杂物的最终成分为 CaO-SiO_2-MnO。

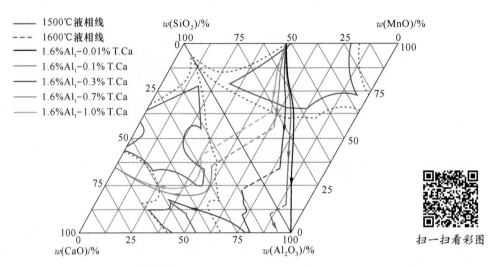

图 3-15　硅铁合金中的铝和钙对 18Cr-8Ni 不锈钢中非金属
夹杂物成分转变路径的影响（1873K）[17]

Li 等人[18] 研究了管线钢精炼过程中，使用的硅铁合金中含有 1.36% 的铝和 0.67% 的钙，发现加入硅铁合金前后，夹杂物中的 Al_2O_3 含量大幅降低、CaO 含量大幅增加，如图 3-16 所示。

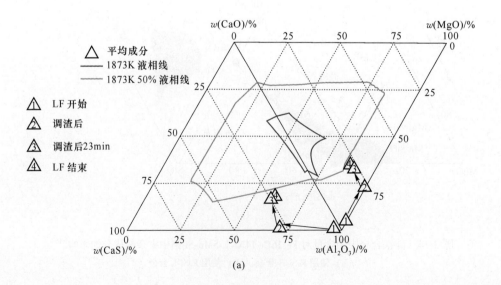

(a)

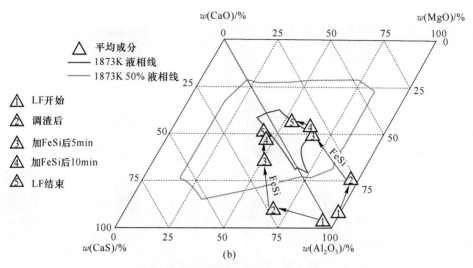

图 3-16 硅铁合金加入前后管线钢中非金属夹杂物成分的变化[18]

(a) 不加入硅铁合金炉次; (b) 加入硅铁合金炉次

3.2 精炼渣对钢液洁净度的影响

在炼钢炉出钢过程中,一般都加入熔剂成渣,在随后的炉外精炼过程中,还要根据不同钢种和不同的精炼目的继续加入合适的渣剂和熔剂;对于一些特殊的钢种,例如轴承钢和帘线钢,还要向渣中加入还原剂以降低渣的氧势,进而进一步去除钢液中的氧和夹杂物。所以,精炼渣的基本功能包括:保温、对钢液进行进一步的精炼(包括脱氧、脱硫、脱氮,对钢液中的夹杂物改性)、吸附钢中上浮出来的夹杂物。此外,精炼渣有两个对钢液洁净度不利的作用:(1)对耐火材料的侵蚀,因为精炼渣和耐火材料直接接触,对耐火材料有侵蚀作用,把耐火材料中的化学物质带入渣相,进而与钢液发生化学反应,进一步影响钢液的洁净度;(2)对钢液的二次氧化或者恶化钢液洁净度,例如,渣中的硫含量过高会造成钢液回硫,渣中的 Al_2O_3 含量过高会造成硅锰脱氧钢的非金属夹杂物中 Al_2O_3 含量的超标;渣中 FeO 和 MnO 含量过高会引起钢液的二次氧化等。

关于渣对钢液的精炼作用,例如脱氧、脱硫和脱氮已经在前文描述过,所以,本节重点讨论渣对夹杂物的吸附和对夹杂物的改性。关于渣和耐火材料的相互作用,将在下一节耐火材料的内容中进行讨论。

3.2.1 精炼渣的种类

大多数钢种精炼过程中使用的精炼渣都以 CaO、Al_2O_3、SiO_2 为主要成分,还有一定量的 MgO 和 CaF_2。从成分上,精炼渣主要分为两类,如图 3-17 所示。一类用于硅锰脱氧钢,为了避免钢中夹杂物含有超标的 Al_2O_3 组分,这一类渣中的 Al_2O_3 含量一般少于 15%,为了保证在炼钢温度下是液态,渣的碱度 $R=w(CaO)/w(SiO_2)$ 一般在 0.9~2.3 之间,碱度不能过低是因为避免渣对耐火材料的侵蚀过于严重;另一类用于铝脱氧钢,主要成分为 CaO 和 Al_2O_3,而渣中 SiO_2 的含量一般低于 15%,这一类渣的熔点较高,为了保证渣在钢液温度下是液态,渣的钙铝比,即 $w(CaO)/w(Al_2O_3)$,一般在 1.6~2.3 之间。

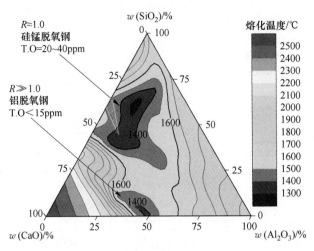

扫一扫看彩图

图 3-17　两种精炼渣的主要成分

3.2.2　夹杂物在精炼渣中的溶解

如上一节所讨论的，精炼渣的主要作用之一是吸收钢液中上浮出来的非金属夹杂物。例如，对于轴承钢而言，夹杂物主要是 Al_2O_3，或者是 Al_2O_3-CaO(-MgO)。渣的成分要能吸收上浮出来的夹杂物，渣对 Al_2O_3 吸附能力的提升可以通过降低渣中 Al_2O_3 的活度，或者是降低渣的熔点来促进 Al_2O_3 在渣中的传递[19]。

在化学领域，收缩核反应模型（shrinking core model）用来描述固体粒子被溶解或者被反应的过程，该模型可以用于医学上胃液中药片的溶解、燃烧碳颗粒周围的灰尘层的形成、催化剂再生等[20-24]，两相物质有一个反应界面，随着时间的进行，反应界面向粒子内部移动，直至演变成为单一相。这与炼铁过程碳还原铁矿石的未反应核模型相类似。

该模型可以用来研究夹杂物在渣中的溶解。图 3-18 是 Valdez 等人[25] 建议的夹杂物在渣中溶解模型的示意图。夹杂物在渣中溶解的控制步骤有两个：（1）界面处的化学反应；（2）边界层内的扩散。如果界面反应为控制环节，则溶解反应本身是控制步骤。当界面反应非常快的情况下，界面处的渣中夹杂物的组分处于饱和，为了让溶解过程继续进

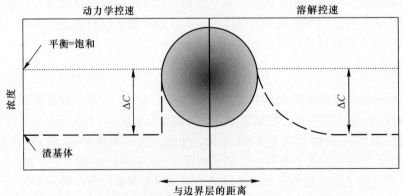

图 3-18　Valdez 等人建议的夹杂物在渣中溶解模型的示意图[25]

行，向渣中的扩散就成为控制步骤。溶解的驱动力是熔渣和夹杂物之间界面处的夹杂物组分的饱和浓度和渣内部的夹杂物组分的当前浓度的差值。

对于界面化学反应为控速步骤的情况下，夹杂物在渣中的溶解模型为[25]：

$$\frac{d_p}{d_{p,0}} = 1 - \frac{t}{\tau} \tag{3-30}$$

$$\tau = \frac{\rho_p d_{p,0}}{2k_{inter}(C_{saturation} - C)} \tag{3-31}$$

对于渣相中的扩散为控速步骤的情况下，夹杂物在渣中的溶解模型为[25]

$$\frac{d_p}{d_{p,0}} = 1 - \left(\frac{t}{\tau}\right)^{1/2} \tag{3-32}$$

$$\tau = \frac{\rho_p \cdot d_{p,0}^2}{8D(C_{saturation} - C)} \tag{3-33}$$

式中，d_p 为夹杂物颗粒在时间 t 的直径，m；$d_{p,0}$ 为夹杂物的初始直径，m；τ 为夹杂物的完全溶解时间，s；ρ_p 为夹杂物密度，kg/m^3；$C_{saturation}$ 为夹杂物组分在渣中的饱和浓度，kg/m^3；C 为夹杂物组分在渣中的当前浓度，kg/m^3；k_{inter} 为界面化学反应系数，m/s；D 为扩散系数，m^2/s。

3.2.3 参数 $\Delta C/\eta$ 在精炼渣中夹杂物溶解过程的应用

基于离子在电解液中运动，Stokes-Einstein 方程给出了液体黏度和离子扩散系数的关系。

$$D = \frac{kT}{3\pi a\eta} \tag{3-34}$$

式中，k 为玻耳兹曼常数，$1.38 \times 10^{-23} J/K$；T 为温度，K；η 为熔体的黏度，在这里是渣的黏度，$kg/(m \cdot s)$；a 为在 Stokes-Einstein 方程中正离子的直径，在这里指夹杂物组分的分子直径，例如对于 Al_2O_3 夹杂物而言，a 是指 Al_2O_3 分子的直径，取 $5.0 \times 10^{-10} m$[26]。

对于夹杂物在渣中的溶解，一般情况下，夹杂物组分在渣相中的扩散为控速步骤。把式（3-34）代入式（3-33）得到式（3-35）。

$$\tau = \frac{\rho_p \cdot d_{p,0} \cdot 3\pi a\eta}{8kT(C_{saturation} - C)} = \frac{\rho_p \cdot d_{p,0} \cdot 3\pi a}{8kT} \times \left(\frac{\Delta C}{\eta}\right)^{-1} \tag{3-35}$$

式中，ΔC 为渣中夹杂物组分的饱和浓度和当前浓度的差值，$\Delta C = C_{saturation} - C$，$kg/m^3$。

式（3-35）说明，夹杂物在渣中完全溶解的时间和 $\Delta C/\eta$ 成反比，对于 $100\mu m$ Al_2O_3 夹杂物在 1500℃渣中的溶解而言，$\rho_p = 3600 kg/m^3$，$d_{p,0} = 100 \times 10^{-6} m$，$a = 5.0 \times 10^{-10} m$，$k = 1.38 \times 10^{-23} J/K$，$T = 1773K$，则该 $100\mu m$ Al_2O_3 夹杂物在渣中完全溶解的时间为

$$\tau = \frac{3600 \times \left(\frac{100}{2} \times 10^{-6}\right)^2 \times 3 \times 3.14 \times 5.0 \times 10^{-10}}{2 \times 1.38 \times 10^{-23} \times 1773}\left(\frac{\Delta C}{\eta}\right)^{-1} = 8.7 \times 10^5\left(\frac{\Delta C}{\eta}\right)^{-1} \tag{3-36}$$

使用式（3-36）计算出来的夹杂物在渣中完全溶解的时间远远长于实际溶解时间。但是该式反映了一个正确的趋势，即渣中夹杂物的饱和浓度和当前浓度的浓度差越大、渣的黏度越小，夹杂物溶解越快。浓度差是热力学的概念，其决定了夹杂物的溶解能否发生；黏度是动力学的概念，其决定了溶解的快慢。

式（3-36）中的 $\Delta C/\eta$ 的出现是因为使用了 Stokes-Einstein 方程把夹杂物在渣中的扩散系数和渣的黏度结合起来。在 1993 年，Yu 等人[27] 就使用该参数研究了渣对耐火材料的侵蚀现象。

2006 年 Valdez 等人[25] 用式（3-35）的模型研究了 $CaO\text{-}SiO_2\text{-}Al_2O_3$ 系精炼渣吸收固态氧化物夹杂的能力，发现渣的 $\Delta C/\eta$ 值越大，夹杂物在渣中的溶解时间越短、溶解速度越快，如图 3-19 所示[25]，这些学者也计算了 1873K 时 $CaO\text{-}SiO_2\text{-}Al_2O_3$ 液态渣的 $\Delta C/\eta$ 等值图，如图 3-20 所示[25]。CaO 接近饱和、SiO_2 含量很少、Al_2O_3 饱和的精炼渣有利于 Al_2O_3 夹杂物在渣中的快速溶解。

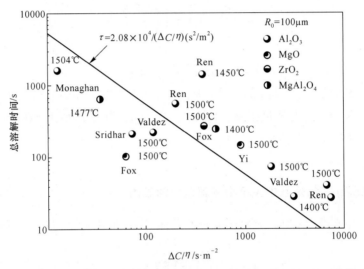

图 3-19   不同氧化物夹杂物在 $CaO\text{-}SiO_2\text{-}Al_2O_3$ 系渣中的溶解时间与 $\Delta C/\eta$ 的关系[25,28-34]

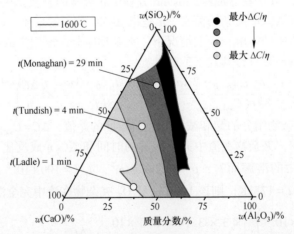

图 3-20   1873K 下不同成分 $CaO\text{-}SiO_2\text{-}Al_2O_3$ 渣系中 $\Delta C/\eta$ 等值图[25]

自从 2006 年 Valdez 等人[25] 用 $\Delta C/\eta$ 这个物理量来表征夹杂物在渣中溶解的快慢之后，大量学者开始使用该物理量来研究夹杂物在渣中的溶解现象[28,29,34-45]。

Choi 等[35] 研究了 Al_2O_3 夹杂物在液态 $CaO\text{-}SiO_2\text{-}Al_2O_3$ 渣系中的溶解速度，如图 3-21

所示，CaO 饱和的 CaO-Al$_2$O$_3$ 二元渣系有利于 Al$_2$O$_3$ 夹杂物的快速溶解；在相同 $w(SiO_2)/w(Al_2O_3)$ 比例的条件下，Al$_2$O$_3$ 夹杂物的溶解速率随渣中 CaO 含量的升高而加快；在相同 CaO 含量的条件下，渣中 Al$_2$O$_3$ 含量升高可以提升 Al$_2$O$_3$ 夹杂物的溶解速率。

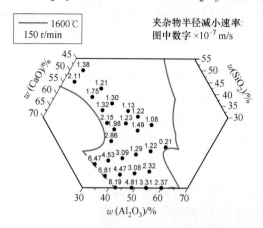

图 3-21   1873K 下 Al$_2$O$_3$ 夹杂物在 CaO-SiO$_2$-Al$_2$O$_3$ 渣中的溶解速率[35]

（温度为 1873K，搅拌器转速为 150r/min）

Cunha Alves 等人[36] 研究了 62t 铝脱氧钢钢液经过 LF→VD 两道精炼工艺过程中，发现 ΔC 的值最好在 25 以上，有效黏度值接近于 0.10Pa·s，这样保证 $\Delta C/\eta$ 值在 250 以上，对夹杂物的溶解和吸收最有效，Cunha Alves 等人[36] 得出的钢中夹杂物含量和渣的 $\Delta C/\eta$ 关系如图 3-22 所示。Da Rocha 等人[37] 研究了铝脱氧特殊钢真空精炼过程中的渣钢反应，结果表明，渣黏度应该低于 0.20Pa·s 才能促进渣对夹杂物的吸收，如果渣黏度大于 0.40 Pa·s 则渣会恶化钢的洁净度。Park 等人[38] 使用感应炉研究了 CaO 基的渣成分对钢中夹杂物去除率的影响，在该研究中，钢液中总氧的去除速率式为

$$\ln\{T.O|_t / T.O|_0\} = -k_O t$$

式中，$T.O|_t$ 为时间 t 时钢液中的总氧值；$T.O|_0$ 为钢液中的初始总氧值；k_O 为总氧去除的速率常数，s^{-1}。

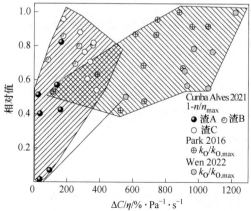

图 3-22   Cunha Alves 等人得到的铝脱氧钢钢液经过 LF→VD 两道工艺精炼前后渣中 Al$_2$O$_3$ 含量的

变化[36]，Park 等人[38] 和 Wen 等人[46] 得到的渣成分对钢液总氧去除速率常数的影响

该研究发现总氧去除的速率常数 k_O 随渣碱度、渣中 MgO 和 CaF_2 含量的增加而增加，随着渣中 Al_2O_3 含量的增加而降低。其研究发现，夹杂物的去除率不仅受化学溶解驱动力 ΔC 的影响，而且受到渣碱度的影响。很多学者的研究表明钢中非金属夹杂物去除的速率常数和渣的 $\Delta C/\eta$ 值呈线性关系，如图 3-22 所示，但是对于不同钢种，线性关系的斜率不一样，这表明夹杂物的去除速率还与钢中的夹杂物总量、夹杂物种类等其他因素有关。

近年来，高温激光共聚焦显微镜（CSLM）被用来观察夹杂物在精炼渣中的溶解行为，将夹杂物颗粒放置于有渣的坩埚中，在高温下使用 CSLM 在线观察夹杂物在渣中的溶解过程。图 3-23 是使用 CSLM 观察的 1500℃ 温度下 Al_2O_3 颗粒在 $CaO\text{-}Al_2O_3\text{-}SiO_2$ 渣中形状和大小随时间变化情况，随着时间的进行，夹杂物颗粒在精炼渣中不断变小、直至消失。

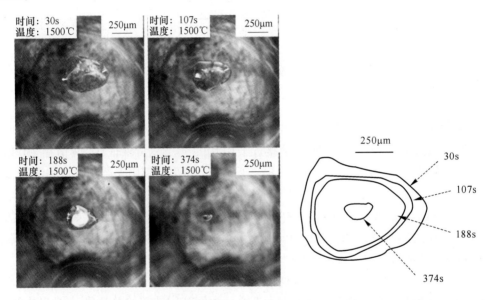

图 3-23　高温激光共聚焦显微镜原位观察 Al_2O_3 颗粒在 $CaO\text{-}Al_2O_3\text{-}SiO_2$ 渣中的溶解过程[39]

在铝脱氧钢生产中，为了提高脱氧和脱硫效率并能有效溶解从钢液中上浮出来的 Al_2O_3 夹杂物，通常使用高碱度和高 $w(CaO)/w(Al_2O_3)$ 的精炼渣，渣中 SiO_2 含量为 5%~15%，$w(CaO)/w(Al_2O_3)$ 为 1.5~2.0，高温激光共聚焦实验观察得到的直径 200μm Al_2O_3 夹杂物在 $CaO\text{-}Al_2O_3\text{-}SiO_2$ 渣中的溶解速率见式（3-37）[39]。在渣为液态的前提下，随着渣的 $w(CaO)/w(Al_2O_3)$ 值的增加，夹杂物的吸附速率增加；一旦渣中有固相生成，夹杂物的吸附速率显著降低。

$$\psi = 18.716 \times \frac{\Delta C}{\eta} \tag{3-37}$$

式中，ΔC 为精炼渣中夹杂物组分的饱和浓度和当前浓度的差值，kg/m^3；η 为精炼渣的黏度，$Pa \cdot s$；ψ 为夹杂物在渣中的溶解速率，$\mu m^3/s$。

在硅锰脱氧钢生产中，为了降低钢中的酸溶铝含量和夹杂物中的 Al_2O_3 含量，通常使

用低碱度和低 Al_2O_3 含量的精炼渣，渣碱度 $w(CaO)/w(SiO_2)$ 为 0.8~1.8，渣中 Al_2O_3 含量小于 5%。高温激光共聚焦实验观察得到的直径 400μm SiO_2 夹杂物在 CaO-Al_2O_3-SiO_2 渣中的溶解速率见式（3-38）[40]。在渣为液态的前提下，渣碱度 $w(CaO)/w(SiO_2)$ 的增大有利于促进夹杂物的吸附去除；另外，降低渣碱度有利于降低夹杂物成分中的 Al_2O_3 含量。因此，需要对硅锰脱氧钢精炼渣的碱度 $w(CaO)/w(SiO_2)$ 进行合理设计，既能保证有效吸附上浮出来的 SiO_2 夹杂物，又能控制夹杂物的成分，还要注意渣对耐火材料的侵蚀，有效提升钢液洁净度水平。

$$\psi = 800.29 \times \frac{\Delta C}{\eta} \tag{3-38}$$

3.2.4 精炼渣的夹杂物容量（Zh 数）的提出和应用

尽管最近 15 年来 $\Delta C/\eta$ 这个物理量被用来研究夹杂物在渣中溶解的速度[25,28,29,34,35,39-45]，这个参数分子 ΔC 是夹杂物在渣中的饱和浓度和当前浓度的差值，分母 η 是渣的黏度，是从扩散系数和爱因斯坦公式之间的关系代入的。在该参数最初的推导中，ΔC 的单位是 kg/m^3，η 的单位是 $kg/(m \cdot s)$，则 $\Delta C/\eta$ 的单位是 $(m^2/s)^{-1}$，是扩散系数单位的倒数，是有量纲的。

当使用一个物理量来表征和判定一个现象发生的可能性和进行的程度时，这个物理量最好是无量纲的，例如描述流体流动状态的雷诺数就是无量纲参数。

此外，$\Delta C/\eta$ 没有考虑夹杂物的体积大小，实际上夹杂物在渣中的溶解过程和夹杂物体积是有关的。图 3-24 是使用激光共聚焦显微镜观察得到的不同尺寸的 Al_2O_3 夹杂物在 50.0%CaO-41.7%Al_2O_3-8.3%SiO_2（质量分数）渣中溶解过程的体积变化，实验温度为 1500℃。热力学计算得到该渣 Al_2O_3 的饱和浓度为 48.07%、密度为 3036kg/m^3、黏度为 0.263$kg/(m \cdot s)$。可以看出，夹杂物溶解曲线和夹杂物的尺寸有很大的关系。随着夹杂物直径变大，其溶解速度变快，溶解时间也变长。而无量纲的溶解速度和夹杂物尺寸无

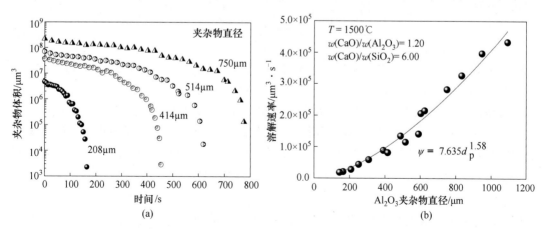

图 3-24 Al_2O_3 夹杂物在 CaO-Al_2O_3-SiO_2 渣中的溶解过程

（a）夹杂物体积随溶解时间的变化；（b）溶解速率和夹杂物直径之间的关系

关。所以，在选择表征夹杂物在渣中溶解速度的参数的时候，应该考虑夹杂物的直径。图中无量纲体积和无量纲溶解时间的定义式如下

$$V^* = \frac{V}{V_0} \tag{3-39}$$

$$t^* = \frac{t}{\tau} \tag{3-40}$$

式中，V 为夹杂物的体积，m^3 或者 μm^3，其随着时间 t 而减小；V_0 为夹杂物的初始体积，m^3 或者 μm^3；τ 为夹杂物完全溶解的时间，s；V^* 为夹杂物的无量纲体积；t^* 为无量纲溶解时间。

夹杂物在渣中的无量纲溶解速率和有量纲的溶解速率之间的关系为

$$\psi = \frac{\mathrm{d}V}{\mathrm{d}t} \tag{3-41}$$

$$\psi_0 = \frac{V_0}{\tau} \tag{3-42}$$

$$\psi^* = -\frac{\mathrm{d}V^*}{\mathrm{d}t^*} = -\frac{\mathrm{d}\left(\dfrac{V}{V_0}\right)}{\mathrm{d}\left(\dfrac{t}{\tau}\right)} = \frac{-\dfrac{\mathrm{d}V}{\mathrm{d}t}}{\dfrac{V_0}{\tau}} = \frac{\psi}{\psi_0} \tag{3-43}$$

式中，ψ 为夹杂物的溶解速率，m^3/s；ψ_0 为夹杂物的表观溶解速率，即夹杂物初始体积除以完全溶解所需要的时间，m^3/s；ψ^* 为夹杂物的无量纲溶解速率。

针对更多尺寸的 Al_2O_3 夹杂物在渣中溶解过程得到图 3-24 (b)，可以看出夹杂物的溶解速度与其尺寸呈现指数增加的关系。

格拉晓夫数是在流体动力学和热传递中使用的无量纲数，反映了作用在流体上的热浮力与黏性力的比率，用于研究流体温度差引起的自然对流。当 Gr 数大于某一临界值时，流动为湍流流动，否则为层流流动。格拉晓夫数来自德国人 Franz Grashof，其定义式为式 (3-44)

$$Gr = \frac{\beta g \rho^2 \Delta T L^3}{\eta^2} \tag{3-44}$$

式中，β 为流体的线膨胀系数，K^{-1}；ρ 为流体的密度，kg/m^3；η 为流体的黏度，$kg/(m \cdot s)$；g 为重力加速度，m^2/s；ΔT 为温度差，K；L 为特征长度，m。

与格拉晓夫数相类比，本研究提出了渣的夹杂物容量的概念 (inclusion capacity of slag)，用来表征夹杂物在渣中的溶解能力，即无量纲的 Zh 数，其定义为式 (3-45)，该无量纲数反映了夹杂物在渣相中传质的驱动力即浓度差和渣相黏性及夹杂物直径之间的关系

$$Zh = \frac{g \rho_{\text{slag}}^2 (C_{\text{saturation}} - C) d_{\text{p},0}^3}{\eta_{\text{slag}}^2} \tag{3-45}$$

式中，C 为渣中含有夹杂物物相的质量百分数，$\%$，无量纲；$C_{\text{saturation}}$ 为渣中该物相的饱和质量百分数，$\%$；$d_{\text{p},0}$ 为夹杂物的初始直径，m；ρ_{slag} 为渣的密度，kg/m^3；η_{slag} 为渣的动力黏度，$kg/(m \cdot s)$；g 为重力加速度，m/s^2。

为了得到夹杂物在渣中溶解速率和 Zh 数的关系，定义无量纲溶解速率 Ry，用来表征夹杂物在渣中的溶解速率，如式（3-46）所示

$$Ry = \frac{1}{D_{slag}d_{p,0}}\psi \tag{3-46}$$

式中，ψ 为夹杂物在渣中的溶解速率，m^3/s；D_{slag} 为夹杂物组分在渣中的扩散系数，m^2/s。但是，因为不同夹杂物的物相组成不同，不同渣的物理性质也不同，关于不同组分在不同渣系中的扩散系数的文献和理论都尚未完善，而渣的黏度的数据和理论都很成熟，所以本研究定义了下面的无量纲溶解速率

$$Ry = \frac{1}{\nu_{slag}d_{p,0}}\psi = \frac{\rho_{slag}}{\eta_{slag}d_{p,0}}\psi \tag{3-47}$$

式中，ν_{slag} 为渣的运动黏度，m^2/s。

图 3-24 是使用激光共聚焦显微镜研究的四个尺寸 Al_2O_3 夹杂物在渣中溶解的实验中，得到的渣的夹杂物容量和夹杂物无量纲溶解速率的关系，针对图 3-24（a）中的数据进行回归得到图 3-25，得到无量纲溶解速率 Ry 和夹杂物容量 Zh 的关系式

$$Ry = 5.0 \times 10^{-6}Zh^{0.15} \tag{3-48}$$

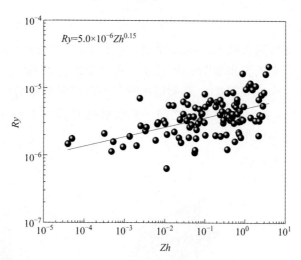

图 3-25　激光共聚焦实验得到的 Al_2O_3 夹杂物在 CaO-Al_2O_3-SiO_2 渣中溶解过程的 Zh 数和 Ry 数的关系

夹杂物从钢液中的去除速率和夹杂物在钢液中的溶解速率存在下述关系

$$\psi_{removal} = \psi_{motion} + \psi_{dissolution} \tag{3-49}$$

式中，$\psi_{removal}$ 为夹杂物从钢液中的去除速率，m^3/s；$\psi_{dissolution}$ 为上文的夹杂物在渣中的溶解速率 ψ，m^3/s；ψ_{motion} 为夹杂物在钢液中运动到渣钢界面的速率，m^3/s。

前文 230t 钢包吹氩工业试验已经表明，夹杂物去除速率 $\psi_{removal}$ 在 $7.5 \times 10^{-7} \sim 3.5 \times 10^{-6} m^3/s$ 之间变化。在钢包钢渣界面上的 $1.9625 \times 10^{-7} m^2$ 小面积（即激光共聚焦的小坩埚的横截面积）上的夹杂物去除速率 $\psi_{removal} = 1.271 \times 10^{-14} \sim 5.932 \times 10^{-14} m^3/s$，则

$$Ry = \frac{\rho_{slag}}{\eta_{slag}d_{p,0}}\psi = \frac{2939}{0.086d_{p,0}}\psi = 34174.42\frac{\psi}{d_{p,0}} \tag{3-50}$$

对于 $d_{p,0} = 200\mu m$，$Ry = (2.172 \sim 10.14) \times 10^{-6}$；对于 $d_{p,0} = 400\mu m$，$Ry = (1.086 \sim 5.07) \times 10^{-6}$；对于 $d_{p,0} = 1000\mu m$，$Ry = (0.4344 \sim 2.028) \times 10^{-6}$。所以，对于钢中非金属夹杂物的去除，有下式存在

$$Ry \geqslant 10^{-6} \tag{3-51}$$

从图 3-25 中可以看出，为了满足夹杂物从钢液中运动到钢渣界面并且在渣中溶解，渣的夹杂物容量应该满足式 (3-52)，而且，随着 Zh 数的升高，夹杂物更易于在渣中溶解。

$$Zh \geqslant 10^{-5} \tag{3-52}$$

作者所在的课题组也研究了 SiO_2 夹杂物在渣中的溶解，发现有相似的趋势和与式 (3-48) 相一致的结果。依据渣的夹杂物容量的概念，就可以预测夹杂物在渣中的溶解速率和溶解时间。基本步骤包括：（1）热力学计算夹杂物组分在渣中的饱和浓度 $C_{saturation}$，并得到和当前浓度的差值 ΔC，计算渣的黏度 η_{slag} 和密度 ρ_{slag}，从而计算得到每个尺寸夹杂物的容量 Zh 数；（2）根据式 (3-48) 计算夹杂物在渣中的无量纲溶解速率；（3）根据式 (3-47) 计算夹杂物在渣中的溶解速率；（4）根据式 (3-53) 计算夹杂物在渣中的完全溶解时间；（5）依据式 (3-31) 计算界面化学反应系数 k_{inter} 和根据式 (3-33) 计算扩散系数 D。

$$\tau = \frac{\frac{1}{6}\pi d_{p,0}^3}{\psi_0} \tag{3-53}$$

依据这一步骤计算得到直径为 $200\mu m$ 的 Al_2O_3 夹杂物在 1600℃ 温度下在 $CaO\text{-}Al_2O_3\text{-}SiO_2$ 渣中溶解时各个参数的分布如图 3-26 所示。可以看出，Zh 越高，溶解速率越高，溶解时间越短。直径为 $200\mu m$ 的 Al_2O_3 夹杂物在渣中的溶解时间在 $50 \sim 200s$ 之间，界面化学反应系数 k_{inter} 在 $(5 \sim 10) \times 10^{-6}$ m/s 之间，扩散系数 D 在 $(2.5 \sim 4) \times 10^{-10}$ m²/s 之间，其值随着渣成分的变化而变化。

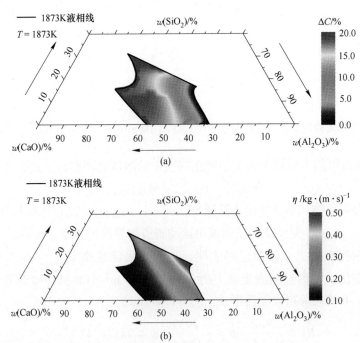

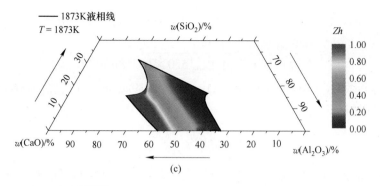

(c)

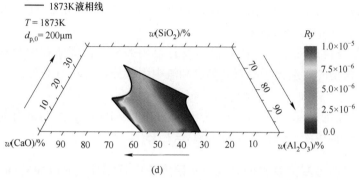

(d)

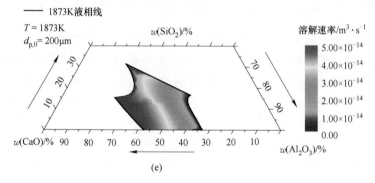

(e)

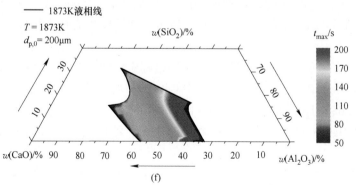

(f)

扫一扫看彩图

图 3-26　1600℃ 条件下直径 200μm Al_2O_3 夹杂物在 CaO-Al_2O_3-SiO_2 渣中的

$C_{saturation}$-C、黏度、Zh 数、Ry 数及溶解速率 ψ、溶解时间、k_{inter}、D

（a）$C_{saturation}$-C；（b）黏度；（c）Zh 数；（d）Ry 数；（e）溶解速率 ψ；（f）溶解时间

将式 (3-47) 和式 (3-48) 代入式 (3-53) 得到夹杂物在渣中的溶解时间为

$$\tau = \frac{\pi}{6} \frac{\rho_{slag}}{\eta_{slag}} \frac{d_{p,0}^2}{Ry} = \frac{\pi}{6} \frac{\rho_{slag}}{\eta_{slag}} \frac{d_{p,0}^2}{5.0 \times 10^{-6} Zh^{0.141}} \tag{3-54}$$

代入精炼渣的参数 $\eta_{slag} = 0.086\ \text{kg/(m·s)}$，$\rho_{slag} = 2939\text{kg/m}^3$，$(C_{saturation} - C) = 66.63 - 36.11 = 30.52$，可以得到

$$\tau = 3.578 \times 10^9 \frac{d_{p,0}^2}{Zh^{0.141}} \tag{3-55}$$

随着夹杂物容量 Zh 数的增加和夹杂物尺寸的增大，夹杂物的溶解时间增大。对于 $10\mu m$、$20\mu m$、$50\mu m$、$100\mu m$、$200\mu m$、$500\mu m$ 的夹杂物，其溶解时间分别为 1.1s、3.3s、13.9s、41.5s、123.8s、525.2s。

在炼钢、精炼及浇铸过程中，渣相有很多没有熔化的部分，即渣相中存在有固相部分。Roscoe-Einstein 模型[47] 给出了渣有效黏度和渣中固相分数之间的关系

$$\eta = \eta_L (1 - c f_S)^{-2.5} \tag{3-56}$$

式中，η 为固-液混合相的黏度，Pa·s；η_L 为液相的黏度，Pa·s；f_S 为混合相中的固相分数；c 为常数，对于稀溶液 $c = 1$，对于浓溶液 $c = 1.35$。

3.2.5　精炼渣对钢中非金属夹杂物的改性——精炼渣中钙铝比 ($w(\text{CaO})/w(\text{Al}_2\text{O}_3)$) 和二元碱度 ($w(\text{CaO})/w(\text{SiO}_2)$) 对精炼效果和夹杂物成分的影响

炉外精炼过程中渣钢反应能够改变夹杂物的成分，也称为夹杂物的改性。当存在足够充分的动力学条件，即钢液、精炼渣和夹杂物完全达到平衡时，钢中夹杂物的成分应该与顶渣成分接近[48]。在工业实际生产过程中，精炼渣改性夹杂物需要保证足够长的精炼时间和足够充分的渣钢传质反应动力学条件，从而实现钢中的大多数夹杂物的改性。随着精炼的进行，钢中非金属夹杂物的成分逐渐接近于渣的成分。

对于铝脱氧钢而言，为了能更好地吸收钢中的夹杂物，渣的钙铝比应该在 1.7～1.8 之间。Yoon 等人[19] 研究发现，冶炼轴承钢时，在钢液相同碳含量时，渣中 $w(\text{CaO})/w(\text{Al}_2\text{O}_3) < 2$ 条件下，连铸坯的总氧 T.O 在 5～9ppm 之间；当渣中 $w(\text{CaO})/w(\text{Al}_2\text{O}_3) > 2$ 时，连铸坯总氧 T.O 在 7～16ppm 之间。如图 3-27 所示，连铸坯中 T.O 和精炼渣的钙铝比呈线性关系。

Shin 等人[50] 研究了锰钒合金化的铝脱氧钢精炼过程中精炼渣的钙铝比对夹杂物的影响，发现当渣的钙铝比从 1.0 增加到 3.0 时，渣中 CaO 的活度由 0.1 增加到 0.8、MgO 的活度由 0.45 增加到 1.0、Al_2O_3 的活度由 0.85 降低到 0.5、SiO_2 的活度由 0.45 降低到 0.15；为了抑制钢中 $\text{MgO} \cdot \text{Al}_2\text{O}_3$ 等固体夹杂物的生成，渣的钙铝比应该在 1.5～2.5 之间。

Harada 等人[51] 的实验室研究和模型研究表明，对于铝脱氧钢而言，渣的碱度和钙铝比对夹杂物中 $\text{MgO} \cdot \text{Al}_2\text{O}_3$ 含量有重要影响，渣的碱度和钙铝比越高、渣中初始 MgO 含量越高，则钢中的溶解镁含量越高，夹杂物中的 MgO 含量越高，$\text{MgO} \cdot \text{Al}_2\text{O}_3$ 类夹杂物越多，如图 3-28 所示。影响这一过程的因素包括 MgO 基耐火材料向渣中的溶解、渣钢之间反应、钢液和卷渣类夹杂物之间的反应、脱氧产物和卷渣类夹杂物之间的碰撞聚合。

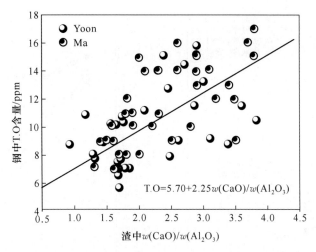

图 3-27　RH 精炼生产轴承钢时精炼渣 $w(CaO)/w(Al_2O_3)$ 与钢中 T.O 的关系

（Yoon 等人[19]，Ma 等人[49]）

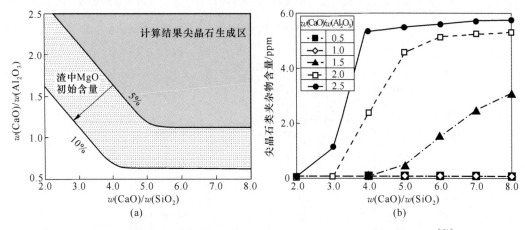

图 3-28　渣碱度和钙铝比对铝脱氧钢中 $MgO \cdot Al_2O_3$ 夹杂物含量的影响[51]

（a）理论计算结果；（b）实验室实验结果

　　Nishi 等人[52] 进行了 15kg 坩埚实验研究了铝脱氧 SUS304 不锈钢中 $MgO \cdot Al_2O_3$ 尖晶石夹杂物的形成，发现随着精炼渣碱度的提高，夹杂物去除得更多，钢中总氧含量变少，钢中酸溶铝含量和镁含量越高，如图 3-29 所示。和图 3-28（b）的结果相一致，Nishi 等人也发现，精炼渣碱度越高、渣中 MgO 含量越高，铝脱氧 SUS304 不锈钢中夹杂物中的 MgO 含量越高。图 3-30 为实验室实验得到的精炼渣碱度、渣中 MgO 含量对铝脱氧 SUS304 不锈钢的夹杂物中 MgO 含量的影响。

　　Okuyama 等人[53] 使用 20kg 真空感应炉研究了精炼渣碱度对铝脱氧铁素体不锈钢中 $MgO \cdot Al_2O_3$ 尖晶石夹杂物的影响。把精炼渣的二元碱度 $w(CaO)/w(SiO_2)$ 从 12 降低到 2 以下，渣的钙铝比 $w(CaO)/w(Al_2O_3)$ 由 2.0 降低到 1.0，渣中 MgO 的活度由 1.0 降低为 0.2 左右，如图 3-31 所示。原有 Al_2O_3 基夹杂物中的 MgO 含量显著降低，生成 $MgO \cdot Al_2O_3$ 尖晶石夹杂物的控制环节变为钢渣界面处钢液一侧溶解镁的传递。

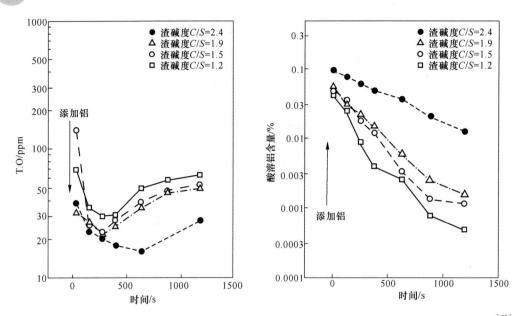

图 3-29　实验室实验得到的精炼渣碱度对铝脱氧 SUS304 不锈钢中总氧含量和酸溶铝含量的影响[52]

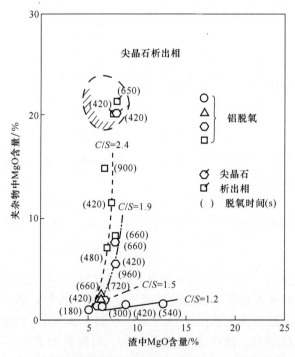

图 3-30　实验室实验得到的精炼渣碱度、渣中 MgO 含量对铝脱氧 SUS304
不锈钢的夹杂物中 MgO 含量的影响[52]

　　图 3-32 为热力学模型计算得到的精炼渣成分对 304 不锈钢夹杂物中 Al₂O₃ 含量和 MgO 含量的影响。初始夹杂物中的强氧化性氧化物 SiO₂ 和 MnO 很容易被钢液中的酸溶铝和酸溶镁还原。高碱度渣增加了钢液中的酸溶铝和酸溶镁含量，夹杂物中的 Al₂O₃ 和 MgO 含量随精炼渣碱度的增加而增加。所以，低碱度渣有利于夹杂物中 Al₂O₃ 和 MgO 含量的降低。

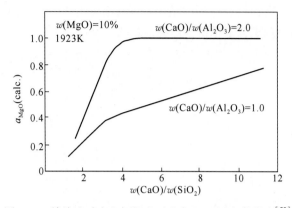

图 3-31　精炼渣碱度和钙铝比对渣中 MgO 活度的影响[53]

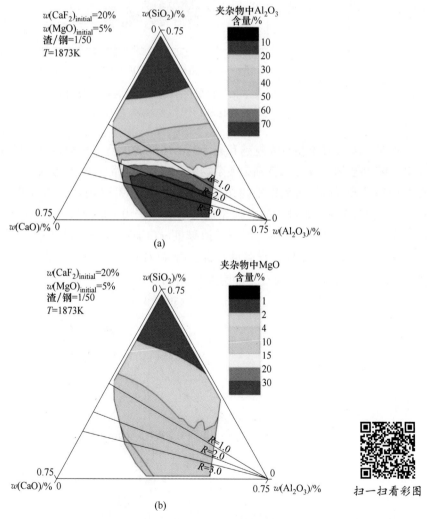

图 3-32　热力学模型计算得到的精炼渣成分对 304 不锈钢夹杂物中的 Al_2O_3 和 MgO 含量的影响[54]

（a）夹杂物 Al_2O_3 含量的变化；（b）夹杂物 MgO 含量的变化

张立峰统计了多个钢种精炼过程中精炼渣碱度和钢中总氧含量的关系，如图 3-33[55] 所示。碱度越高，钢中总氧含量越低，即夹杂物的去除越有效，钢中总氧含量和渣碱度的关系如下

$$T.O = 22.0 \times \left[\frac{w(CaO)}{w(SiO_2)} \right]^{-0.6} \tag{3-57}$$

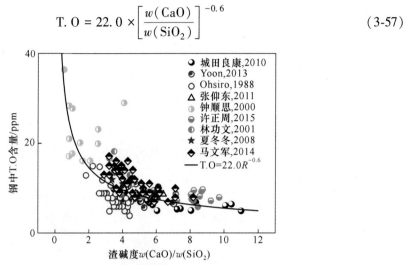

图 3-33 渣碱度对钢中总氧含量的影响

(Ma 等人[49]，张立峰等人[55])

但是，碱度并不是越大就越有利于钢洁净度的提高，特别是对于硅锰脱氧钢而言，碱度会影响夹杂物的成分，特别是夹杂物中 Al_2O_3 的含量。Park 等人[38] 研究发现，渣的碱度可以显著改变硅锰脱氧钢中的夹杂物成分，如图 3-34 所示，当渣的二元碱度 $w(CaO)/w(SiO_2) < 1.5$ 时，钢液中的夹杂物在低熔点区；当 $w(CaO)/w(SiO_2) > 1.5$ 时，钢液中的夹杂物在 "$Al_2O_3 + L$" 区。所以，渣碱度 $w(CaO)/w(SiO_2)$ 过大，会造成夹杂物中的 Al_2O_3 含量过高。对于硅锰脱氧钢而言，渣 $w(CaO)/w(SiO_2)$ 最好在 $1.7 \sim 2.2$ 之间，且渣中 Al_2O_3 含量应该少于 5%，如图 3-35 所示[92]。

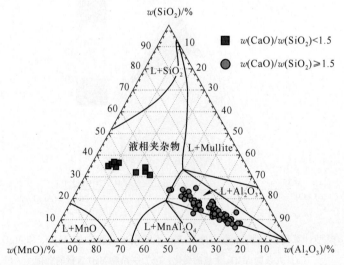

图 3-34 实验室实验得到的精炼渣对硅锰脱氧钢中非金属夹杂物成分的影响[38]

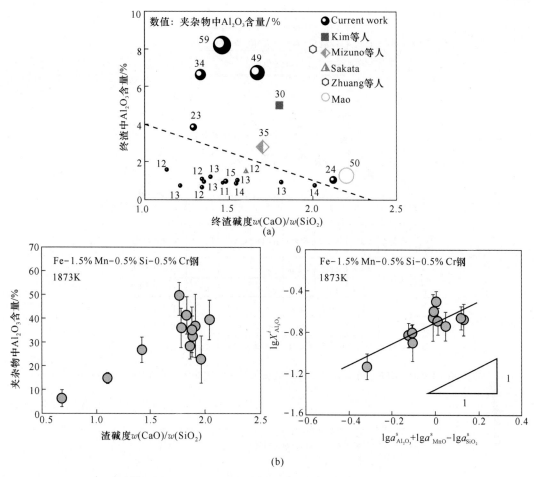

图 3-35　渣碱度和渣中 Al$_2$O$_3$ 含量对硅锰脱氧钢的夹杂物中 Al$_2$O$_3$ 含量的影响

（a）304 不锈钢[56]；（b）Fe-1.5% Mn-0.5%Si-0.5%Cr 钢[57]

　　Yan 等人[58] 研究了渣成分对不锈钢中非金属夹杂物的影响，发现对于 CaO-SiO$_2$-CaF$_2$ 系精炼渣（CSF 渣）而言，最终夹杂物的成分仍然维持初始的 MnO-SiO$_2$ 类夹杂物，但是 MnO 的质量分数有所增加；对于 CaO-Al$_2$O$_3$ 系精炼渣（CA 渣）而言，钢中的夹杂物由最初的 MnO-SiO$_2$ 类夹杂物演变成了 Al$_2$O$_3$ 夹杂物，如图 3-36 所示。

　　精炼渣的氧化性对钢液的洁净度也有重要影响，特别是对于铝脱氧的超低氧钢，例如轴承钢和 IF 钢，硅锰脱氧的特殊钢种，如帘线钢、重轨钢和不锈钢。精炼渣的氧化性越高，在精炼过程中越难以形成脱氧、脱硫效果良好的白渣，渣中（FeO）含量是渣脱氧能力的重要标志。除了控制渣中 FeO 和 MnO 含量的稳定，渣中 SiO$_2$ 也是钢中氧的来源，钢中酸溶铝可以还原渣中的 SiO$_2$ 生成 Al$_2$O$_3$，控制渣中 SiO$_2$ 含量的稳定对于钢脱氧及夹杂物控制非常重要。图 3-37[55] 为出钢过程进行预脱氧的一些钢种精炼渣中（FeO+MnO）含量与钢种总氧含量的关系，渣中（FeO+MnO）含量的增加可以线性地增加钢液的总氧含量。为了降低精炼渣的氧势或氧化性，必须把渣中（FeO+MnO）含量控制在 1.0% 以下，在必要条件下要进行渣的扩散脱氧，例如，轴承钢和帘线钢炉外精炼时在渣中加入电石、铝粒、SiC、硅铁粉等对渣进行脱氧。

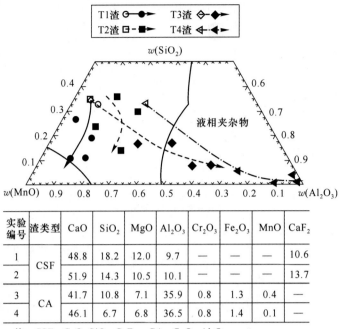

实验编号	渣类型	CaO	SiO₂	MgO	Al₂O₃	Cr₂O₃	Fe₂O₃	MnO	CaF₂
1	CSF	48.8	18.2	12.0	9.7	—	—	—	10.6
2		51.9	14.3	10.5	10.1	—	—	—	13.7
3	CA	41.7	10.8	7.1	35.9	0.8	1.3	0.4	—
4		46.1	6.7	6.8	36.5	0.8	1.4	0.1	—

注：CSF—CaO-SiO₂-CaF₂；CA—CaO-Al O₃。

图 3-36　1650℃条件下精炼渣成分对硅锰脱氧不锈钢中非金属夹杂物成分的影响[58]

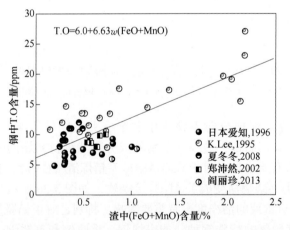

图 3-37　精炼渣中（FeO+MnO）含量对钢液总氧含量的影响[55]

结合图 3-27、图 3-33 和图 3-37，对于铝脱氧钢而言，钢中总氧可以用式（3-58）表示。

$$T.O = C_1 \cdot \left[5.70 + 2.25 \times \frac{w(CaO)}{w(Al_2O_3)} \right] \times \{ 6.0 + 6.63[w(FeO) + w(MnO)] \} \times \left[\frac{w(CaO)}{w(SiO_2)} \right]^{-0.6}$$

（3-58）

式（3-58）说明，对于铝脱氧钢而言，钢中总氧含量和精炼渣的钙铝比、渣中（FeO+

MnO）的含量和渣的碱度有关，和式（2-97）结合，可以得到式（3-59）。

$$\frac{T.O|_t}{T.O|_0} = C_2 \cdot \left[5.70 + 2.25 \times \frac{w(CaO)}{w(Al_2O_3)}\right] \times \{6.0 + 6.63[w(FeO) + w(MnO)]\} \times$$

$$\left[\frac{w(CaO)}{w(SiO_2)}\right]^{-0.6} \times \exp(-0.054\varepsilon^{0.6} \cdot t) \tag{3-59}$$

式中，$w(CaO)$、$w(Al_2O_3)$ 和 $w(SiO_2)$ 为渣成分的质量分数；ε 为搅拌功率，m^2/s^3；t 为精炼时间，s；C_1，C_2 为常数，需要由工业试验数据来确定。

式（3-59）说明，钢中总氧含量除了和上述渣的性质有关之外，还和冶金反应器的搅拌功率和精炼时间有关，使用该式可以预报钢中总氧含量的值。

3.3 耐火材料对钢液洁净度的影响

在炼钢与精炼过程中，钢液一直在以耐火材料为直接接触壁面的容器中，除了容纳钢液和保温的功能之外，因为耐火材料与钢液和渣一直接触，三者之间的反应会影响钢液的洁净度。耐火材料对钢液洁净度的影响，主要有两种方式：（1）渣对耐火材料侵蚀及化学反应，耐火材料的组分进入渣相，通过渣相和钢液发生化学反应。（2）耐火材料和钢液直接发生化学反应，或者侵蚀熔损进入钢液。这两种方式中，第一种的反应速度非常快，为主要方式；第二种，因为接触面积比第一种大很多倍，所以也不能忽略。图 3-38[59] 是钢包使用次数和钢液中非金属夹杂物数量的关系，可以看出，钢包使用次数的增多，钢中夹杂物数量越多，主要原因也是上面两点：（1）每一包浇铸过程中，随着浇铸的进行，钢包渣液面下降，沿着耐火材料表面挂了一层渣釉，下一包钢液直接和这个渣釉接触，污染钢液。（2）随着钢包使用次数的增多，钢液对钢包内衬侵蚀的越严重，污染了钢液。

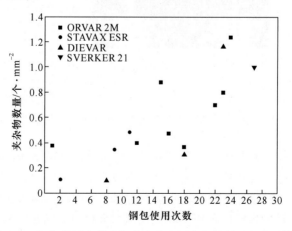

图 3-38　钢包使用次数和钢液中非金属夹杂物数量的关系[59]

图 3-39 是炉外精炼和连铸过程中使用的主要耐火材料示意图[60]。钢包内衬的主衬一般使用镁碳砖或镁铬砖，很多钢包内衬不同的部位使用不同的耐火砖。一般而言，RH 真空室内衬使用镁铬砖，钢包长水口使用铝碳砖，中间包内衬使用喷涂的 MgO 料、浸入式

水口使用铝碳砖且在渣线部位使用锆碳砖。为了降低水口结瘤和减少对钢液的增碳，有人开发了无碳无硅的尖晶石材料作为内壁材料[61] 和无碳无硅的 Al_2O_3-MgO-ZrO_2 材料作为内衬的复合浸入式水口[62]。

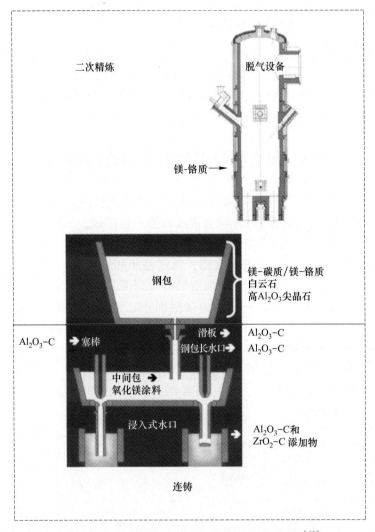

二次精炼

脱气设备

镁-铬质→

钢包

镁-碳质/镁-铬质
白云石
高Al_2O_3尖晶石

Al_2O_3-C   ←塞棒   滑板→ Al_2O_3-C
                钢包长水口→ Al_2O_3-C

中间包→
氧化镁涂料

浸入式水口   → Al_2O_3-C和
                ZrO_2-C 添加物

连铸

图 3-39　炉外精炼和连铸过程中使用的耐火材料[60]

扫一扫看彩图

由于不同钢种对成分和夹杂物的要求不同，耐火材料对钢洁净度的影响机理不同，因此，不同钢种对耐火材料的要求也不同。对于典型的铝脱氧 IF 钢，为确保 IF 钢超低碳和高洁净的要求，耐火材料应尽可能避免或减少对钢水的增碳，同时还应尽可能避免增加新的夹杂物。因此，IF 钢的生产应采用无碳或低碳耐火材料，同时须采用低硅或无硅耐火材料，理想的为刚玉质、镁质和镁钙质耐火材料等[63]。由于镁碳砖也会引起钢液增碳，且随着耐火材料中碳含量的增加而加重[64]，因此，IF 钢的钢包内衬需使用无碳钢包耐火材料。由于钢包内衬镁质耐火材料的使用，耐火材料中 MgO 会被钢中的铝还原，导致 IF 钢夹杂物中不可避免地会出现一定量的 MgO。对于无铝脱氧钢，例如硅锰脱氧帘线钢，为了避免夹杂物中 Al_2O_3 的生成，对所使用的耐火材料中的 Al_2O_3 含量有严格要求。实际生产中钢包内衬常为镁钙质或镁碳质，为了减少渣对耐火材料的侵蚀，常往渣中加入一定量的 MgO，同时由于钢液对包衬内壁的侵蚀，使得夹杂物中也存在一定量的 MgO，而 MgO 和 Al_2O_3 一样都是引起帘线钢拉拔断丝的重要因素之一。

3.3.1　液渣向耐火材料的渗透

在炉外精炼过程中，钢液、精炼渣和耐火材料壁面的三相界面处的耐火材料被侵蚀得最严重，其次是熔渣对耐火材料的侵蚀，而钢液对耐火材料的侵蚀最小。钢液、渣与耐火材料间的润湿性是影响三者之间相互作用的重要参数。一般来说，难润湿的耐火材料其抗侵蚀性也高，但是，易润湿的抗侵蚀性不一定低。渣渗透到耐火材料的过程与渣和耐火材料之间的润湿性密切相关，主要是在毛细管力的作用下通过耐火材料的细孔、晶界和裂纹进行渗透，接触角大、难润湿的耐火材料具有更高的抗侵蚀能力。

Mukai 等人[65] 研究渣-钢界面的侵蚀时发现，由于界面张力的作用造成渣-钢界面发生波动，当渣-钢界面下降（如图 3-40（a）所示）时，液态渣会进入渣和钢液之间，形成渣膜，随后与渣膜接触的耐火材料中的氧化物溶解于渣膜，而耐火材料中的碳不会溶解进去，则碳会裸露到氧化物外面，碳材料和钢液是润湿的（如图 3-40（b）所示），所以，在渣-钢液界面上升时，与钢液直接接触的碳很快溶解于钢液或者被氧化。而后，渣膜又进入钢液和耐火材料的缝隙，如此反复（如图 3-40（c）所示），造成渣线部位耐火材料的局部侵蚀。

在实验室高温实验中的坩埚大多数是没有太多的碳含量的，所以钢-渣-耐火材料三相接触面基本上是图 3-40（a）和（c）所示的情况。

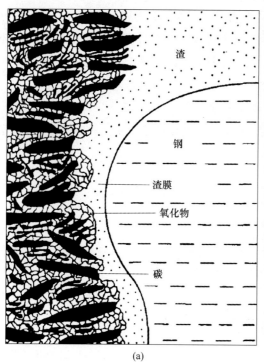

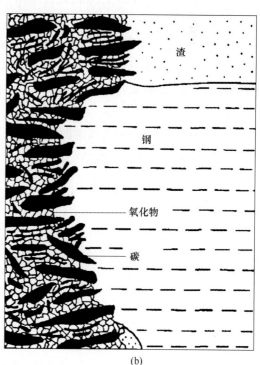

(a)　　　　　　　　　　　　　　　　　　　(b)

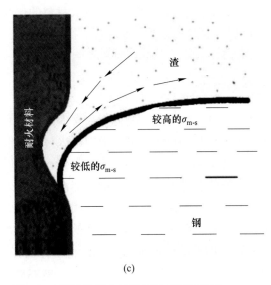

(c)

图 3-40 渣线处耐火材料侵蚀过程示意图

(a) 渣膜与耐材直接接触并与耐材反应[65]；(b) 碳材料与钢液直接接触并反应[65]；

(c) Marangoni 力作用下的钢-渣-耐火材料界面[66]

接触角是指在三相交点处气-液界面的切线穿过液体与固-液或液-液交界线之间的夹角 θ，如图 3-41 所示，是衡量液体对固体润湿程度的量度。接触角是三相交界处各界面张力相互作用的结果。因此，接触角的大小由界面张力的大小决定，在理想状态下可以使用杨氏方程（Young's equation）来描述接触角和界面张力之间的关系，见式（3-60）。当 $\theta >$ 90°时通常被定义为不润湿，当 $\theta < 90°$时被定义为润湿，当 $\theta = 90°$为处于润湿与不润湿的分界线，当 $\theta = 0°$表示完全润湿，当 $\theta = 180°$表示完全不润湿。表 3-11 是钢液或纯铁液与固体基片之间的接触角的测量值。表 3-12 是测量得到的钢液、纯铁液、渣相、固体耐火材料的表面张力或者界面张力。

$$\sigma_{sl} - \sigma_{sg} = \sigma_{lg}\cos\theta \tag{3-60}$$

式中，σ_{sl}、σ_{sg}、σ_{lg} 分别为固液两相之间的界面张力、固相的表面张力和液相的表面张力，N/m；θ 为两相间的接触角，（°）。

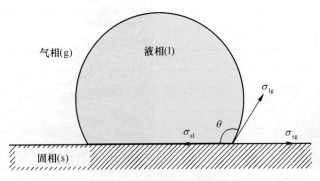

图 3-41 界面张力与接触角

表 3-11　钢液或纯铁液与固体基片之间的接触角

作者	年份	基片	温度/K	钢种	气氛	接触角	文献
Michael	1954	Al_2O_3	1823	工业纯铁	真空	141° *	[67]
Nogi	1982	Al_2O_3	1873	纯铁	H_2	136.2°	[68]
Ogino	1983	Al_2O_3	1873	纯铁	H_2	137°	[69]
Cramb	1989	Al_2O_3	1873	纯铁		144°	[70]
Cramb	1989	Al_2O_3	1873	3.4%C		112°	[70]
Shinozaki	1994	Al_2O_3	1873	电解铁	Ar	135.4° * *	[71]
Sharan	1997	Al_2O_3	1823	Fe-10%Ni	CO-0.1%CO_2	125°	[72]
Nogi	1998	Al_2O_3	1803	纯铁	Ar	134°	[73]
Mukai	2002	Al_2O_3	1823	Fe-16%Cr	Ar-15%H_2	150°	[74]
Kapilashrami	2003	Al_2O_3	1823	纯铁	Ar	132°	[75]
Ueda	2003	Al_2O_3	1873	纯铁	C-CO	105° ~118°	[76]
Shin	2008	Al_2O_3	1823	Fe-19%Cr-10%Ni	H_2	95°	[77]
Shibata	2009	Al_2O_3	1933	纯铁	Ar	105° * *	[78]
Gao	2016	Al_2O_3	1873	IF 钢	Ar-1%H_2	102° * *	[79]
Wen	2018	Al_2O_3	1723	42CrMo 钢	真空	131.8° * *	[80]
Lu	2018	Al_2O_3	1823	40Cr 钢	Ar	125° * *	[81]
Michael	1954	MgO	1823	工业纯铁	He	130° *	[67]
Ogino	1973	MgO	1873	纯铁	H_2	122° * 96° * *	[82]
Nogi	1982	MgO	1873	纯铁	H_2	127°	[68]
Cramb	1989	MgO（95%）	1793	Fe-0.16%C		111°	[70]
Cramb	1989	MgO	1873	纯铁		125°	[70]
Nakashima	1993	MgO（95%）	1823	低碳钢	Ar	122° * *	[83]
Shibata	2009	MgO	1933	纯铁	Ar	90° * *	[78]
Heikkinen	2010	MgO	1823	钢		127°	[84]
Ogino	1973	SiO_2	1873	纯铁	H_2	128° * 117° * *	[82]
Staronka	2006	SiO_2		钢		112°	[85]
Cramb	1989	SiO_2	1873	纯铁		115°	[70]
Giese	2006	SiO_2		钢		112°	[85]
Kapilashrami	2003	SiO_2	1823	纯铁	Ar	135°	[86]
Ogino	1973	CaO	1873	纯铁	H_2	115° * 104° * *	[82]
Cramb	1989	CaO	1873	纯铁		132°	[70]

作者	年份	基片	温度/K	钢种	气氛	接触角	文献
Lee	2004	CaO	1623	Fe-4%C	Ar	147° *	[87]
Yoshikawa	2011	CaO	1823	电解铁	Ar-10%H_2	118° *	[88]
Michael	1954	TiO_2	1823	工业纯铁	H_2	84° *	[67]
Cramb	1989	Cr_2O_3	1873	纯铁		88°	[70]
Ogino	1973	ZrO_2（94%）	1873	纯铁	H_2	120° * 105° * *	[82]
Nogi	1982	ZrO_2（94.5%）	1873	纯铁	H_2	123°	[68]
Cramb	1989	ZrO_2（89%）	1793	Fe-0.16%C		108°	[70]
Cramb	1989	MnO	1823	纯铁		113°	[70]
Cramb	1989	CaS	1823	纯铁		87°	[70]
Zhang	2006	MgAlON	1823	纯铁	CO-CO_2-Ar	130°	[89]
Heikkinen	2010	MgO-C（C 5%）	1823	低合金钢	Ar	108.5°	[84]
Heikkinen	2010	MgO-C（C 5%）	1823	超低碳钢	Ar	111.6°	[84]
Heikkinen	2010	MgO-C（C 5%）	1823	不锈钢	Ar	116.8°	[84]
Ikramulhaq	2010	Al_2O_3-C（C 10%~30%）	1823	纯铁	Ar	135°~140° * 130°~135° * *	[90]
Shinozaki	1994	MgO-Al_2O_3（MgO 5%~20%）	1873	电解铁	Ar	128°~137° * *	[71]
Shibata	2009	$MgAl_2O_4$	1933	纯铁	Ar	105° * *	[78]
Fukami	2009	$MgAl_2O_4$	1833	电解铁	Ar	108°	[91]
Gao	2016	$MgAl_2O_4$	1873	IF 钢	Ar-1%H_2	110° * *	[79]
Nogi	1982	64.5%Al_2O_3-35.5%SiO_2	1873	纯铁	H_2	131.5°	[68]
Kaplashrami	2004	74%Al_2O_3-26%SiO_2	1823	纯铁	CO-CO_2-Ar	119° * 74°（180 s）	[92]

注："＊"代表初始接触角，"＊＊"代表平衡接触角。

表 3-12　钢液、纯铁液、渣相、固体耐火材料的表面张力或界面张力

第一作者	材料	钢中氧硫含量/ppm	温度/℃	表面张力或界面张力/mN·m^{-1}	接触角	年份	参考文献
Halden	Al_2O_3	$w[O]=6$ $w[S]=50$ $w[C]=270$	1570	1717		1955	[93]

第一作者	材料	钢中氧硫含量/ppm	温度/℃	表面张力或界面张力/mN·m^{-1}	接触角	年份	参考文献
Kozakevitch	纯铁液	$w[O]=8$	1550	1835		1961	[93]
Ogino	纯铁液	$w[O]=29.6$	1550	1684		1973	[94]
Mukai	纯铁液	$w[O]=47.2$	1570	1574		1973	[95]
Kasama, Cramb	纯铁液		1600	1890		1980 1989	[96-97]
Ogino	纯铁液	$w[O]=25$ $w[S]=10$	1600	1720		1983	[69]
Takiuchi	纯铁液	$w[O]=11$ $w[S]=34$	1550	1875		1991	[93]
Takiuchi	纯铁液	$w[O]=20.4$	1550	1889		1991	[93]
Jun	纯铁液	$w[O]=19.2$	1550	1929		1998	[98]
Cramb	Al_2O_3		1475	930		1989	[97]
Nogi, Ogino	Al_2O_3		1600	750		1982 1973	[68, 94]
Ikemiya, Tanaka	Al_2O_3			610		1993 2003	[99-100]
Hanao	Al_2O_3		—	$1024-0.177T$		2007	[101]
Cramb, Halden	Al_2O_3-Fe(l)		1570	2300（界）		1989 2002	[97, 102]
Cramb, Halden	MgO-Fe(l)		1725	1600（界）		1989 2002	[97, 102]
Parry	Fe-(MnO-SiO_2)		1350~1450	1580~1720（界）		2009	[103]
Parry	Fe-(CaO-Al_2O_3-SiO_2)		1350~1450	1700~1980（界）		2009	[103]
Dumay	(Fe-Si)-(CaO-Al_2O_3-SiO_2)		1450	772~1404		1995	[104]
Kingery, Cramb	MgO		25	1000		1976 1989	[97, 105]
Sveshkov	MgO			1090		1978	[106]
Ikemiya, Tanaka	MgO			660		1993 2003	[99-100]
Hanao	MgO		—	$1770-0.636T$		2007	[101]
Sveshkov	CaO			820		1978	[106]
Ikemiya, Tanaka	CaO			670		1993 2003	[99-100]
Hanao	CaO		—	$791-0.0935T$		2007	[101]

第一作者	材料	钢中氧硫含量/ppm	温度/℃	表面张力或界面张力/mN·m^{-1}	接触角	年份	参考文献
Ikemiya，Tanaka	SiO$_2$			310		1993 2003	[99-100]
Hanao	SiO$_2$		—	243.2+0.031T		2007	[101]
Cramb	CaO-SiO$_2$		1600	485		1989	[97]
Cramb	CaO-SiO$_2$-Al$_2$O$_3$		1550	500		1989	[97]
Mills，Parry	CaO-SiO$_2$-Al$_2$O$_3$		1350~1450	425		1995 2009	[103, 107]
Cramb，Ogino	CaO-Al$_2$O$_3$		1550	600		1989 1977	[97, 108]
	CaO-CaF$_2$ （20-80）		1550	310			
	CaO-Al$_2$O$_3$-CaF$_2$ （40-40-20）		1550	400			
	CaO-Al$_2$O$_3$-CaF$_2$ （20-20-60）		1550	300			
Mills，Parry	MnO-SiO$_2$		1350~1450	465		1995 2009	[103, 107]
Ogino	Al$_2$O$_3$		1600	750		1973	[99]
Rhee	MgO		1600	710		1975	[97]
Livey	ZrO$_2$		1600	620		1956	[109]
Ogino	莫来石		1600	500		1975	[108]
Gaye	SiO$_2$-CaO-Al$_2$O$_3$-FeO （0-36.3-63.1-0.8）	a_0 = 0.0024 w[Si] = 0.0037%	1600	1307	65.9°	1982	[110]
	SiO$_2$-CaO-Al$_2$O$_3$-FeO （0-49.8-50.2-0）	a_0 = 0.0014 w[Si] = 0.0080%	1600	1258	61.1°		
	SiO$_2$-CaO-Al$_2$O$_3$-FeO （5.4-33.9-59.1-1.6）	a_0 = 0.0050 w[Si] = 0.0120%	1600	1274	67.1°		
	SiO$_2$-CaO-Al$_2$O$_3$-FeO （10.8-44.1-45.1-0）	a_0 = 0.0032 w[Si] = 0.0020 %	1600	1182	43.2°		
	SiO$_2$-CaO-Al$_2$O$_3$-FeO （26.2-35.5-38.3-0）	a_0 = 0.0046 w[Si] = 0.0250%	1600	1164	35.6°		
	CaF$_2$-CaO-Al$_2$O$_3$-FeO （7.5-35.3-56.6-0.55）	a_0 = 0.0023	1600	1348			
	CaF$_2$-CaO-Al$_2$O$_3$-FeO （16.3-31.2-52.4-0.15）	a_0 = 0.0040	1600	1269			
	CaF$_2$-CaO-Al$_2$O$_3$-FeO （28.9-20.5-50.4-0.15）	a_0 = 0.0021	1600	1410			

注：与温度相关的表面张力表达式中，温度 T 的单位为 K。

耐火材料通常为多孔质结构，在耐火材料中存在许多微孔，同时还存在一定量的晶界和裂缝，液渣在耐火材料中的渗透方式有垂直渗透和水平渗透两种，如图 3-42 所示[27]，很多学者对此进行了详细的研究[111-115]。

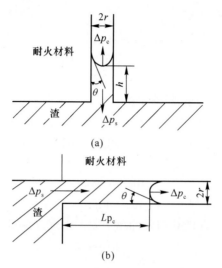

图 3-42　液渣在耐火材料中的垂直渗透和水平渗透[27]

（a）垂直方向；（b）水平方向

Wanibe 等人[113] 应用 Hagen-Poiseuille 方程[27,116] 分析了液渣向耐火材料中的非稳态渗透现象，得到渗透深度的方程为

$$2R\sigma_{\mathrm{lg}}\cos\theta - 8\eta h\frac{\mathrm{d}h}{\mathrm{d}t} - R^2\rho gh = 0 \tag{3-61a}$$

式中，σ_{lg} 为液体的表面张力，N/m；θ 为接触角，（°）；R 为耐材内微孔的半径，m；h 为渗透深度，m；ρ 为液渣的密度，kg/m^3；g 为重力加速度，m/s^2。

式 （3-61a） 可以改写为

$$\frac{\mathrm{d}h}{\mathrm{d}t} = \frac{R^2\left(\dfrac{2\sigma_{\mathrm{lg}}\cos\theta}{R} - \rho gh\right)}{8\eta h} \tag{3-61b}$$

由式 （3-61b） 可以得到最大的渗透深度 （$\mathrm{d}h/\mathrm{d}t = 0$） 为

$$h_\infty = \frac{2\sigma_{\mathrm{lg}}\cos\theta}{R\rho g} \tag{3-62}$$

把式 （3-62） 代入式 （3-61b），积分得到渗透深度的公式为

$$\frac{h_\infty}{R^2} \times \left(\ln\frac{h_\infty}{h_\infty - h} - \frac{h}{h_\infty}\right) = \frac{\rho g}{8\eta}t \tag{3-63}$$

在初始渗透阶段，由渗透液相引起的静水压力 ρgh 与毛细管压力相比可以忽略，则式 （3-61b） 可以简写为

$$\frac{\mathrm{d}h}{\mathrm{d}t} = \frac{R\sigma_{\mathrm{lg}}\cos\theta}{4\eta h} \tag{3-64}$$

对式（3-64）积分，可以得到式（3-65）。

$$h = \left(\frac{\sigma_{\text{lg}} R \cos\theta}{2\eta} \cdot t \right)^{1/2} \tag{3-65}$$

式（3-65）可以改写为

$$h = k_{\text{penetration}} \cdot t^{1/2} \tag{3-66a}$$

$$k_{\text{penetration}} = \left(\frac{\sigma_{\text{lg}} R \cos\theta}{2\eta} \right)^{1/2} \tag{3-66b}$$

式中，$k_{\text{penetration}}$ 为液体在固体中的渗透系数，$\text{m/s}^{1/2}$。

此结果也可以从另一个角度推导得到[111,114]：在毛细管力的作用下，渣相通过这些微孔向耐火材料内部渗透，基于液体中固体微孔的毛细力理论，应用 Poiseulle 定律[27]，渗透速率为

$$\frac{\text{d}h}{\text{d}t} = \frac{R^2 \Delta p}{8\eta h} \tag{3-67}$$

式中，Δp 为渗透的驱动力，即微孔内外的压力差，由式（3-68）表示[112]。

$$\Delta p = \frac{2\sigma_{\text{lg}} \cos\theta}{R} \tag{3-68}$$

把式（3-68）代入式（3-67）得到式（3-64），进而积分得到式（3-65）。

这些公式均表明随着接触角的降低和表面张力的增加，液相向耐火材料中的渗透深度呈增加的趋势。

关于上面诸式中的微孔半径 R 的取值，一些文献进行了研究。Raiz 等人[115] 实验室高温坩埚实验研究了 $20.0\% \sim 37.5\% \text{CaO}$-$30.9\% \sim 37.5\% \text{SiO}_2$-$8.2\% \sim 10.0\% \text{Al}_2\text{O}_3$-$12.3\% \sim 15.0\% \text{MgO}$ 渣（黏度 $\eta = 30\text{mPa} \cdot \text{s}$）对 MgO-$10\%\text{C}$ 耐火材料的渗透，测量了耐火材料微孔的尺寸为 $R = 4.5\mu\text{m}$，渣的表面界面张力为 0.45N/m，渣和耐火材料表面的接触角为 $60°$，则可以计算出渣在耐火材料中的渗透深度和时间的关系。工业实践中，一般液渣在耐火材料中的渗透深度为 $5 \sim 10\text{mm}$。

Yu 等人[27] 测量了几种 MgO 基耐火材料的密度、孔隙度、微孔半径等物理性质，见表 3-13，这些耐火材料中微孔的半径为 $1 \sim 10\mu\text{m}$；同时也测量了几种 CaO-SiO_2-CaF_2-Al_2O_3 系液渣的碱度、黏度、表面张力等物理性质见表 3-14。

表 3-13　几种 MgO 基耐火材料的物理性质[27]

项目		种类				
		A	B	C	D	E
化学成分（质量分数）/%	MgO	98.34	98.73	95.33	68.84	68.21
	Cr$_2$O$_3$	0	0	0	21.50	21.55
	ZrO$_2$	0	0	3.95	0	0
	SiO$_2$	0.21	0.08	0.15	0.39	0.62
	Al$_2$O$_3$	0.15	0.13	0.14	3.61	3.77
	Fe$_2$O$_3$	0.20	0.19	0.19	5.03	5.12
	CaO	1.10	0.87	0.24	0.63	0.73

项目	种类				
	A	B	C	D	E
表观比重/kg·m^{-3}	3505	3493	3628	3764	3761
基体密度/kg·m^{-3}	3017	3030	3188	3206	3208
真实比重/kg·m^{-3}	3608	3609	3709	3895	3889
表观孔隙度/%	13.90	13.27	12.11	14.82	14.70
渗透率/m^3·m·(m^2·mH$_2$O·s)$^{-1}$	1.13×10^4	1.34×10^4	1.09×10^4	5.38×10^4	6.89×10^4
平均孔隙半径/m	1.889×10^6	2.299×10^6	6.027×10^6	9.573×10^6	7.044×10^6

表 3-14   几种 CaO-SiO$_2$-CaF$_2$-Al$_2$O$_3$ 系液渣的物理性质[27]

项目		渣				
		1 号	2 号	3 号	4 号	5 号
化学成分（质量分数）/%	CaO	51.08	47.38	50.02	46.39	42.07
	SiO$_2$	47.22	44.10	23.49	18.23	16.60
	CaF$_2$	0	6.96	25.32	5.21	9.08
	Al$_2$O$_3$	0.99	0.94	0.76	29.83	31.70
	MgO	0.71	0.62	0.41	0.34	0.55
$w(\text{CaO})/w(\text{SiO}_2)$		1.08	1.07	2.13	2.54	2.53
黏度/kg·(m·s)$^{-1}$		0.265	0.161	0.02	0.121	0.107
表面张力/N·m^{-1}		0.475	0.42	0.34	0.45	0.43
接触角/（°）		0	0	0	0	0

【例题 3-2】

根据 Raiz 等人[115] 的高温坩埚实验所研究的 20.0%～37.5%CaO-30.9%～37.5%SiO$_2$-8.2%～10.0%Al$_2$O$_3$-12.3%～15.0%MgO 渣（黏度 η = 30mPa·s）对 MgO-10%C 耐火材料的渗透，实验温度为 1500℃，液渣的密度 ρ = 2800kg/m^3，测量得到耐火材料微孔的尺寸 R = 4.5μm，渣的表面界面张力为 0.45N/m，渣和耐火材料表面的接触角为 60°，请用式（3-62）和式（3-64）计算出渣在耐火材料中的渗透深度和时间的关系。

解： 由式（3-62）计算出渣在耐火材料中的最大渗透深度 h_∞：

$$h_\infty = \frac{2\sigma_{\text{lg}}\cos\theta}{R\rho g} = \frac{2 \times 0.45 \times \cos 60°}{4.5 \times 10^{-6} \times 2800 \times 9.8} = 3.644\text{m} \tag{3-69}$$

由式（3-63）计算出渣在耐火材料中的渗透深度 h 和时间 t 的关系，将题中所给条件和式（3-69）代入式（3-63）中，得出：

$$\frac{h_\infty}{R^2} \times \left(\ln\frac{h_\infty}{h_\infty - h} - \frac{h}{h_\infty}\right) = \frac{\rho g}{8\eta}t$$

$$1.8 \times 10^{11} \times \ln\frac{3.644}{3.644 - h} - 4.938 \times 10^{10} \times h = 114333.333t$$

化简，得出渣在耐火材料中的渗透时间 t 和深度 h 的关系：

$$t = \frac{1.8 \times 10^{11} \times \ln\dfrac{3.644}{3.644 - h} - 4.938 \times 10^{10} \times h}{114333.333}$$ （3-70）

将式（3-70）中 h 为自变量 x，t 为因变量化简为 $y = f(x)$，得到式（3-71），输入软件 Origin 中得到曲线图，交换曲线图 x 轴和 y 轴，得到渣在耐火材料中的渗透深度 h 和时间 t 的关系曲线图，如图 3-43（a）和（b）中的式（3-63）曲线。

$$y = \frac{1.8 \times 10^{11} \times \ln\dfrac{3.644}{3.644 - x} - 4.938 \times 10^{10} \times x}{114333.333}$$ （3-71）

由式（3-65）计算出渣在耐火材料中的渗透深度 h 和时间 t 的关系，将题中所给条件代入式（3-65）中化简，得出下式：

$$h = \left(\frac{\sigma_{lg} R\cos\theta}{2\eta} t\right)^{\frac{1}{2}}$$

$$h = \left(\frac{0.45 \times 4.5 \times 10^{-6} \times 0.5}{2 \times 0.03} \times t\right)^{\frac{1}{2}}$$

化简，得出渣在耐火材料中的渗透时间 t 和深度 h 的关系为：

$$h = 4.108 \times 10^{-3} \times t^{\frac{1}{2}}$$ （3-72）

将式（3-72）输入软件 Origin 中得到渣在耐火材料中的渗透深度 h 和时间 t 的关系曲线图，如图 3-43（a）和（b）中的式（3-65）曲线。

图 3-43 为根据式（3-70）和式（3-72）得出的渣在耐火材料中的渗透深度 h 和时间 t 的关系曲线图，图 3-43（a）为渗透时间较短（0~50s）时渗透深度 h 和时间 t 的关系曲线，可以看出式（3-63）和式（3-65）曲线相差较小；图 3-43（b）为渗透时间较长（0~5×10^{6}s）时渗透深度 h 和时间 t 的关系曲线，可以看出，渗透时间较长时式（3-63）和式（3-65）曲线相差较大。所以，在初始渗透阶段，渗透液相引起的静压力 ρgh 与毛细管压力相比是可以忽略的；渗透时间较长时，渗透液相引起的静压力 ρgh 不可以忽略。

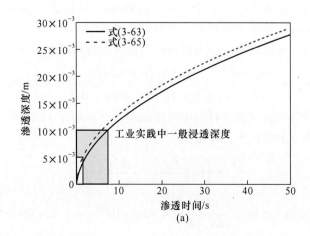

(a)

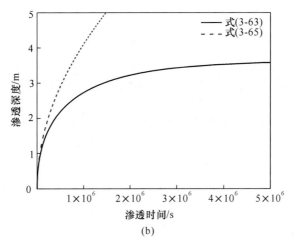

图 3-43　渣在耐火材料中的渗透深度和时间的关系

渗透时间：（a）0~50s；（b）0~5×10⁶s

3.3.2　耐火材料向渣中的熔损

在熔渣和耐火材料接触的过程中，会发生耐火材料向熔渣的直接熔损。在两相接触处，如果两相的化学反应很快，则反应物在耐火材料中和反应产物在渣相中的扩散为限制性环节。反应产物会在两相界面堆积成一个边界层，根据 Nerst 方程，熔损流量，即耐火材料物相向熔渣相的质量流量为

$$J = D\frac{C_{\text{saturation}} - C}{\delta} \tag{3-73}$$

式中，J 为质量流量，$\text{kg}/(\text{m}^2 \cdot \text{s})$；$D$ 为耐材物相在熔渣中的扩散系数，m^2/s；C 为耐材物相在熔渣中的浓度，kg/m^3；$C_{\text{saturation}}$ 为耐材物相在熔渣中的饱和浓度，kg/m^3；δ 为浓度边界层厚度，m。

Wagner 给出了经典的自然对流条件下耐火材料在渣中的熔损流量方程[117]

$$J = \frac{1}{2}D(C_{\text{saturation}} - C) \times \left(\frac{\Delta\rho g}{D\eta} \times \frac{1}{x}\right)^{1/4} \tag{3-74}$$

式中，$\Delta\rho$ 为熔渣目前密度和耐火材料物相在渣中饱和后的密度差，kg/m^3；η 为熔渣黏度，$\text{kg}/(\text{m} \cdot \text{s})$；$g$ 为重力加速度，m^2/s；x 为距离相界面的距离，m。

强制对流情况下，边界层厚度为[111]

$$\delta = \frac{3.09}{100} \times \left(\frac{\eta x}{\rho} \times \frac{1}{u}\right)^{1/2} \times \left(\frac{\rho D}{\eta}\right)^{1/3} \tag{3-75}$$

根据式（3-73），耐火材料向渣中的熔损流量为

$$J = D(C_{\text{saturation}} - C) \times \left[\frac{3.09}{100} \times \left(\frac{\eta x}{\rho} \times \frac{1}{u}\right)^{1/2} \times \left(\frac{\rho D}{\eta}\right)^{1/3}\right]^{-1} \tag{3-76}$$

可以看出，浓度差（$C_{\text{saturation}} - C$）对耐火材料的熔损起到很大的作用，当熔渣中的耐火材料物相饱和时，熔损为零；如果熔渣中的耐火材料物相为零，则浓度差（$C_{\text{saturation}} - C$）最大，熔损最严重。所以，为了减少耐火材料的熔损，浓度差（$C_{\text{saturation}} - C$）越小越

好，这是为什么对于 MgO 耐火材料而言，渣中往往有一定浓度 MgO 的原因。

把式（3-34）代入式（3-74），可以得到自然对流条件下耐火材料向渣中的熔损流量为[27]

$$J = \frac{1}{2}g^{1/4} \times \left(\frac{kT}{3\pi a}\right)^{3/4} \times \left(\frac{\Delta\rho}{x}\right)^{1/4} \times \frac{C_{\text{saturation}} - C}{\eta} \tag{3-77}$$

对于 MgO 质耐火材料与精炼渣的相互作用过程中，在界面处形成精炼渣界面层，如图 3-44 所示。假设在 MgO 质耐火材料和精炼渣相互作用过程中，界面侧为稳态传质，即界面上没有物质的积累。耐火材料向渣中传质为主要限制性环节，界面层内饱和的 MgO 浓度和精炼渣中 MgO 浓度的不同是耐火材料不断溶解的驱动力，即上面诸式中的（$C_{\text{saturation}} - C$）。耐火材料熔损的化学反应见式（3-78）。MgO 质耐火材料溶解引起的渣中 MgO 浓度变化速率可由式（3-79）表示[118-119]。

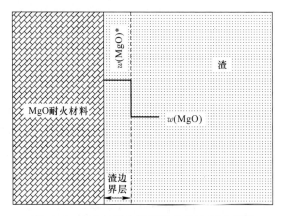

图 3-44　耐火材料向精炼渣中的溶解示意图

$$(\text{MgO})_{(s)} \Longrightarrow (\text{MgO}) \tag{3-78}$$

$$\frac{dw(\text{MgO})}{dt} = \frac{A_{\text{ref\_slag}}\beta_{\text{ref\_MgO}}}{V_{\text{slag}}} \times \left[w(\text{MgO})_{\text{saturation}} - w(\text{MgO})\right] \tag{3-79}$$

式中，$w(\text{MgO})$ 为精炼渣中 MgO 浓度；$w(\text{MgO})_{\text{saturation}}$ 为精炼渣中 MgO 饱和浓度；$A_{\text{ref\_slag}}$ 为精炼渣和耐火材料的接触面积，m^2；$\beta_{\text{ref\_MgO}}$ 为 MgO 从耐火材料向精炼渣中的传质系数，m/s；V_{slag} 为精炼渣体积，m^3。

3.3.3　钢液向耐火材料的渗透

钢液和纯铁液与耐火材料之间的接触角通常大于 90°，根据式（3-68）可知纯铁液向耐火材料渗透的驱动力小于 0。因此，当钢液与耐火材料不润湿且不易发生明显化学反应时，钢液不易渗透进入耐火材料造成其损毁。钢液如果渗透进入耐火材料，外在的压力必须大于临界值，Matsushita 等人[120] 和 Kaptay 等人[121] 给出了该临界压力的表达式。

$$\Delta p_{\text{Cri}} = \left|\frac{2\sigma_{\text{lg}}\cos\theta}{R_{\text{max}}}\right| \tag{3-80}$$

式中，R_{max} 为耐火材料中的最大微孔直径，m。

钢液向耐火材料渗透深度可以由式（3-81）计算，式中 Δp_o 为施加的外界压力，Pa。与式（3-65）相比，渗透深度公式增加了外界压力项。

$$h = \left(\frac{\Delta p_o \cdot R^2 + 2\sigma_{lg} \cdot R\cos\theta}{4\eta} \cdot t \right)^{1/2} \tag{3-81}$$

Shen 等人[122] 的研究表明，钢液可以通过耐火材料中的微孔，形成局部接触角；当钢液覆盖在开口气孔上时，在重力作用下，钢液有向孔隙内部渗入的趋势。图 3-45 是钢液和耐火材料接触时的一些微孔的形貌，图中耐火材料基片中的白色圆状颗粒就是渗透进入的钢滴。

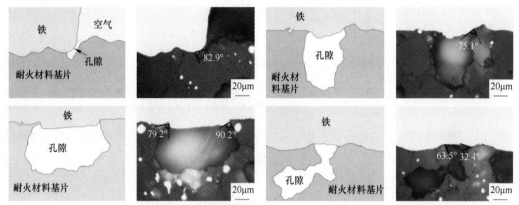

图 3-45　钢液和耐火材料接触时耐材中的微孔形貌和渗透进入耐材中的钢滴[122]

此外，如前文图 3-40 所示，尽管钢液和耐火材料不润湿，但是，当熔渣把耐火材料表面的氧化物侵蚀掉之后，剩余的含碳部分则与钢液相润湿；在该情况下，钢液对耐火材料的侵蚀加剧。

3.3.4　钢液-耐火材料的化学反应

图 3-46 为钢液和耐火材料之间化学反应示意图。模型假设在钢液一侧的钢液与耐火材料之间的界面处存在界面层，界面层到钢液侧为稳态传质，即从界面层到钢液中的传质为反应的限制性环节；钢液-耐火材料界面化学反应很快，界面处没有物质的积累。

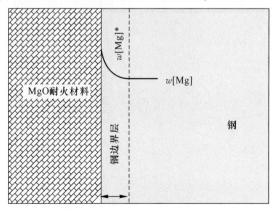

图 3-46　MgO 质耐火材料和钢液反应示意图

镁碳质耐火材料具有良好的热稳定性和抗侵蚀能力, 是钢铁冶炼常用的耐火材料之一。镁碳质耐火材料主要由纯碳相、氧化镁相和少量的杂质相组成, C 和 MgO 之间并没有生成化合物。镁碳质耐火材料和钢液反应后, 钢液和耐火材料表面都没有生成明显的中间相边界层, 因此, 镁碳质耐火材料与铝脱氧钢液的反应不会受到反应边界层处新相生成的影响而阻碍耐火材料中的镁向钢液中的传质。

对于 MgO 质耐火材料而言, 钢液-耐火材料界面的化学反应用式 (3-82) 和式 (3-83) 表示。

$$2[Al] + 3(MgO) \Longrightarrow 3[Mg] + (Al_2O_3) \tag{3-82}$$

$$2[Al] + 3[O] \Longrightarrow (Al_2O_3) \tag{3-83}$$

耐火材料与钢液间相互作用的溶解速率由式 (3-84) 表示, 钢液中镁元素浓度随时间的变化由等式 (3-85) 求得[123]。

$$J_{Mg} = \frac{1000\beta_{Mg}\rho_{steel}}{100M_{Mg}} \times (w[Mg]^b - w[Mg]^*) \tag{3-84}$$

$$\frac{dw[Mg]}{dt} = -\frac{A_{ref\text{-}steel}\beta_{Mg}}{V_{steel}} \times (w[Mg]^b - w[Mg]^*) \tag{3-85}$$

式中, β_{Mg} 为钢液的镁元素的传质系数, m/s; ρ_{steel} 为钢液密度, kg/m³; M_{Mg} 为镁元素的分子量, g/mol; $A_{ref\text{-}steel}$ 为钢液和耐火材料的接触面积, m²; V_{steel} 为钢液体积, m³; 上标 b 表示本体, bulk; * 表示反应界面。

式 (3-79)、式 (3-84)、式 (3-85) 中的传质系数可以由式 (2-142) 计算。

Huang 等人[124] 研究了铝脱氧钢和 MgO 质耐火材料之间化学反应的动力学模型, 发现 MgO 和钢液的反应有两种情况, 如图 3-47 所示。当钢中溶解氧含量大于临界值时, 化学反应主要为式 (3-82)、式 (3-83); 当钢中溶解氧含量小于临界值时, 化学反应主要为式 (3-82)、式 (3-86) 和式 (3-87)。而临界溶解氧含量和钢中的溶解铝及溶解镁含量有关, 如图 3-48 所示。

$$MgO_{lining} \Longrightarrow [Mg] + [O] \tag{3-86}$$

$$MgO_{lining} + C_{lining} \Longrightarrow [Mg] + CO \tag{3-87}$$

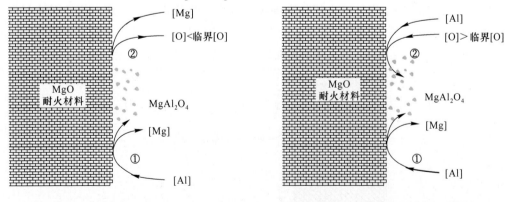

① 4MgO(s)+2[Al]=MgAl₂O₄+3[Mg]　　　　① 4MgO(s)+2[Al]=MgAl₂O₄+3[Mg]
② MgO(s)=[Mg]+[O]　　　　　　　　　　② MgO(s)+2[Al]+3[O]=MgAl₂O₄
　　　　　(a)　　　　　　　　　　　　　　　　　(b)

图 3-47　铝脱氧钢和 MgO 质耐火材料之间的化学反应机理[124]

(a) [O] <临界 [O]; (b) [O] >临界 [O]

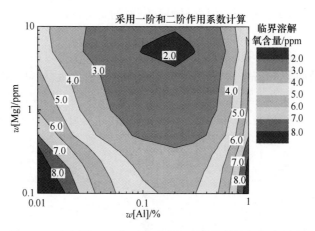

扫一扫看彩图

图 3-48 决定图 3-47 中两种反应机理的临界溶解氧含量和
钢液中镁含量和铝含量的关系[124]

不同碳含量的镁碳砖耐火材料与不同铝含量的钢液的侵蚀实验结果表明，经过镁碳质耐火材料与铝脱氧钢液的反应一定时间后，钢中的夹杂物由纯的氧化铝夹杂物逐渐转变为了镁铝尖晶石夹杂物，这说明耐火材料中的镁元素从耐火材料进入到了钢中。图 3-49 表明[125]，增加镁碳质耐火材料中的碳含量和增加钢液中铝含量都将会促进耐火材料中 MgO 还原而使得钢液中的镁含量增加。在钢液中铝含量基本相同的条件下，镁碳质耐火材料中的碳含量从约 0%增加到 20%，将会使得钢液中增加大约 1ppm 的 Mg 含量。同样的，在镁碳质耐火材料中的碳含量基本相同的条件下，钢液中铝含量从约 0.05%增加到 0.25%，将会使得钢液中增加大约 1.2ppm 的镁含量。

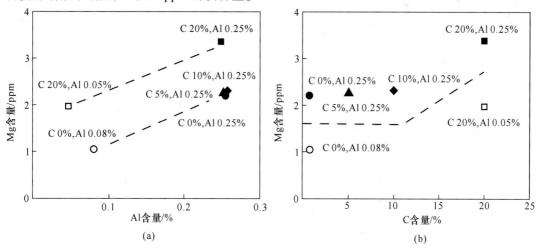

图 3-49 镁碳质耐火材料中碳含量和钢液中铝含量对 MgO 还原的影响（反应 60min）[125]
(a) 钢液中 Al 含量的影响；(b) 镁碳质耐材中 C 含量的影响

镁铬质耐火材料具有良好的热稳定性和耐渣蚀能力，也是钢铁冶炼常用的耐火材料。对镁铬质耐火材料进行 XRD 检测，结果表明镁铬质耐火材料主要含有（Mg，Fe）(CrAl)$_2$O$_4$ 和 MgO，以及少量杂质元素。研究发现，镁铬质耐火材料与铝脱氧钢液之间生成了明显的镁铝尖晶石层，阻碍了耐火材料和钢液的反应，镁从耐火材料向钢液中传质的速度很慢，夹杂物一直为纯氧化铝。图 3-50 是镁铝尖晶石生成物层厚度随时间的变化[126]，可以看出，该生成物层可达 40～80μm。随着钢中的铝含量从 0.1% 增加到了 0.3%，该层厚度增加了 30μm，这表明是由钢液中的铝对耐火材料中 MgO 的还原生成的。

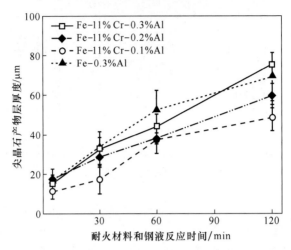

图 3-50　镁铬质耐火材料和钢液反应的镁铝尖晶石生成物层厚度随时间的变化[126]

【例题 3-3】

（1）仿照例题 3-1，计算硅合金粒子在钢液中的溶解：硅合金直径为 0.01m、0.03m、0.05m，使用熔化机理 I 计算出：1）合金粒子钢壳存在时间随粒子直径的关系图；2）合金粒子直径随时间的变化图。

（2）应用渣的夹杂物容量的概念计算夹杂物在渣中的溶解时间：针对某钢厂的铝脱氧钢 230t 钢包 LF 冶炼过程，钢液中夹杂物主要成分为 Al_2O_3，初始渣的成分为 50.40%CaO-36.11%Al_2O_3-3.63%SiO_2-7.74%MgO-2.12%MnO，热力学计算得知，1600℃渣的 Al_2O_3 的饱和浓度 $C_{saturation}$=66.63%，黏度 η_{slag}=0.086kg/(m·s)，密度 ρ_{slag}=2939kg/m^3。计算夹杂物溶解时间随着夹杂物直径的变化（提示：应用式（3-48）进行计算）。

（3）查文献讨论钢液侵蚀耐火材料的主要原因及其影响因素。

参 考 文 献

[1] Wang Y, Karasev A, Park J H, et al. Non-metallic Inclusions in Different Ferroalloys and Their Effect on the Steel Quality: A Review [J]. Metallurgical and Materials Transactions B: Process Metallurgy and Materials Processing Science, 2021, 52 (5): 2892-2925.

[2] Pande M M, Guo M, Guo X, et al. Ferroalloy quality and steel cleanliness [J]. Maney Publishing, 2010, 37: 502-511.

[3] Argyropoulos S, Guthrie R. Steel making conference proceedings, 65, Pittsburgh, The Iron and Steel Society of AIME, Warrendale, PA, 1982: 156-167.

[4] Lee Y, Berg H, Jensen B. Dissolution kinetics of ferroalloys in steelmaking process [J]. Ironmaking and Steelmaking, 1995, 22 (6): 486-494.

［5］ Tome-Torquemada S, Glaser B, Hildal K, et al. Experimental Study on the Activities of Al and Ca in Ferrosilicon ［J］. Metallurgical and Materials Transactions B: Process Metallurgy and Materials Processing Science, 2017, 48 (6): 3251-3258.

［6］ Mazumdar D, Guthrie R. Motions of alloying additions in the CAS steelmaking operations ［J］. Metallurgical Transactions B, 1993, 24 (4): 649-655.

［7］ Gueussier A L, Vachiery E V, Tranchant J L, et al. In-ladle treatment using a new cored wire technique ［J］. Iron and steel engineer, 1983, 60 (10): 35-41.

［8］ Herbert A, Jemson C, Notman G, et al. Experience with powder and wire injection at british steel corporation, lackenby works, basic oxygen steelmaking plant ［J］. Ironmaking and Steelmaking, 1987, 14 (1): 10-16.

［9］ Schade J, Argyropoulos S A, McLean A. Cored-wire microexothermic alloys for tundish metallurgy ［J］. Transactions of the Iron and Steel Society of AIME, 1991, 12: 19-31.

［10］ Zhang L. Modelling on melting of sponge iron particles in iron-bath ［J］. Steel Research, 1996, 67 (11): 466-473.

［11］ Zhang L, Oeters F. Mathematical modelling of alloy melting in steel melts ［J］. Steel Research, 1999, 70 (4-5): 128-134.

［12］ Taniguchi S, Ohmi M, Ishiura S. A hot model study on the effect of gas injection upon the melting rate of solid sphere in a liquid bath ［J］. Transactions of the Iron and Steel Institute of Japan, 2006, 23 (7): 571-577.

［13］ Pandelaers L, Barrier D, Gardin P, et al. Experimental evaluation of the dissolution rates of Ti and FeTi70 in liquid Fe ［J］. Metallurgical and Materials Transactions B: Process Metallurgy and Materials Processing Science, 2013, 44 (3): 561-570.

［14］ 刘畅. RH 真空精炼过程中多相流动、混匀和脱碳行为的研究 ［D］. 北京: 北京科技大学, 2021.

［15］ Mizuno K, Todoroki H, Noda M, et al. Effects of Al and Ca in ferrosilicon alloys for deoxidation on inclusion composition in type 304 stainless steel ［J］. Iron and Steelmaker (USA), 2001, 28 (8): 93-101.

［16］ Park J H, Kang Y B. Effect of ferrosilicon addition on the composition of inclusions in 16Cr-14Ni-Si stainless steel melts ［J］. Metallurgical and Materials Transactions B: Process Metallurgy and Materials Processing Science, 2006, 37 (5): 791-797.

［17］ Li W, Ren Y, Zhang L. Modification of inclusions by Al and Ca in ferrosilicon during alloying process of 18Cr8Ni stainless steels ［J］. Ironmaking and Steelmaking, 2020, 47 (1): 40-46.

［18］ Li M, Li S, Ren Y, et al. Modification of inclusions in linepipe steels by Ca-containing ferrosilicon during ladle refining ［J］. Ironmaking and Steelmaking, 2020, 47 (1): 6-12.

［19］ Yoon B H, Heo K H, Kim J S, et al. Improvement of steel cleanliness by controlling slag composition ［J］. Ironmaking and Steelmaking, 2002, 29 (3): 215-218.

［20］ Mgaidi A, Jendoubi F, Oulahna D, et al. Kinetics of the dissolution of sand into alkaline solutions: Application of a modified shrinking core model ［J］. Hydrometallurgy, 2004, 71 (3/4): 435-446.

［21］ Didyk-Mucha A, Pawlowska A, Sadowski Z. Application of the shrinking core model for dissolution of serpentinite in an acid solution ［C］//2016 Mineral Engineering Conference, MEC 2016, September 25, 2016-September 28, 2016, (Swieradow-Zdroj, Poland), EDP Sciences, 2016, 8.

［22］ Rajak D K, Guria C, Ghosh R, et al. Alkali assisted dissolution of fly ash: A shrinking core model under finite solution volume condition ［J］. International Journal of Mineral Processing, 2016, 155: 106-117.

［23］ Ma Q. Analogy between transient heat conduction and dissolution of solid particles in liquids based on the shrinking core model ［C］//ASME 2017 Heat Transfer Summer Conference, HT 2017, July 9, 2017-July 12, 2017, (Bellevue, WA, United states), American Society of Mechanical Engineers, 2017, 2, Heat Transfer Division.

［24］ Islas H, Flores M U, Reyes I A, et al. Determination of the dissolution rate of hazardous jarosites in different conditions using the shrinking core kinetic model ［J］. Journal of Hazardous Materials, 2020, 386.

［25］ Valdez M, Shannon G S, Sridhar S. The Ability of Slags to Absorb Solid Oxide Inclusions ［J］. ISIJ International, 2006, 46 (3): 450-457.

［26］ Zhang L, Pluschkell W. Nucleation and growth kinetics of inclusions during liquid steel deoxidation ［J］. Ironmaking and Steelmaking, 2003, 30 (2): 106-110.

［27］ Yu Z, Mukai K, Kawasaki K, et al. Relation between corrosion rate of magnesia refractories by Molten slag and penetration rate of slag into refractories ［J］. Nippon Seramikkusu Kyokai Gakujutsu Ronbunshi/ Journal of the Ceramic Society of Japan, 1993, 101 (1173): 533-539.

［28］ Yi K W, Tse C, Park J H, et al. Determination of Dissolution Time of Al_2O_3 and MgO Inclusions in Synthetic Al_2O_3-CaO-MgO Slags ［J］. Scand. J. Metall. , 2003, 32 (4): 177-184.

［29］ Valdez M, Prapakorn K, Cramb A W, et al. Dissolution of alumina particles in CaO-Al_2O_3-SiO_2-MgO slags ［J］. Ironmaking and Steelmaking, 2002, 29 (1): 47-52.

［30］ Sridhar S, Cramb A W. Kinetics of Al_2O_3 Dissolution in CaO-MgO-SiO_2-Al_2O_3 Slags: In Situ Observations and Analysis ［J］. Metallurgical and Materials Transactions B, 2000, 31 (2): 406-410.

［31］ Ren C, Zhang L, Zhang J, et al. In Situ Observation of the Dissolution of Al_2O_3 Particles in CaO-Al_2O_3-SiO_2 Slags ［J］. Metallurgical and Materials Transactions B, 2021, 52 (5): 3288-3301.

［32］ Monaghan B J, Chen L. Dissolution Behavior of Alumina Micro-Particles in CaO-SiO_2-Al_2O_3 Liquid Oxide ［J］. Journal of Non-Crystalline Solids, 2004, 347 (1): 254-261.

［33］ Fox A B, Valdez M, Gisby J, et al. Dissolution of ZrO_2, Al_2O_3, MgO and $MgAl_2O_4$ Particles in a B_2O_3 Containing Commercial Fluoride-free Mould Slag ［J］. ISIJ International, 2004, 44 (5): 836-845.

［34］ Monaghan B J, Chen L, Sorbe J. Comparative Study of Oxide Inclusion Dissolution in CaO-SiO_2-Al_2O_3 Slag ［J］. Ironmaking and Steelmaking, 2005, 32 (3): 258-264.

［35］ Choi J Y, Lee H G, Kim J S. Dissolution Rate of Al_2O_3 into Molten CaO-SiO_2-Al_2O_3 Slags ［J］. ISIJ International, 2002, 42 (8): 852-860.

［36］ Cunha Alves P, Cardoso Da Rocha V, Morales Pereira J A, et al. Evaluation of thermodynamic driving force and effective viscosity of secondary steelmaking slags on the dissolution of Al_2O_3-based inclusions from liquid steel ［J］. ISIJ International, 2021, 61 (7): 2092-2099.

［37］ Da Rocha V C, Pereira J A M, Yoshioka A, et al. Effective viscosity of slag and kinetic stirring parameter applied in steel cleanliness during vacuum degassing ［J］. Materials Research, 2017, 20 (6): 1480-1491.

［38］ Park J S, Park J H. Effect of Physicochemical Properties of Slag and Flux on the Removal Rate of Oxide Inclusion from Molten Steel ［J］. Metallurgical and Materials Transactions B: Process Metallurgy and Materials Processing Science, 2016, 47 (6): 3225-3230.

［39］ Ren C, Zhang L, Zhang J, et al. In Situ Observation of the Dissolution of Al_2O_3 Particles in CaO-Al_2O_3-SiO_2 Slags ［J］. Metallurgical and Materials Transactions B, 2021, 52 (5): 3288-3301.

［40］ Ren Y, Zhu P, Ren C, et al. Dissolution of SiO_2 Inclusions in CaO-SiO_2-based Slags In-Situ Observed using High-temperature Confocal Scanning Laser Microscopy ［J］. Metallurgical and Materials Transactions B, 2022, Published online.

［41］ Michelic S, Goriupp J, Feichtinger S, et al. Study on Oxide Inclusion Dissolution in Secondary Steelmaking Slags Using High Temperature Confocal Scanning Laser Microscopy ［J］. Research International, 2016, 87 （1）: 57-67.

［42］ Feichtinger S, Michelic S K, Kang Y B, et al. In Situ Observation of the Dissolution of SiO_2 Particles in CaO-Al_2O_3-SiO_2 Slags and Mathematical Analysis of its Dissolution Pattern ［J］. Journal of the American Ceramic Society, 2014, 97 （1）: 316-325.

［43］ Sharma M, Dogan N. Dissolution Behavior of Aluminum Titanate Inclusions in Steelmaking Slags ［J］. Metallurgical and Materials Transactions B, 2020, 51 （2）: 1-11.

［44］ Ren C, Huang C, Zhang L, et al. In situ observation of the dissolution kinetics of Al_2O_3 particles in CaO-Al_2O_3-SiO_2 slags using laser confocal scanning microscopy ［J］. International Journal of Minerals, Metallurgy and Materials, 2023, 30 （2）: 345-353.

［45］ Miao K, Haas A, Sharma M, et al. In Situ Observation of Calcium Aluminate Inclusions Dissolution into Steelmaking Slag ［J］. Metallurgical and Materials Transactions B, 2018, 49 （4）: 1612-1623.

［46］ Wen X, Zhang L, Ren Y. Effect of CaF_2 Contents in Slag on Inclusion Absorption in the Bearing Steel ［J］. Steel Research International 2022, submitted.

［47］ Duchesne M A, Bronsch A M, Hughes R W, et al. Slag viscosity modeling toolbox ［J］. Fuel, 2013, 114: 38-43.

［48］ Suito H, Inoue R. Thermodynamics on Control of Inclusions Composition in Ultraclean Steels ［J］. ISIJ International, 1996, 36 （5）: 528-536.

［49］ Ma W, Bao Y, Wang M, et al. Influence of Slag Composition on Bearing Steel Cleanliness ［J］. Ironmaking and Steelmaking, 2014, 41 （1）: 26-30.

［50］ Shin J H, Park J H. Effect of CaO/Al_2O_3 ratio of ladle slag on formation behavior of inclusions in mn and v alloyed steel ［J］. ISIJ International, 2018, 58 （1）: 88-97.

［51］ Harada A, Matsui A, Nabeshima S, et al. Effect of slag composition on $MgO \cdot Al_2O_3$ spinel-type inclusions in molten steel ［J］. ISIJ International, 2017, 57 （9）: 1546-1552.

［52］ Nishi T, Shinme K. Formation of spinel inclusions in molten stainless steel under Al deoxidation with slags ［J］. Tetsu-to-Hagane, 1998, 84 （12）: 837-843.

［53］ Okuyama G, Yamaguchi K, Takeuchi S, et al. Effect of slag composition on the kinetics of formation of Al_2O_3-MgO inclusions in aluminum killed ferritic stainless steel ［J］. ISIJ International, 2000, 40 （2）: 121-128.

［54］ Ren Y, Zhang L. Thermodynamic model for prediction of slag-steel-inclusion reactions of 304 stainless steels ［J］. ISIJ International, 2017, 57 （1）: 68-75.

［55］ 张立峰, 王升千, 段佳恒. 轴承钢中非金属夹杂物和元素偏析 ［M］. 北京: 冶金工业出版社, 2017.

［56］ Ren Y, Zhang L, Fang W, et al. Effect of slag composition on inclusions in Si-deoxidized 18Cr-8Ni stainless steels ［J］. Metallurgical and Materials Transactions B, 2016, 47 （2）: 1024-1034.

［57］ Park J S, Park J H. Effect of slag composition on the concentration of Al_2O_3 in the inclusions in Si-Mn-killed steel ［J］. Springer Boston, 2014, 45: 953-960.

［58］ Yan P, Huang S, Van Dyck J, et al. Desulphurisation and inclusion behaviour of stainless steel refining by using CaO-Al_2O_3 based slag at low sulphur levels ［J］. ISIJ International, 2014, 54 （1）: 72-81.

［59］ Beskow K, Tripathi N N, Nzotta M, et al. Impact of slag-refractory lining reactions on the formation of inclusions in steel ［J］. Ironmaking and Steelmaking, 2004, 31 （6）: 514-518.

［60］ Poirier J. A review: Influence of refractories on steel quality ［J］. Metallurgical Research and Technology,

2015, 112 (4).

[61] 林育炼. 洁净钢生产技术的发展与耐火材料的相互关系 [J]. 耐火材料, 2010, 44 (5): 377-382.

[62] 吴永生, 喻承欢, 邱同榜, 等. 低碳耐材在连铸极低碳钢和纯净钢生产中的应用 [J]. 炼钢, 2005, 20 (6): 7-9.

[63] 林育炼. IF 钢生产用耐火材料的技术发展 [J]. 耐火材料, 2011, 45 (2): 130-136.

[64] 何平显, 陈荣荣, 甘菲芳, 等. 几种钢包用含碳耐火材料对 IF 钢增碳的比较 [J]. 耐火材料, 2005, 39 (4): 280-282.

[65] Mukai K, Toguri J M, Stubina N M, et al. Mechanism for the local corrosion of immersion nozzles [J]. ISIJ International, 1989, 29 (6): 469-476.

[66] Yuan Z F, Huang W L, Mukai K. Local corrosion of magnesia-chrome refractories driven by Marangoni convection at the slag-metal interface [J]. Journal of Colloid and Interface Science, 2002, 253 (1): 211-216.

[67] Michael H, Kingery W. Metal-ceramic interactions: III, surface tension and wettability of metal-ceramic systems [J]. Journal of the American Ceramic Society, 1954, 37 (1): 18-23.

[68] Nogi K, Ogino K. Role of interfacial phenomena in deoxidation process of molten iron [J]. Canadian Metallurgical Quarterly, 1982, 22 (1): 19-28.

[69] Ogino K, Nogi K, Yamase O. Effects of selenium and tellurium on the surface tension of molten iron and the wettability of alumina by molten iron [J]. ISIJ International, 1983, 23 (3): 234-239.

[70] Cramb A, Jimbo I. Interfacial considerations in continuous casting [J]. Iron and Steelmaker, 1989, 16 (6): 43-55.

[71] Shinozaki N, Echida N, Mukai K, et al. Wettability of Al_2O_3-MgO, ZrO_2-CaO, Al_2O_3-CaO substrates with molten iron [J]. Tetsu-to-Hagane, 1994, 80 (10): 748-753.

[72] Sharan A, Cramb A. Surface tension and wettability studies of liquid Fe-Ni-O alloys [J]. Metallurgical and Materials Transactions B, 1997, 28 (3): 465-472.

[73] Nogi K. Wetting phenomena in materials processing [J]. Tetsu-to-Hagane, 1998, 84 (1): 1-6.

[74] Mukai K, Li Z, Zeze M. Surface tension and wettability of liquid Fe-16mass% Cr-O alloy with alumina [J]. Materials Transactions, 2002, 43 (7): 1724-1731.

[75] Kapilashrami E, Jakobsson A, Seetharaman S, et al. Studies of the wetting characteristics of liquid iron on dense alumina by the X-ray sessile drop technique [J]. Metallurgical and Materials Transactions B, 2003, 34 (2): 193-199.

[76] Ueda S, Cramb A, Shi H, et al. The contact angle between liquid iron and a single crystal, alumina substrate at 1873K: effects of oxygen and droplet size [J]. Metallurgical and Materials Transactions B, 2003, 34 (5): 503-508.

[77] Shin M, Lee J, Park J H. Wetting Characteristics of Liquid Fe-19% Cr-10% Ni Alloys on Dense Alumina Substrates [J]. ISIJ International, 2008, 48 (12): 1665-1669.

[78] Shibata H, Watanabe Y, Nakajima K, et al. Degree of undercooling and contact angle of pure iron at 1933K on single-crystal Al_2O_3, MgO, and $MgAl_2O_4$ under argon atmosphere with controlled oxygen partial pressure [J]. ISIJ International, 2009, 49 (7): 985-991.

[79] Gao E, Ge Z, Wang W, et al. Undercooling and wettability behavior of interstitial-free steel on TiN, Al_2O_3 and $MgAl_2O_4$ under controlled oxygen partial pressure [J]. Metallurgical and Materials Transactions B, 2016, 48 (2): 1-10.

[80] Yan W, Schmidt A, Dudczig S, et al. Wettability phenomena of molten steel in contact with alumina substrates with alumina and alumina-carbon coatings [J]. Journal of the European Ceramic Society, 2018,

38 (4): 2164-2178.

[81] Lu D, Li H, Ren B. Effect of Si content on impact-abrasive wear resistance of Al_2O_3/steel composites prepared by squeeze casting [J]. Journal of Iron and Steel Research International, 2018, 25 (9): 984-994.

[82] Ogino K, Adachi A, Nogi K. The wettability of solid oxides by liquid iron [J]. Tetsu-to-Hagane, 1973, 59 (9): 1237-1244.

[83] Nakashima K, Takihira K, Miyazaki T, et al. Wettability and interfacial reaction between molten iron and zirconia substrates [J]. Journal of the American Ceramic Society, 1993, 76 (12): 3000-3008.

[84] Heikkinen E, Kokkonen T, Mattila R, et al. Influence of sequential contact with two melts on the wetting angle of the ladle slag and different steel grades on magnesia-carbon refractories [J]. Steel Research International, 2010, 81 (12): 1070-1077.

[85] Turen J, Kosatepe K, Karakas I, et al. Wettability of tundish periclase lining by steel [J]. Refractories and Industrial Ceramics, 2006, 47 (47): 68-73.

[86] Kapilashrami E, Seetharaman S, Lahiri A, et al. Investigation of the reactions between oxygen-containing iron and SiO_2 substrate by X-ray sessile-drop technique [J]. Metallurgical and Materials Transactions B, 2003, 34 (5): 647-652.

[87] Lee J, Morita K. Dynamic interfacial phenomena between gas, liquid iron and solid CaO during desulfurization [J]. ISIJ International, 2004, 44 (2): 235-242.

[88] Yoshikawa T, Motosugi K, Tanaka T, et al. Wetting behaviors of steels containing Al and Al-S on solid CaO [J]. Tetsu-to-Hagane, 2011, 97 (7): 361-368.

[89] Zhang Z T, Matsushita T, Seetharaman S, et al. Investigation of wetting characteristics of liquid iron on dense MgAlON-based ceramics by X-ray sessile drop technique [J]. Metallurgical and Materials Transactions B, 2006, 37 (3): 421-429.

[90] Muhammad I, Khanna R, Koshy P, et al. High-temperature interactions of alumina-aarbon refractories with molten iron [J]. ISIJ International, 2010, 50 (6): 804-812.

[91] Fukami N, Wakamatsu R, Shinozaki N, et al. Wettability between porous $MgAl_2O_4$ substrates and molten iron [J]. Journal of the Japan Institute of Metals, 2009, 50 (11): 2552-2556.

[92] Kaplashrami E, Sahajwalla V, Seetharaman S. Investigation of the wetting characteristics of liquid iron on mullite by sessile drop technique [J]. ISIJ International, 2004, 44 (4): 653-659.

[93] Takiuchi N, Taniguchi T, Shinozaki N, et al. Effect of oxygen on the surface tension of liquid iron and the wettability of alumina by liquid iron [J]. Journal of the Japan Institute of Metals, 1991, 55 (1): 44-49.

[94] Ogino K, Nogi K, Koshida Y. Effect of oxygen on the wettability of solid oxide with molten iron [J]. Tetsu-to-Hagane, 1973, 59 (10): 1380-1387.

[95] Mukai K, Kato T, Sakao H. On the determination of interfacial tension between liquid iron alloy and CaO-Al_2O_3 slag [J]. Tetsu-to-Hagane, 1973, 59 (1): 55-62.

[96] Kasama A, McLean A, Miller W. Temperature dependence of the surface tension of liquid copper [J]. Canadian Metallurgical Quarterly, 1980, 19 (4): 399-401.

[97] Cramb A W, Jimbo I. Interfacial considerations in continuous casting [J]. Iron & Steelmaker, 1989, 16 (6): 43-55.

[98] Jun Z, Mukai K. The surface tension of liquid iron containing nitrogen and oxygen [J]. ISIJ International, 1998, 38 (10): 1039-1044.

[99] Ikemiya N, Umemoto J, Hara S, et al. Surface Tensions and Densities of Molten Al_2O_3, Ti_2O_3, V_2O_5 and Nb_2O_5 [J]. ISIJ International, 1993, 33 (1): 156-165.

[100] Tanaka T. Fundamental physical chemistry of interfacial phenomen-Surface tension [J]. Bulletin of the Iron & Steel Institute of Japan, 2003, 8 (2): 22-27.

[101] Hanao M, Tanaka T, Kawamoto M, et al. Evaluation of surface tension of molten slag in multi-component systems [J]. ISIJ International, 2007, 47 (7): 935-939.

[102] Halden F A, Kingery W D. Surface tension at elevated temperatures. Ⅱ. Effect of C, N, O and S on liquid iron surface tension and interfacial energy with Al_2O_3 [J]. Journal of Physical Chemistry, 2002, 59 (6): 557-559.

[103] Parry G, Ostrovski O. Wetting of solid iron, nickel and platinum by liquid $MnO\text{-}SiO_2$ and $CaO\text{-}Al_2O_3\text{-}SiO_2$ [J]. ISIJ International, 2009, 49 (6): 788-795.

[104] Dumay C, Cramb A W. Density and interfacial tension of liquid Fe-Si alloys [J]. Metallurgical and Materials Transactions B, 1995, 26 (1): 173-176.

[105] Kingery W D, Bowen H K, Uhlmann D R. Introduction to ceramics, 2nd edition [M]. Springer Japan, 1976.

[106] Sveshkov Y V, Kalmykov V A, Borisov V G, et al. Wetting of refractories of the CaO-MgO system by slags [J]. Refractories, 1978, 19 (9/10): 655-659.

[107] V. D. Eisenhüttenleute, Slag atlas, Verlag Stahleisen, 1995.

[108] Ogino K, Hara S. Density, surface tension and electrical conductivity of calcium fluoride based fluxes for electroslag remelting (secondary steelmaking) [J]. Tetsu-to-Hagane, 1977, 63 (13): 2141-2151.

[109] Livey D T, Murray P. Surface Energies of Solid Oxides and Carbides [J]. Journal of the American Ceramic Society, 1956, 39 (11): 363-372.

[110] Gaye H, Lucas L D, Olette M, et al. Metal-slag interfacial properties: Equilibrium values and "dynamic" phenomena [J]. Canadian Metallurgical Quarterly, 2013, 23 (2): 179-191.

[111] Lee W, Zhang S. Melt corrosion of oxide and oxide-carbon refractories [J]. International Materials Reviews, 1999, 44 (3): 77-104.

[112] Seon-Hwa H, Kyuyong L, Chung Y. Reactive wetting phenomena of MgO-C refractories in contact with $CaO\text{-}SiO_2$ slag [J]. Transactions of Nonferrous Metals Society of China, 2012, 22: 870-875.

[113] Wanibe Y, Tsuchida H, Fujisawa T, et al. Fundamental Study on the Infiltration of Slags into Refractories with the Slagging Reaction [J]. Transactions of the Iron and Steel Institute of Japan, 1983, 23 (4): 322-330.

[114] Siebring R, Franken M. Glazing of steel ladle, The 39th International Colloquium on Refractories, (Aachen, Germany), 1996: 32-36.

[115] Raiz S, Mills K, Bain K. Experimental examination of slag/refractory interface [J]. Ironmaking and Steelmaking, 2002, 29 (2): 107-113.

[116] Kang C, Jung K, Lee M, et al. Finite-element coupled analyses of the Reynolds and Hagen Poiseuille equations to calculate pressure and flow of fluid dynamic bearings with a recirculation channel [J]. Tribology International, 2018, 128: 52-64.

[117] Wagner C. The dissolution rate of sodium chloride with diffusion and natural convection as rate-determining factors [J]. Journal of Physical Chemistry, 1949, 53: 1030-1033.

[118] Harada A, Maruoka N, Shibata H, et al. A Kinetic Model to Predict the Compositions of Metal, Slag and Inclusions during Ladle Refining: Part 1. Basic Concept and Application [J]. ISIJ International, 2013, 53 (12): 2110-2117.

[119] Harada A, Maruoka N, Shibata H, et al. A Kinetic Model to Predict the Compositions of Metal, Slag and Inclusions during Ladle Refining: Part 2. Condition to Control the Inclusion Composition [J]. ISIJ

International, 2013, 53 (12): 2118-2125.

[120] Matsushita T, Mukai K. Penetration behavior of molten metal into porous oxides [J]. Tetsu-to-Hagane, 2004, 90 (6): 429-438.

[121] Kaptay G, Matsushita T, Mukai K, et al. On different modifications of the capillary model of penetration of inert liquid metals into porous refractories and their connection to the pore size distribution of the refractories [J]. Metallurgical and Materials Transactions B, 2004, 35 (3): 471-46.

[122] Shen P, Zhang L, Wang Y. Wettability between liquid iron and tundish lining refractory [J]. Metallurgical Research and Technology, 2016, 113 (5): 503.

[123] Harada A, Miyano G, Maruoka N, et al. Dissolution behavior of Mg from MgO into molten steel deoxidized by Al [J]. ISIJ International, 2014, 54 (10): 2230-2238.

[124] Huang F, Zhang L, Zhang Y, et al. Kinetic Modeling for the Dissolution of MgO Lining Refractory in Al-Killed Steels [J]. Metallurgical and Materials Transactions B, 2017, 48 (4): 2195-2206.

[125] Liu C, Gao X, Kim S J, et al. Dissolution behavior of Mg from MgO-C refractory in Al-killed molten steel [J]. ISIJ International, 2018, 58 (3): 488-495.

[126] Liu C, Yagi M, Gao X, et al. Dissolution Behavior of Mg from Magnesia-Chromite Refractory into Al-killed Molten Steel [J]. Metallurgical and Materials Transactions B, 2018, 49 (5): 2298-2307.

4 钢中非金属夹杂物

4.1 钢中非金属夹杂物的分类与检测方法

4.1.1 钢中非金属夹杂物的分类

钢中非金属夹杂物的分类方法有很多种，包括按尺寸分类、按来源分类、按化学成分分类、按变形性能分类等，按不同方法分类的夹杂物种类见表 4-1。图 4-1 是不同钢种钢中典型夹杂物的照片[1-2]。

表 4-1 钢中非金属夹杂物的分类

分类方法	夹杂物种类	特 征
按尺寸分类	亚显微夹杂物	$<1\mu m$，对钢材质量（除硅钢片以外）无害
	显微夹杂物	$1\sim100\mu m$，对高强度钢的疲劳性能和断裂韧性影响极大
	大型夹杂物	$>100\mu m$，对钢的表面和内部质量影响最大
按来源分类	内生夹杂物	在钢液冶炼、脱氧和凝固过程中各种元素由于温度以及化学、物理条件的变化而反应生成的夹杂物，尺寸小，数量多
	外来夹杂物	由于耐火材料、熔渣等在钢液冶炼、运输、浇铸等过程中进入钢液并残留在钢中而形成的夹杂物，尺寸大，数量少，分布不均匀，危害大
按化学成分分类	单相氧化物	Al_2O_3、SiO_2、MnO、FeO 等
	复合氧化物	各类硅酸盐、尖晶石类和各种钙和镁的铝酸盐
	硫化物	FeS、MnS、CaS 等
	氮化物	TiN、NbN、VN、AlN 等
按变形性能分类	塑性夹杂物	在热加工时沿加工方向延伸成条带状，包括 FeS、MnS 及 SiO_2 含量较低（$40\%\sim60\%$）的低熔点硅酸盐夹杂物
	脆性夹杂物	在热加工时不变形，沿加工方向破裂成串，包括 Al_2O_3 和尖晶石型复合氧化物以及各种氮化物等高熔点高硬度夹杂物
	不变形夹杂物	在热加工时保持原来的球点状，如 SiO_2、含 SiO_2 高（$>70\%$）的硅酸盐、钙铝酸盐以及高熔点的硫化物
	半塑性夹杂物	各种复相的铝硅酸盐夹杂物，其基底相铝硅酸盐一般在热加工时具有塑性，但在基底上分布的析出相（如刚玉、尖晶石等）不具有塑性

(a)

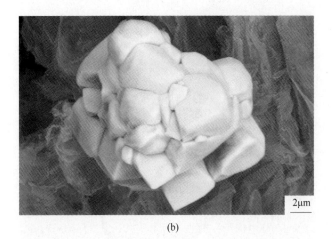

(b)

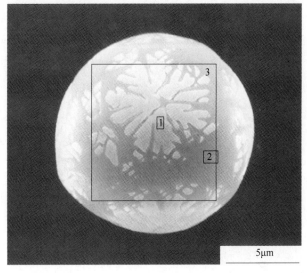

(c)

(d)

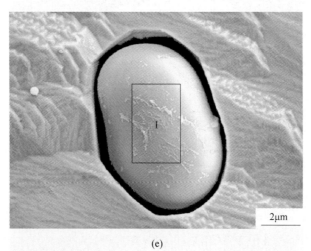

(e)

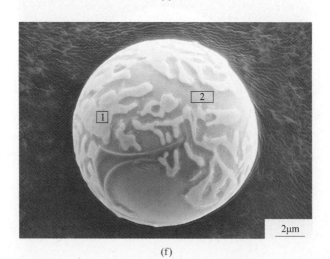

(f)

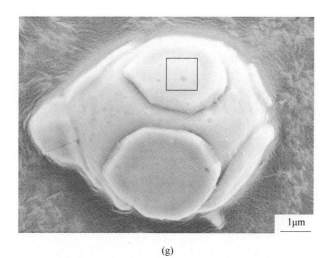

(g)

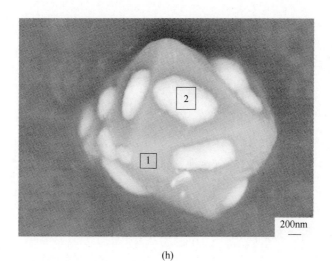

(h)

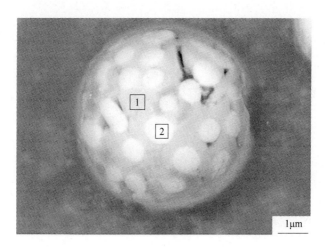

(i)

(j)

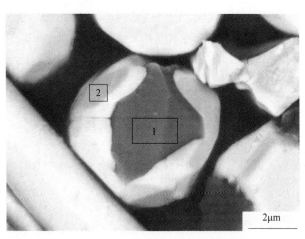

(k)

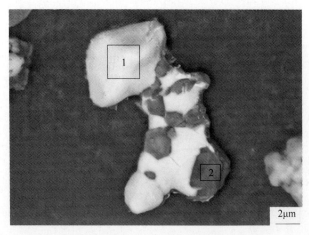

(l)

(m)

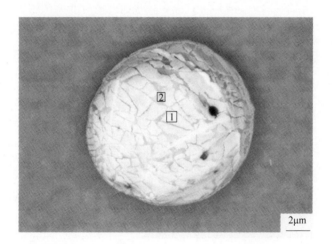

(n)

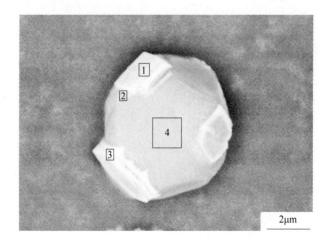

(o)

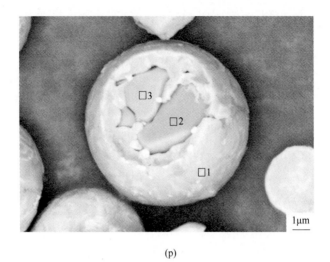

(p)

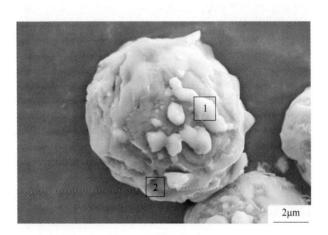

(q)

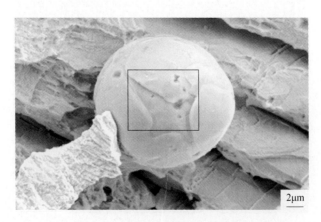

(r)

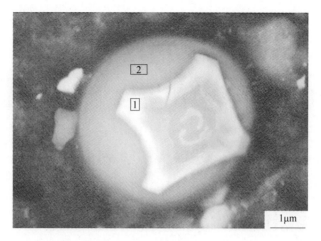

(s)

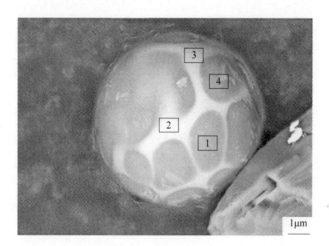

(t)

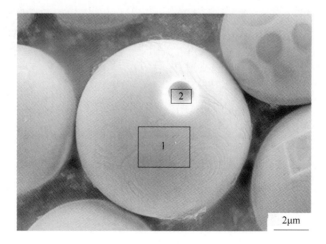

(u)

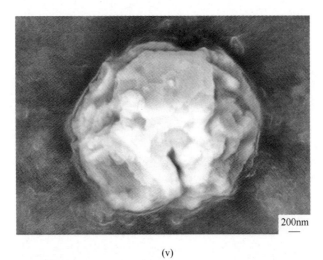

(v)

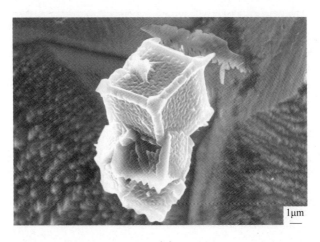

(w)

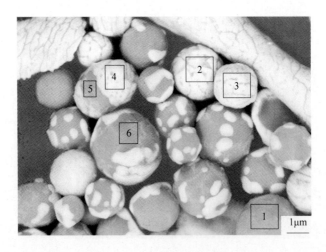

(x)

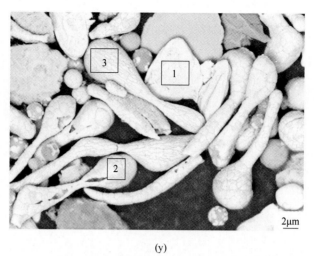

(y)

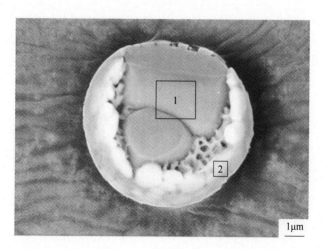

(z)

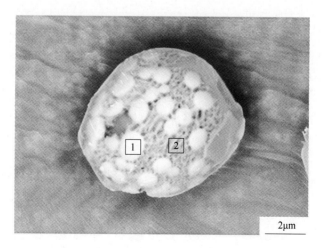

(a1)

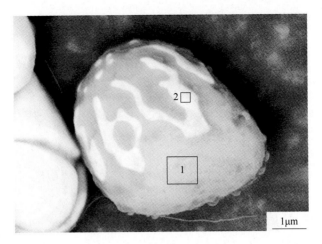

(a2)

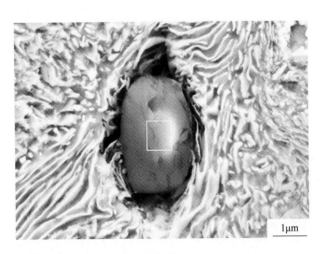

(a3)

(a4)

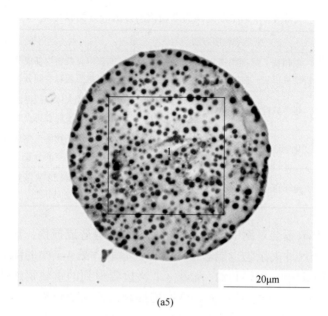

(a5)

图 4-1 不同钢种钢中典型夹杂物的照片[1-2]

（a）Ce 处理 16Mn 管板钢 300t 大钢锭中 300μm 大颗粒 Al-Ce-O 簇状夹杂物；（b）Ce 处理 16Mn 管板钢 300t 大钢锭中 Al-Ce-O 簇状夹杂物；（c）高牌号无取向硅钢中 Al_2O_3-CaO-(MgO) 夹杂物（括号表示含量较少，下同）；（d）高牌号无取向硅钢中 AlN 析出相；（e）低牌号无取向硅钢中 SiO_2 夹杂物；（f）高硫齿轮钢中 MnO-SiO_2-Al_2O_3 夹杂物（表面有 MnS 析出相）；（g）高硫齿轮钢中 MnS-(MnO) 夹杂物；（h）非调质钢中夹杂物（黑色为 Al_2O_3-MgO 夹杂物，白色为 MnS 基析出相）；（i）非调质钢中夹杂物（黑色为 Al_2O_3-CaO-(CaS) 夹杂物，白色为 CaS 基析出相）；（j）非调质钢中 MnS 夹杂物；（k）非调质钢中夹杂物（黑色为 Al_2O_3-MgO 夹杂物，白色为 MnS 基析出相）；（l）轴承钢中夹杂物（黑色为 Al_2O_3，白色为 MnS）；（m）轴承钢中 Al_2O_3-CaO-(MgO-SiO_2) 夹杂物；（n）轴承钢中 Al_2O_3-CaO-CaS-(MgO-SiO_2) 夹杂物；（o）管线钢中夹杂物（黑色为 MgO，白色为 TiN 基析出相）；（p）管线钢中夹杂物（中间块状为 Al_2O_3-MgO，白色外壳为 Al_2O_3-CaO 基夹杂物）；（q）管线钢中夹杂物（球体为 CaO-Al_2O_3-(MgO) 夹杂物，白色点状为 CaS 基析出相）；（r）300 系不锈钢中 CaO-SiO_2-(Al_2O_3-MgO-MnS) 夹杂物；（s）300 系不锈钢中 SiO_2-Al_2O_3-CaO-(MgO) 夹杂物（表面白色为富含 CuS 的析出相）；（t）400 系不锈钢中 SiO_2-MnO-(Al_2O_3) 夹杂物（黑色部位为 SiO_2）；（u）400 系不锈钢中 SiO_2-CaO-Al_2O_3-MgO 夹杂物；（v）400 系不锈钢中 TiO_x-(CaO-Al_2O_3-MgO) 夹杂物；（w）400 系不锈钢中 TiN 夹杂物；（x）弹簧钢中硅酸盐夹杂物（表面白色析出相为 MnS）；（y）弹簧钢中 MnS-CuS 基夹杂物；（z）弹簧钢中夹杂物（黑色为 MgO 夹杂物，白色为 CaS-CaO-SiO_2-Al_2O_3-MgO 夹杂物）；（a1）弹簧钢中夹杂物（白色为 CaS 基析出相，黑色为 MgO-CaO-SiO_2-Al_2O_3 夹杂物）；（a2）帘线钢中 SiO_2-CaO-Al_2O_3-(MgO-MnO) 夹杂物（白色为 MnS 为主的析出相）；（a3）帘线钢中 SiO_2 夹杂物；（a4）钢轨中长条状 MnS 夹杂物；（a5）Q235 钢中 SiO_2-MnO 夹杂物（颜色越黑 SiO_2 含量越高）

4.1.2 钢中非金属夹杂物的检测方法

钢中非金属夹杂物的检测方法可分为基于二维平面分析的评估方法、三维无损检测方法、夹杂物提取方法和夹杂物浓缩法等[3]，各类方法的主要特点总结见表 4-2。

表 4-2　钢中非金属夹杂物检测方法的分类和特点

检测方法分类	夹杂物检测方法	特　点
基于二维平面分析的评估方法	金相法、标准图谱比较法、图像分析仪分析法、扫描电镜法、硫印法	能获得夹杂物内部成分等特征，但不能获得夹杂物三维形貌和空间分布，检测范围有限
三维无损检测方法	超声波检测、显微 CT 法	能获得较大体积范围内的夹杂物三维空间分布和形貌，但不能获得夹杂物成分
夹杂物提取方法	化学溶蚀、电解提取	能获得夹杂物的三维形貌和成分，但不能获得夹杂物的三维空间分布
夹杂物浓缩法	电子束熔炼法、水冷坩埚重熔法	能快速获得较多夹杂物的信息，但不能获得夹杂物的三维空间分布

　　有机溶液电解萃取不会对钢中碱性夹杂物和硫化物等造成损伤，能够很好地保留钢中各类夹杂物形貌，小尺寸夹杂物也能够很好地得到萃取。图 4-1 中的部分夹杂物就是通过有机溶液电解方法从钢中分离得到的。显微 CT 法检测得到的重轨钢连铸坯中的缺陷和夹杂物形貌如图 4-2[4] 所示，随着检测到的球度的提高，缺陷由疏松转变为硫化物、球状的氧化物夹杂。

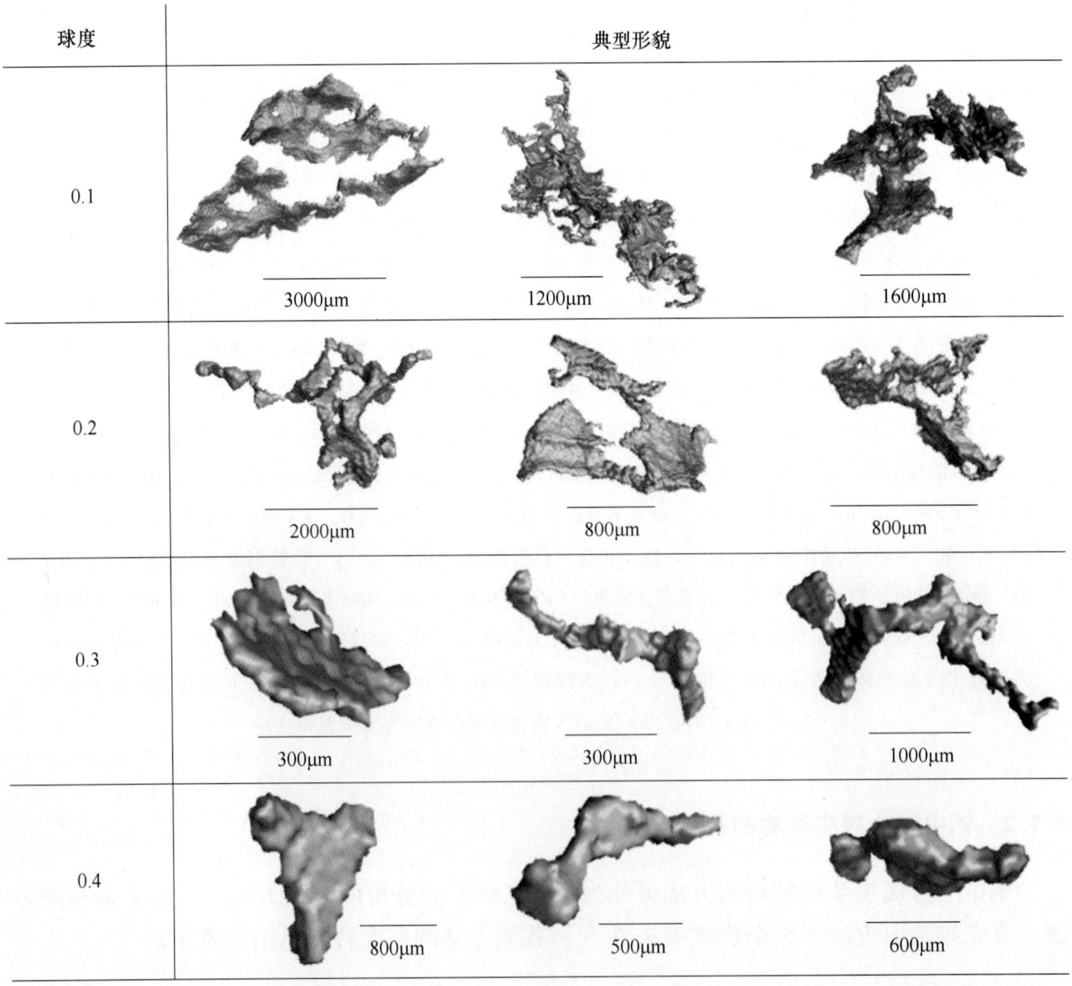

球度	典型形貌		
0.1	3000μm	1200μm	1600μm
0.2	2000μm	800μm	800μm
0.3	300μm	300μm	1000μm
0.4	800μm	500μm	600μm

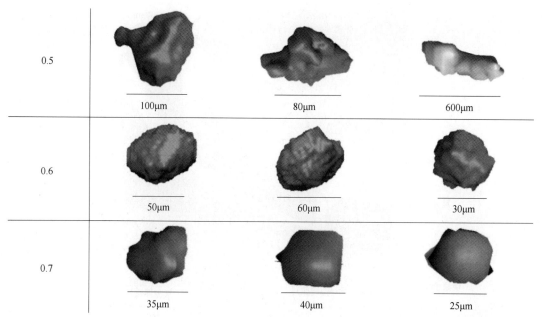

图 4-2　显微 CT 法检测得到的重轨钢连铸坯中的缺陷和夹杂物形貌[4]

扫一扫看彩图

4.2　脱氧过程中非金属夹杂物形核和长大的热力学与动力学

钢液的一次脱氧反应非常迅速，大量微小的氧化物粒子在微秒内就能析出[5]。脱氧过程中夹杂物形核和长大的机制为：脱氧剂的加入和溶解，氧化物粒子的形核、析出以及快速长大。这一阶段主要由脱氧元素和氧元素的扩散控制。Ostwald 熟化作用使得大尺寸的夹杂物继续长大而小尺寸的夹杂物分解而消失。小尺寸夹杂物通过布朗运动的随机碰撞促进夹杂物的长大。在夹杂物粒子长大到足够大之后，湍流碰撞和 Stokes 碰撞将是夹杂物进一步长大的有效途径。上浮、气泡捕获和钢液流动将把大尺寸夹杂物输送到钢液顶部渣相或钢包的耐火材料壁面并从钢液中去除。小尺寸夹杂物将仍然存在于钢液中，并进入到下一个工序。夹杂物的这种演变会受到钢液精炼过程中的吸氧和渣乳化作用的影响。

脱氧过程中夹杂物形核长大的起点是脱氧元素（以 Al 为例）和氧元素（O），以及两者形成的 Al_2O_3 假分子。在形核以前，由元素扩散控制假分子团的形成，一旦假分子团的尺寸大于临界形核尺寸，则形核成 Al_2O_3 夹杂物粒子。夹杂物粒子的长大主要有碰撞聚合和元素扩散两种方式。Al_2O_3 分子的半径约为 0.293nm，最后形成的大颗粒夹杂物尺寸可以达到 300μm，跨了 6 个数量级。夹杂物最后在钢渣界面、气泡表面、凝固前沿被捕捉。这些物理现象是发生在米级别的冶金反应器内，而且伴随着高温钢水的三维流动、传热和凝固。所以，这是发生在跨越 10 个数量级的物理和化学反应现象，如图 4-3 所示。

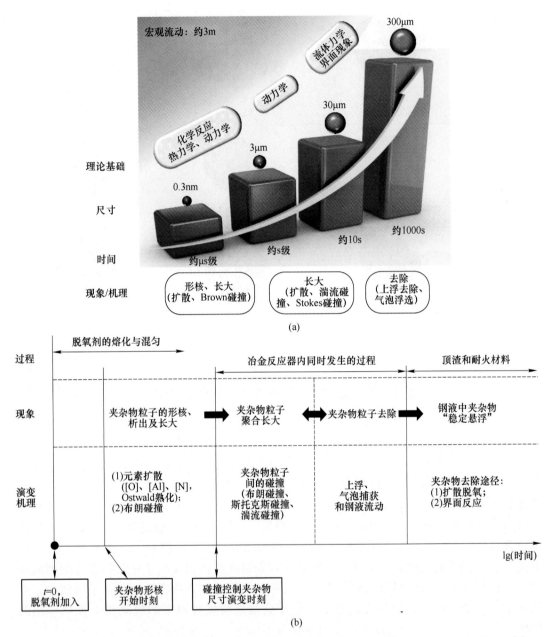

图 4-3   钢液脱氧过程中夹杂物形核、长大和去除的物理现象、时间尺度和大小尺度及控制机理[6]

(a) 图示机理；(b) 文字机理

4.2.1   非金属夹杂物的均质形核

根据经典的均质形核理论，只有当钢液中成分达到氧化物形核所必需的过饱和度时，或者假分子团的尺寸大于临界形核尺寸的条件下，钢液中的氧化物夹杂才能形核。夹杂物粒子若要从钢液中析出，其浓度必须达到过饱和。从过饱和状态析出夹杂物粒子时，体系总的自由能变化（或者所需要做的功）$\Delta G_{\mathrm{nucleation}}$（J）由两部分组成，见式（4-1）：一部分是化学反应所需要付出的自由能变化，这部分是能量的减小项，也是形核的驱动力，这一部分的 ΔG（J/mol）就是本书 2.1 节所讨论的化学反应的吉布斯自由能变化，分母为夹杂物化合物分子的摩尔体积 V_{m}（m³/mol），是指生成一个脱氧产物分子的体积。也就是本书 2.1 节所讨论的化学反应的吉布斯自由能是针对夹杂物化合物生成的化学反应，和夹杂物大小没有关系；但是，在形核过程中，夹杂物粒子形核析出时，不是单个分子，而是很多分子在一起大于临界形核尺寸后才会析出成真的粒子，所以吉布斯自由能的变化前面必须乘以夹杂物形核那一刻的体积 V。另一部分是形成相界面而以界面能的形式储存在体系中能量，是能量的增加项，也是形核的阻力。在过饱和钢液中形核出来的夹杂物体积为 V（m³）、表面积为 S（m²）、界面能（即钢液和夹杂物相的界面张力）为 σ_{ls}（J/m²），那么，钢液中析出一个夹杂物粒子时，体系总的自由能变化 $\Delta G_{\mathrm{nucleation}}$（J）为：

$$\Delta G_{\mathrm{nucleation}} = V\frac{\Delta G}{V_{\mathrm{m}}} + S\sigma_{\mathrm{ls}} \tag{4-1}$$

式中，下标 l 表示钢液，s 表示夹杂物粒子，一般认为析出的夹杂物新相为固体，所以用 solid 的首字母简写，也为了和前文表面张力及界面张力的表达式使用的字母一致。从后文的讨论可知，夹杂物新相的析出不一定是析出固体夹杂物，也会析出液体夹杂物；右端第一项为负值，其绝对值越大，越有利于形核；而第二项为正值，其绝对值越小，越有利于形核。

形核时化学反应的吉布斯自由能变化除以形核粒子的摩尔体积也称为单位体积的自由能变化 ΔG_{V}（J/m³），即

$$\Delta G_{\mathrm{V}} = \frac{\Delta G}{V_{\mathrm{m}}} \tag{4-2}$$

假设钢液中夹杂物粒子为球形，其球半径为 r，则式（4-1）可以改写为

$$\Delta G_{\mathrm{nucleation}} = \frac{4}{3}\pi r^3 \Delta G_{\mathrm{V}} + 4\pi r^2 \sigma_{\mathrm{ls}} \tag{4-3}$$

图 4-4 为一个夹杂物在钢液中均质形核时体系自由能变化的示意图。钢液中生成的夹杂物核心越小，需要的能量也越小。同时 $\Delta G_{\mathrm{nucleation}}$ 随 r 的变化曲线有一最高值，表明生成的夹杂物核心只有达到一定的尺寸后，才能在钢液中稳定存在并继续长大。对应于最高值的 r 称为临界形核半径 r_{C}，其物理意义为夹杂物在钢液中能够稳定存在的最小半径，可通过式（4-3）求导后等于零而得到。

$$r_{\mathrm{C}} = -\frac{2\sigma_{\mathrm{ls}}}{\Delta G_{\mathrm{V}}} \tag{4-4}$$

将式（4-4）代入式（4-3），可以求出与 r_{C} 相对应的 ΔG，用 ΔG_{C} 表示，称为钢液中夹杂物形核析出的临界形核功，即钢液中出现第一个夹杂物的最小形核功。

$$\Delta G_{\mathrm{nucleation, C}} = \frac{16}{3} \times \frac{\pi \sigma_{\mathrm{ls}}^3}{\Delta G_{\mathrm{V}}^2} \tag{4-5}$$

将式（4-2）代入式（4-5）得到

$$\Delta G_{\mathrm{nucleation, C}} = \frac{16\pi}{3} \times \frac{V_{\mathrm{m}}^2 \sigma_{\mathrm{ls}}^3}{\Delta G^2} \tag{4-6}$$

根据式（4-6），如果临界形核功可以计算出来，则可以通过夹杂物新相析出化学反应

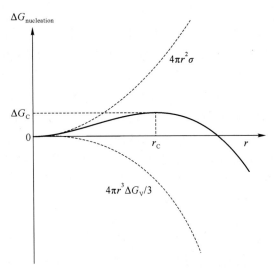

图 4-4　钢液中一个夹杂物均质形核时体系自由能变化示意图

的吉布斯自由能变化 ΔG 来计算钢中溶解的脱氧元素和溶解氧的关系。

对于钢液中脱氧剂金属元素 M 的脱氧反应

$$(MO_x) \rightleftharpoons [M]+x[O] \tag{4-7}$$

$$\Delta G = \Delta G^{\ominus} + RT\ln Q \tag{4-8}$$

式中，ΔG 为脱氧反应化学反应的自由能变化，J/mol；T 为开尔文温度，K；R 为气体常数，8.314J/(mol·K)；Q 为生成物和反应物的活度商；$\Delta G^{\ominus}$ 为化学反应的标准自由能变化，当式 (4-8) 为零时，可以计算出

$$\Delta G^{\ominus} = -RT\ln K \tag{4-9}$$

式中，K 为反应平衡时生成物和反应物的活度商，即平衡常数。

$$\Delta G = RT\ln\left(\frac{Q}{K}\right) \tag{4-10}$$

$$\frac{Q}{K} = \frac{\left(\dfrac{a_M a_O^x}{a_{MO_x}}\right)}{\left(\dfrac{a_M a_O^x}{a_{MO_x}}\right)_{eq}} = \frac{(a_M a_O^x)}{(a_M a_O^x)_{eq}} \times \frac{(a_{MO_x})_{eq}}{(a_{MO_x})}$$

$$= \frac{f_M w[M] \cdot (f_O w[O])^x}{(f_M w[M])_{eq} \cdot [(f_O w[O])^x]_{eq}} \times \frac{(a_{MO_x})_{eq}}{(a_{MO_x})} \tag{4-11}$$

如果氧化物的活度为 1，则有

$$\frac{Q}{K} = \frac{f_M w[M] \cdot f_O^x w[O]^x}{(f_M w[M])_{eq} \cdot (f_O^x w[O]^x)_{eq}} \tag{4-12}$$

过饱和度的定义为

$$\Pi = \frac{Q}{K} = \frac{f_M w[M] \cdot f_O^x w[O]^x}{(f_M w[M])_{eq} \cdot (f_O^x w[O]^x)_{eq}} \tag{4-13}$$

代入式 (4-10) 得到

$$\Delta G = RT\ln\left(\frac{Q}{K}\right) = RT\ln\Pi \tag{4-14}$$

将式 (4-14) 代入式 (4-2) 得到

$$\Delta G_V = \frac{RT}{V_m}\ln\Pi \tag{4-15}$$

代入式 (4-4) 得到

$$r_C = \frac{2\sigma_{ls}}{\Delta G_V} = \frac{2\sigma_{ls} V_m}{RT\ln\Pi} \tag{4-16}$$

可以看出，夹杂物在钢液中均质形核时，影响临界形核半径 r_C 的主要因素有钢液与夹杂物间的界面张力 σ_{ls}、夹杂物分子的摩尔体积 V_m 和反应物的过饱和度 Π。若要促进夹杂物在钢液中的均质形核，需要减小钢液与夹杂物间的界面张力、降低钢液的温度和提高反应物的过饱和度。

脱氧产物氧化物夹杂的摩尔体积计算公式为

$$V_m = \frac{M_{MO_x}}{1000\rho_{MO_x}} \tag{4-17}$$

式中，V_m 为氧化物夹杂 MO_x 摩尔体积，m^3/mol；M_{MO_x} 为氧化物夹杂 MO_x 的摩尔质量，g/mol；ρ_{MO_x} 为氧化物夹杂 MO_x 的密度，kg/m^3。

表4-3 给出了一些学者得到的不同脱氧产物与纯铁液、钢液和其他熔体的界面张力、临界形核半径、临界形核过饱和度和临界均质形核自由能的值。

表 4-3 计算得到的纯铁液中氧化物均质形核所需要的过饱和度和形核半径的关系

项　目		$T/℃$	$\sigma_{ls}/N \cdot m^{-1}$	r_C/m	$\Pi_C =$ $(Q/K)_C$	ΔG_{hom}^c $/J \cdot mol^{-1}$	参考文献
FeO (1)	纯铁	1536	0.25	12.8×10^{-10}	1.5		[7]
	纯铁			12.8×10^{-10}		-6276	[8]
	纯铁	1536	0.5	12.8×10^{-10}	3.2		[7]
	纯铁			12.8×10^{-10}		-17572	[8]
	纯铁		0.25				[9]
	纯铁		0.25~0.5				[8]
FeS	纯铁		0.5				[8]
FeO · SiO$_2$	纯铁		0.25				[9]
FeO · Al$_2$O$_3$ (s) Hercynite	纯铁	1536	1.0	5.9×10^{-10}	1×10^4		[7]
	纯铁	1536	1.5	4.9×10^{-10}	4×10^7		[7]
	纯铁	1536	2.0	4.2×10^{-10}	5×10^{11}		[7]
	纯铁		1.0~1.5				[8]

续表 4-3

项　目		$T/℃$	$\sigma_{ls}/N \cdot m^{-1}$	r_C/m	$\Pi_C = (Q/K)_C$	$\Delta G_{hom}^c /J \cdot mol^{-1}$	参考文献
Al_2O_3（s）	纯铁	1600	0.5	$8.4×10^{-10}$		-29600	［8］
	纯铁	1600	1.0	$6.0×10^{-10}$		-83800	［8］
	纯铁	1600	1.5	$4.9×10^{-10}$		-153900	［8］
	纯铁	1536	1.5	$4.8×10^{-10}$	$3×10^4$		［7］
	纯铁	1600	2.0	$4.2×10^{-10}$		-236900	［8］
	纯铁	1536	2.0	$4.2×10^{-10}$	$8×10^6$		［7］
	纯铁		2.3				［8］
	3%C-Fe		1.4				［8］
	纯铁	1536	2.5	$3.7×10^{-10}$	$5×10^9$		［7］
	纯铁	1600	1.481				［10］
	纯铁		1.0~2.0		$10^6~10^{10}$		［11］
	0.02%C-40ppmO-50ppmS	1570	2.178				［12］
55%CaO-45% Al_2O_3（l）	纯铁		1.137				［12］
Al_2O_3（s）	55%CaO-45% Al_2O_3（l）		0.26				［12］
ZrO_2（s）	纯铁		1.0~2.0		$10^6~10^{10}$		
SiO_2（s）	纯铁	1600	0.26				［10］
	纯铁	1536	1.0	$6.2×10^{-10}$	$2×10^2$		［7，13］
	纯铁	1536	1.3	$5.9×10^{-10}$	$2×10^3$		［7，13］
	纯铁		1.3				［9］
	纯铁	1536	1.5	$5.1×10^{-10}$	$2×10^4$		［7，13］
	纯铁		0.8~1.0				［11］
	纯铁		1.0	$6.2×10^{-10}$		-80256	［8］
			1.3	$5.6×10^{-10}$		-115786	［8］
			1.5	$5.1×10^{-10}$		-174136	［8］
50%MnO-50%SiO$_2$	纯铁	1600	1.05				［10］
20%MnO-40%SiO$_2$-40%Al$_2$O$_3$	纯铁	1600	1.295				［10］

项　目	$T/℃$	$\sigma_{ls}/N \cdot m^{-1}$	r_C/m	$\Pi_C = (Q/K)_C$	$\Delta G_{hom}^c /J \cdot mol^{-1}$	参考文献
其他数据	$\sigma_{Fe} = 0.8 \sim 1.8N/m$ $\sigma_{SiO_2} = 0.3N/m$					[8]
	$\sigma_{Fe} = 1.67N/m$, 1570℃					[12]
	$\sigma_{Al_2O_3} = 0.905N/m$, 1600℃					[12]
	$\sigma_{CaO \cdot Al_2O_3(1)55\% \sim 45\%} = 0.68N/m$					[12]
	0.02%C-0.004%O-0.005%S 的钢液和 Al_2O_3 的接触角为 140°，1570℃纯铁和 $CaO \cdot Al_2O_3$ (1) 55%~45%的接触角为 20°，1570℃					[12]

在夹杂物与钢液的界面张力已知的情况下，可以根据式（4-16）得到临界形核半径和过饱和度的关系图，图 4-5 显示了纯铁液中 Al_2O_3 夹杂物、MnO-SiO$_2$ 夹杂物-Al_2O_3 夹杂物、MnO-SiO$_2$ 夹杂物、SiO$_2$ 夹杂物的临界形核半径和过饱和度的关系曲线。

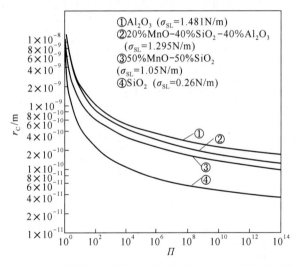

图 4-5　纯铁液中氧化物均质形核所需要的过饱和度和形核半径的关系[10]

此外，由式（4-6）得到脱氧化学反应自由能变化 ΔG 可以表达为

$$\Delta G = -\left(\frac{16\pi}{3} \times \frac{V_m^2 \sigma_{ls}^3}{\Delta G_{nucleation, C}} \right)^{1/2} \tag{4-18}$$

钢液中夹杂物的均质形核速率为[8]

$$I = A\exp\left(-\frac{\Delta G_{nucleation}}{kT} \right) \tag{4-19}$$

式中，I 为形核速率，单位是每立方米钢液每秒的形核核心数量，个/($m^3 \cdot s$)；A 为频率因子，个/($m^3 \cdot s$)，对于 Al_2O_3，$A = 10^{32}$ 个/($m^3 \cdot s$)，对于 $FeO \cdot Al_2O_3$，$A = 10^{31}$ 个/($m^3 \cdot s$)，对于 SiO_2，$A = 10^{34}$ 个/($m^3 \cdot s$)，对于 FeO，$A = 10^{36}$ 个/($m^3 \cdot s$)[8]；k 为玻耳兹曼常数，$1.38×10^{-23}$J/K；T 为温度，K。

从式 (4-19) 的角度分析, 当单位时间、单位体积钢液内有 I 个夹杂物形核析出时所需要的能量变化即为钢液中夹杂物形核析出的临界形核功, 即钢液中开始出现夹杂物的最小形核功, 即式 (4-5)。依据式 (4-19), 定义 $I=1$ 个/($\mathrm{m}^3 \cdot \mathrm{s}$), 则有

$$I = A\exp\left(-\frac{\Delta G_{\text{nucleation, C}}}{kT}\right) \tag{4-20}$$

$$\Delta G_{\text{nucleation, C}} = kT\ln\left(\frac{A}{I}\right) \tag{4-21}$$

代入式 (4-18), 脱氧化学反应自由能变化 ΔG (J/mol) 可以表达为

$$\Delta G = -\left[\frac{16\pi}{3} \times \frac{V_{\mathrm{m}}^2 \sigma_{\mathrm{ls}}^3}{kT\ln\left(\dfrac{A}{I}\right)}\right]^{1/2} \tag{4-22}$$

式 (4-22) 可以改写为

$$\Delta G = -\left(\frac{16\pi}{3} \times \lg e\right)^{1/2} \times V_{\mathrm{m}}\left[\frac{\sigma_{\mathrm{ls}}^3}{kT\lg\left(\dfrac{A}{I}\right)}\right]^{1/2}$$

$$= -2.7 V_{\mathrm{m}}\left[\frac{\sigma_{\mathrm{ls}}^3}{kT\lg\left(\dfrac{A}{I}\right)}\right]^{1/2} \tag{4-23}$$

由式 (4-8)、式 (4-23) 得

$$\Delta G = \Delta G^{\ominus} + RT\ln Q = -2.7 V_{\mathrm{m}}\left[\frac{\sigma_{\mathrm{ls}}^3}{kT\lg\left(\dfrac{A}{I}\right)}\right]^{1/2}$$

$$= -RT\ln\left[\frac{f_{\mathrm{M}}w[\mathrm{M}] \cdot f_{\mathrm{O}}^x w[\mathrm{O}]^x}{(f_{\mathrm{M}}w[\mathrm{M}])_{\text{eq}} \cdot (f_{\mathrm{O}}^x w[\mathrm{O}]^x)_{\text{eq}}} \times \frac{(a_{\mathrm{MO}_x})_{\text{eq}}}{(a_{\mathrm{MO}_x})}\right] \tag{4-24}$$

如果氧化物的活度为 1, 则

$$2.7 V_{\mathrm{m}}\left[\frac{\sigma_{\mathrm{ls}}^3}{kT\lg\left(\dfrac{A}{I}\right)}\right]^{1/2} = RT\ln\left[\frac{f_{\mathrm{M}}w[\mathrm{M}] \cdot f_{\mathrm{O}}^x w[\mathrm{O}]^x}{(f_{\mathrm{M}}w[\mathrm{M}])_{\text{eq}} \cdot (f_{\mathrm{O}}^x w[\mathrm{O}]^x)_{\text{eq}}}\right] \tag{4-25}$$

式 (4-25) 中平衡条件下的溶解金属元素和溶解氧的值需要由式 (4-9) 计算, 得到式 (4-26)。

$$\Delta G^{\ominus} = f(T) = -RT\ln K = -RT\ln\frac{(a_{\mathrm{MO}_x})_{\text{eq}}}{(f_{\mathrm{M}}w[\mathrm{M}])_{\text{eq}} \cdot (f_{\mathrm{O}}^x w[\mathrm{O}]^x)_{\text{eq}}}$$

$$\xrightarrow{(a_{\mathrm{MO}_x})_{\text{eq}}=1} RT\ln\left[(f_{\mathrm{M}}w[\mathrm{M}])_{\text{eq}} \cdot (f_{\mathrm{O}}^x w[\mathrm{O}]^x)_{\text{eq}}\right] \tag{4-26}$$

在使用金属元素脱氧的条件下, 可以假设

$$w[\mathrm{M}] = w[\mathrm{M}]_{\text{eq}} \tag{4-27}$$

在给定温度下, 给定一个金属含量, 则由式 (4-26) 求得一个平衡的溶解氧含量值,

再把金属含量和溶解氧含量代入式（4-25）得到对应的实际的溶解氧含量值，在一定金属含量范围内迭代，则可以得到 $w[\mathrm{M}]$ 和 $w[\mathrm{O}]$ 的关系图。

【例题 4-1】

纯铁液及凝固冷却过程的硅脱氧过程中各个相关化学反应的标准吉布斯自由能变化、活度相互作用系数及其他相关参数见表 4-4。

表 4-4　各相关化学反应的标准吉布斯自由能变化、活度相互作用系数及其他相关参数

	化学反应		标准吉布斯自由能变化		参考文献
化学反应标准吉布斯自由能	$[\mathrm{Si}]+2[\mathrm{O}]=\!=\!\mathrm{SiO}_{2(\mathrm{s})}$		$\Delta G^{\ominus}=-593560+229.9T$		[8]
			$\Delta G^{\ominus}=-582000+222T$		[14]
			$\Delta G^{\ominus}=-581020+221.54T$		[13]
	$[\mathrm{Si}]+2(\mathrm{FeO})_{(1)}=\!=\!2[\mathrm{Fe}]+(\mathrm{SiO}_2)_{\mathrm{sat}}$		$\Delta G^{\ominus}=-340000+118.4T$, FeO-SiO$_2$ 饱和的 SiO$_2$ 相		[14]
			$\Delta G^{\ominus}=-339416+118.294T$, FeO-SiO$_2$ 饱和的 SiO$_2$ 相（Silica saturation of iron silicate slags）		[13]
	$[\mathrm{Fe}]+[\mathrm{O}]=\!=\!(\mathrm{FeO})_{(1)}$		$\Delta G^{\ominus}=-117000+51.6T$		[14]
			$\Delta G^{\ominus}=-120802+51.623T$		[13]
	$\dfrac{1}{2}\mathrm{O}_2=\!=\![\mathrm{O}]$		$\Delta G^{\ominus}=-117000-2.9T$		[14]
活度相互作用系数	$e_{\mathrm{Si}}^{\mathrm{Si}}$	$e_{\mathrm{Si}}^{\mathrm{O}}$	$e_{\mathrm{O}}^{\mathrm{O}}$	$e_{\mathrm{O}}^{\mathrm{Si}}$	
	0.32	−0.25	−0.20	−0.14	[8]
	0.11	−0.25	0.20	−0.14	[14]
	0.11	−0.25	−0.20	−0.14	[13]
其他参数	凝固过程中其他参数：偏析系数，$k_{\mathrm{O}}=0.059$，$k_{\mathrm{Si}}=0.67$；凝固点降低和钢中氧和硅的关系：$\delta_{\mathrm{O}}=65°/1\ \mathrm{pct}\ [\mathrm{O}]$；$\delta_{\mathrm{Si}}=13°/1\ \mathrm{pct}\ [\mathrm{Si}]$				[14]

计算 1873K 条件下，硅脱氧过程中，化学平衡条件下 $w[\mathrm{Si}]$ 和 $w[\mathrm{O}]$ 的平衡关系图和 SiO$_2$ 形核条件下 $w[\mathrm{Si}]$ 和 $w[\mathrm{O}]$ 的关系图；FeO 形核条件下 $w[\mathrm{Si}]$ 和 $w[\mathrm{O}]$ 的关系图。

求解 1：硅脱氧生成 SiO$_2$ 平衡条件下 $w[\mathrm{Si}]$ 和 $w[\mathrm{O}]$ 曲线

1873K 温度时，硅脱氧反应式及标准吉布斯自由能变化为

$$[\mathrm{Si}]+2[\mathrm{O}]=\!=\!=\mathrm{SiO}_{2(\mathrm{s})}$$

$$\Delta G^{\ominus}=-593560+229.9T=-RT\ln K=-2.303RT\lg K$$

$$\lg K=\frac{-593560+229.9T}{-RT\times 2.303}=\frac{31000.0}{T}-12.0 \tag{4-28}$$

平衡常数和活度、活度相互作用系数和溶解硅及溶解氧的关系式为

$$\lg K=\lg\frac{a_{\mathrm{SiO}_2}}{a_{\mathrm{Si}}\cdot a_{\mathrm{O}}^2}=\lg\frac{a_{\mathrm{SiO}_2}}{(f_{\mathrm{Si}}w[\mathrm{Si}])_{\mathrm{eq}}\cdot(f_{\mathrm{O}}w[\mathrm{O}])_{\mathrm{eq}}^2}=\lg\frac{1}{(f_{\mathrm{Si}}w[\mathrm{Si}])_{\mathrm{eq}}\cdot(f_{\mathrm{O}}w[\mathrm{O}])_{\mathrm{eq}}^2}$$

活度相互作用系数的表达式为

$$lg f_{Si} = e_{Si}^{Si} w[Si] + e_{Si}^{O} w[O]$$

$$lg f_{O} = e_{O}^{O} w[O] + e_{O}^{Si} w[Si]$$

则平衡常数可以表达为

$$
\begin{aligned}
-lgK &= lg f_{Si,\,eq} + lg w[Si]_{eq} + 2(lg f_{O,\,eq} + lg w[O]_{eq}) \\
&= e_{Si}^{Si} w[Si]_{eq} + e_{Si}^{O} w[O]_{eq} + lg w[Si]_{eq} + \\
&\quad 2(e_{O}^{O} w[O]_{eq} + e_{O}^{Si} w[Si]_{eq} + lg w[O]_{eq}) \\
&= 2lg w[O]_{eq} + (e_{Si}^{O} + 2e_{O}^{O}) w[O]_{eq} + lg w[Si]_{eq} + (e_{Si}^{Si} + 2e_{O}^{Si}) w[Si]_{eq}
\end{aligned}
\tag{4-29}
$$

活度相互作用系数为

$$e_{Si}^{Si} = 0.32, \quad e_{Si}^{O} = -0.25, \quad e_{O}^{O} = -0.20, \quad e_{O}^{Si} = -0.14 \tag{4-30}$$

联立式（4-28）~式（4-30），使用温度 1873K，则非线性方程中仅有未知量 $w[Si]_{eq}$ 和 $w[O]_{eq}$，设计 Matlab 程序可以求出两者的关系曲线，如图4-6所示。

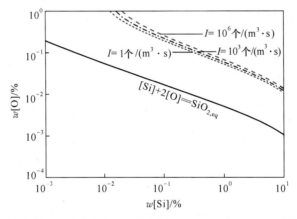

图4-6　平衡条件和形核条件下硅脱氧生成 SiO_2 $w[Si]$ 和 $w[O]$ 的关系曲线

求解2：硅脱氧过程 SiO_2 夹杂物形核条件下 $w[Si]$ 和 $w[O]$ 曲线

使用下述数据：SiO_2 的摩尔体积为 $2.5 \times 10^{-5} m^3/mol$，界面能为 $1.0 J/m^2$，形核速率的频率因子为 $A = 1 \times 10^{34}$ 个$/(m^3 \cdot s)$。

由式（4-23）可知，硅脱氧 SiO_2 夹杂物形核条件下化学反应的自由能变化为：

$$\Delta G = -2.7 V_m \left[\frac{\sigma_{ls}^3}{kT lg\left(\dfrac{A}{I}\right)} \right]^{1/2}$$

根据该式可以得到 1873K 条件下，不同临界形核速率所对应的临界形核自由能的值，见表4-5。

表4-5　1873K 时不同临界形核速率所对应的临界形核自由能的值

I/个 $\cdot$ $(m^3 \cdot s)^{-1}$	1	10^3	10^6
ΔG/J $\cdot$ mol^{-1}	−72000	−75400	−79300

1873K 温度时，SiO_2 形核条件下的 $w[Si]$ 和 $w[O]$ 关系由式（4-24）求解。对于硅

脱氧的情况下，式（4-24）可以改写为

$$\Delta G = -2.303RT\lg\left[\frac{f_{Si}w[Si] \cdot f_O^2 w[O]^2}{(f_{Si}w[Si])_{eq} \cdot (f_O^2 w[O]^2)_{eq}}\right] \tag{4-31}$$

式中右侧对数函数可以改写为

$$\lg\left[\frac{f_{Si}w[Si] \cdot f_O^2 w[O]^2}{(f_{Si}w[Si])_{eq} \cdot (f_O^2 w[O]^2)_{eq}}\right]$$

$$= \lg f_{Si} + \lg w[Si] + 2\lg f_O + 2\lg w[O] -$$

$$\lg f_{Si,eq} - \lg w[Si]_{eq} - 2\lg f_{O,eq} - 2\lg w[O]_{eq}$$

$$= (e_{Si}^{Si}w[Si] + e_{Si}^O w[O]) + \lg w[Si] + 2(e_O^O w[O] + e_O^{Si}w[Si]) + 2\lg w[O] -$$

$$(e_{Si}^{Si}w[Si]_{eq} + e_{Si}^O w[O]_{eq}) - \lg w[Si]_{eq} - 2(e_O^O w[O]_{eq} + e_O^{Si}w[Si]_{eq}) - 2\lg w[O]_{eq} \tag{4-32}$$

$$= e_{Si}^{Si}(w[Si] - w[Si]_{eq}) + 2e_O^{Si}(w[Si] - w[Si]_{eq}) +$$

$$e_{Si}^O(w[O] - w[O]_{eq}) + e_O^O(w[O] - w[O]_{eq}) +$$

$$(\lg w[Si] - \lg w[Si]_{eq}) + 2(\lg w[O] - \lg w[O]_{eq})$$

$$= e_{Si}^{Si}(w[Si] - w[Si]_{eq}) + 2e_O^{Si}(w[Si] - w[Si]_{eq}) + (\lg w[Si] - \lg w[Si]_{eq}) +$$

$$(e_{Si}^O + e_O^O)(w[O] - w[O]_{eq}) + 2(\lg w[O] - \lg w[O]_{eq})$$

由式（4-27）可得

$$w[Si] = w[Si]_{eq} \tag{4-33}$$

式（4-33）代入式（4-22）得到

$$\lg\left[\frac{f_{Si}w[Si] \cdot f_O^2 w[O]^2}{(f_{Si}w[Si])_{eq} \cdot (f_O^2 w[O]^2)_{eq}}\right] \tag{4-34}$$

$$= 2(\lg w[O] - \lg w[O]_{eq}) + (e_{Si}^O + 2e_O^O)(w[O] - w[O]_{eq})$$

式（4-34）代入式（4-31）得到

$$\Delta G = -2.303RT[2(\lg w[O] - \lg w[O]_{eq}) + (e_{Si}^O + 2e_O^O)(w[O] - w[O]_{eq})] \tag{4-35}$$

形核过程的吉布斯自由能变化和临界形核速率的关系可以由表 4-5 得到。给定一个 $w[Si]$ 的值，则对应一个相等的 $w[Si]_{eq}$ 值，根据此 $w[Si]_{eq}$ 的值由"求解 1"得到平衡时 $w[O]_{eq}$ 的值。然后，在给定的临界形核速率和给定的 $w[Si]$ 值的条件下，式（4-35）仅有一个未知数 $w[O]$，可以设计程序求得。反复给定新的 $w[Si]$ 值，可以计算得到所对应的 $w[O]$ 值，则可以得到形核条件下 $w[Si]$ 和 $w[O]$ 的关系曲线，如图 4-6 所示。

求解 3：硅脱氧过程 FeO 夹杂物形核条件下 $w[Si]$ 和 $w[O]$ 曲线

步骤 1：计算 FeO 平衡条件下的 $w[Si]$ 和 $w[O]$ 曲线

1873K 温度时，FeO 生成反应式及标准吉布斯自由能变化为

$$Fe + [O] \Longrightarrow FeO_{(l)}$$

$$\Delta G^{\ominus} = -117000 + 51.6T = -RT\ln K = -2.303RT\lg K$$

$$\lg K = \frac{-117000 + 51.6T}{-2.303RT} = \frac{6110.6}{T} - 2.69 \tag{4-36}$$

平衡常数和活度、活度相互作用系数和溶解硅及溶解氧的关系式为

$$\lg K = \lg \frac{a_{\text{FeO}}}{a_{\text{Fe}} \cdot a_{\text{O}}} = \lg \frac{a_{\text{FeO}}}{a_{\text{Fe}} \cdot (f_{\text{O}} w[\text{O}])_{\text{eq}}} = \lg \frac{1}{1 \times (f_{\text{O}} w[\text{O}])_{\text{eq}}}$$

活度相互作用系数的表达式为

$$\lg f_{\text{O}} = e_{\text{O}}^{\text{O}} w[\text{O}] + e_{\text{O}}^{\text{Si}} w[\text{Si}]$$

则平衡常数可以表达为

$$
\begin{aligned}
- \lg K &= \lg f_{\text{O, eq}} + \lg w[\text{O}]_{\text{eq}} \\
&= (e_{\text{O}}^{\text{O}} w[\text{O}]_{\text{eq}} + e_{\text{O}}^{\text{Si}} w[\text{Si}]_{\text{eq}}) + \lg w[\text{O}]_{\text{eq}}
\end{aligned}
\tag{4-37}
$$

活度相互作用系数为

$$e_{\text{O}}^{\text{O}} = -0.20, \quad e_{\text{O}}^{\text{Si}} = -0.14 \tag{4-38}$$

联立式（4-36）~式（4-38），使用温度 1873K，则非线性方程中仅有未知量 $w[\text{Si}]_{\text{eq}}$ 和 $w[\text{O}]_{\text{eq}}$，设计 Matlab 程序可以求出两者的关系曲线，如图 4-7 所示。

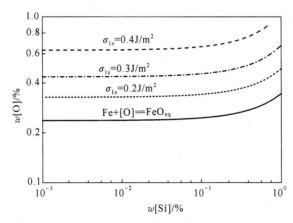

图 4-7　平衡条件和形核条件下硅脱氧生成 FeO 的 $w[\text{Si}]$ 和 $w[\text{O}]$ 关系曲线

步骤 2：计算 FeO 形核条件下的 $w[\text{Si}]$ 和 $w[\text{O}]$ 曲线

使用下述数据：FeO 的摩尔体积为 $1.6 \times 10^{-5} \text{m}^3/\text{mol}$，FeO 的形核速率为 $I = 10^6$ 个/$(\text{m}^3 \cdot \text{s})$，频率因子为 $A = 10^{36}$ 个/$(\text{m}^3 \cdot \text{s})$。

由式（4-23）可知，FeO 夹杂物形核条件下化学反应的自由能变化为：

$$\Delta G = -2.7 V_{\text{m}} \left[\frac{\sigma_{\text{ls}}^3}{kT \lg\left(\dfrac{A}{I}\right)} \right]^{1/2}$$

根据该式可以得到 1873K 条件下，不同界面张力所对应的临界形核自由能的值，见表 4-6。

表 4-6　1873K 时不同界面张力所对应的临界形核自由能的值

$\sigma_{\text{ls}}/\text{J} \cdot \text{m}^{-2}$	0.2	0.3	0.4
$\Delta G/\text{J} \cdot \text{mol}^{-1}$	−4400	−8100	−12400

1873K 温度时，FeO 形核条件下的 $w[\text{Si}]$ 和 $w[\text{O}]$ 关系由式（4-24）求解。对于硅脱氧的情况下，式（4-24）可以改写为

$$\Delta G = -2.303RT\lg\left[\frac{(f_0 w[O])}{(f_0 w[O])_{eq}}\right] \qquad (4\text{-}39)$$

式中右侧对数函数可以改写为

$$\lg\left[\frac{(f_0 w[O])}{(f_0 w[O])_{eq}}\right]$$

$$= \lg f_0 + \lg w[O] - \lg f_{0,eq} - \lg w[O]_{eq}$$

$$= (e_O^O w[O] + e_O^{Si} w[Si]) + \lg w[O] - (e_O^O w[O]_{eq} + e_O^{Si} w[Si]_{eq}) - \lg w[O]_{eq}$$

$$= e_O^O(w[O] - w[O]_{eq}) + e_O^{Si}(w[Si] - w[Si]_{eq}) + (\lg w[O] - \lg w[O]_{eq})$$

$$(4\text{-}40)$$

由式（4-27）可得

$$w[Si] = w[Si]_{eq} \qquad (4\text{-}41)$$

式（4-33）代入式（4-32）得到

$$\lg\left[\frac{(f_0 w[O])}{(f_0 w[O])_{eq}}\right]$$

$$(4\text{-}42)$$

$$= e_O^O(w[O] - w[O]_{eq}) + (\lg w[O] - \lg w[O]_{eq})$$

式（4-34）代入式（4-31）得到

$$\Delta G = -2.303RT[e_O^O(w[O] - w[O]_{eq}) + (\lg w[O] - \lg w[O]_{eq})] \qquad (4\text{-}43)$$

形核过程的吉布斯自由能变化和临界形核速率的关系可以由表4-6得到。给定一个 $w[Si]$ 的值，则对应一个相等的 $w[Si]_{eq}$ 值，根据此 $w[Si]_{eq}$ 的值由"步骤1"得到平衡时的 $w[O]_{eq}$ 值。然后，在给定的临界形核速率和给定的 $w[Si]$ 值的条件下，式（4-43）仅有一个未知数 $w[O]$，可以设计程序求得。反复给定新的 $w[Si]$ 值，可以计算得到所对应的 $w[O]$ 值，则得到形核条件下 $w[Si]$ 和 $w[O]$ 的关系曲线，如图4-7所示。图4-8把计算得到的 SiO_2 和 FeO 的形核条件下的曲线都画在了一起，并与文献中发表的结果图4-9相对比。

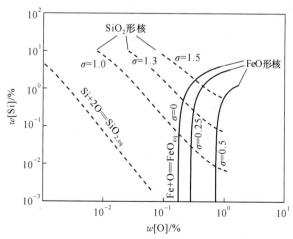

图 4-8　1536℃下纯铁液硅脱氧过程中界面张力对 SiO_2 形核和
FeO 形核的 $w[Si]$ 和 $w[O]$ 曲线的影响

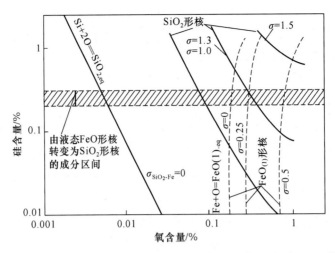

图 4-9　Forward 等人计算得到的 1536℃下纯铁液硅脱氧过程中 SiO_2 形核和

FeO 形核的 $w[Si]$ 和 $w[O]$ 曲线[8]

Matlab 程序

```
Sigma = 0. 2;
V_m = 16e-6;
k_con = 1. 38e-23;
Tem = 1873;
A_con = 1e36;
I_con = 1e6;
G_nuc_1 = (Sigma^3)/(k_con * Tem * lg10(A_con/I_con));
G_nuc_crit = -2. 7 * V_m * sqrt(G_nuc_1)

R_con = 8. 314;
Deta_G_FeO = 120900-51. 67 * Tem;
lg_K_FeO = Deta_G_FeO/(-1 * lg(10) * R_con * Tem);

e_O_O = -0. 20;
e_Si_O = -0. 14;

Si_Range = lgspace(-3,1,41);
for i_c = 1:41
    Si_i = Si_Range (i_c);

    a = 1e-6;
    b = 10;
    yc = 1;
    while((b-a)>1e-8)&(yc~=0);
        c = (a+b)/2;
        x = a;
```

```
        ya = lg10(x)+e_O_O*x+e_Si_O*Si_i-lg_K_FeO;
        x = b;
        yb = lg10(x)+e_O_O*x+e_Si_O*Si_i-lg_K_FeO;
        x = c;
        yc = lg10(x)+e_O_O*x+e_Si_O*Si_i-lg_K_FeO;
        if ya*yc<0
            b = c;
        else
            a = c;
        end
        O_eq = c;
    end
    Results(i_c,1)= Si_i;
    Results(i_c,2)= O_eq;

    a_N = 1e-4;
    b_N = 1;
    yc_N = 1;
    while((b_N-a_N)>1e-8)&(yc_N~=0);
        c_N = (a_N+b_N)/2;
        x_N = a_N;
        ya_N = (lg10(x_N)-lg10(O_eq))+e_O_O*(x_N-O_eq)-G_nuc_crit/(-2.303*R_con*Tem);
        x_N = b_N;
        yb_N = (lg10(x_N)-lg10(O_eq))+e_O_O*(x_N-O_eq)-G_nuc_crit/(-2.303*R_con*Tem);
        x_N = c_N;
        yc_N = (lg10(x_N)-lg10(O_eq))+e_O_O*(x_N-O_eq)-G_nuc_crit/(-2.303*R_con*Tem);
        if ya_N*yc_N<0
            b_N = c_N;
        else
            a_N = c_N;
        end
        O_Nuc = c_N;
    end
    Results(i_c,3)= O_Nuc;
end
```

计算结果中：

G_nuc_crit 为形核的过饱和自由能，ΔG

Results 数组中第一列为 Si 含量，第二列为平衡 O 含量，第三列为形核条件下的 O 含量。

Sigma 为界面张力，改变 Sigma 值，可以得到不同的过饱和自由能和形核 O 含量。

  图 4-10 为计算得到夹杂物和钢液之间界面张力对 Al_2O_3 在钢液中形核所需的铝含量和氧含量的对应关系的影响，以及一些学者的测量结果。在钢液中铝含量一定条件下，随着

界面张力的增加，Al_2O_3 在钢液中形核时所需的氧含量也增加，表明界面张力 σ_{ls} 越大，Al_2O_3 的形核越困难，这与式（4-16）所表达的一致，界面张力 σ_{ls} 越大，所需要的临界形核半径越大，形核越困难。当界面张力为零时，即仅考虑化学反应不考虑形核条件下的 Al-O 平衡曲线，即图 2-5 的结果。对比计算结果和测量结果可以推断出 Al_2O_3 在钢液中均质形核需要一定的过饱和度，在形核时 Al_2O_3 与钢液间的界面张力值在 0.5~1.5N/m 之间。

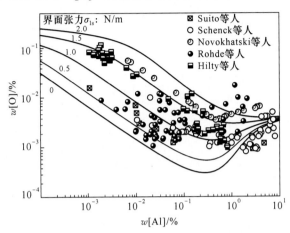

图 4-10　夹杂物和钢液之间界面张力对 Al_2O_3 在钢液中形核的所需的铝含量和氧含量的对应关系的影响[15]
（计算曲线既考虑一阶活度相互作用系数，也考虑二阶活度相互作用系数）

Wasai 和 Mukai[16] 指出，钢液与 Al_2O_3 之间的界面张力 σ_{ls} 和 Al_2O_3 粒子半径 r 存在下述关系。

$$\frac{\sigma_{ls}}{\sigma_{ls,0}} = \frac{\dfrac{1}{V_m}}{\dfrac{2}{r \cdot N_A^{1/3} \cdot V_m^{2/3}} + \dfrac{1}{V_m}} \tag{4-44}$$

式中，σ_{ls} 为半径为 r 的夹杂物粒子和钢液的界面张力，N/m；$\sigma_{ls,0}$ 为 r 为无穷大（零曲率）时的界面张力，钢液与 Al_2O_3 的界面张力 $\sigma_0 = 2.328$N/m；V_m 为夹杂物的摩尔体积，m^3/mol，由式（4-17）计算；N_A 为阿伏加德罗常数，6.02×10^{23} 个/mol；r 为形核夹杂物的半径，m。

图 4-11 为 Al_2O_3 夹杂物形核半径对 Al_2O_3 夹杂物与钢液之间界面张力的影响。半径越小，界面张力也越小。特别是当夹杂物形核半径小于 1×10^{-8}m 时，Al_2O_3 夹杂物与钢液之间界面张力随形核半径的减小而快速减小。

把图 4-11 的结果代入式（4-23）、式（4-24）可以计算出临界形核半径对形核条件下 Al-O 关系的影响，即将图 4-11 的结果代入图 4-10 可以得到临界形核半径对形核条件下 Al-O 关系的影响，见图 4-12 和表 4-7。形核半径越大，钢液中 Al_2O_3 形核所需的铝含量和氧含量越高，表明形核半径越大，越不容易形核。形核半径等于零的情况下，就是不考虑形核仅考虑铝脱氧的化学反应平衡条件下的 Al-O 平衡曲线，也即图 2-5 的结果。同时，通过钢液中的铝含量和氧含量可以预估 Al_2O_3 的形核半径。对比计算结果和不同研究者的测量结果，可以估计 Al_2O_3 形核时的半径在 0.3~1.5nm 之间。

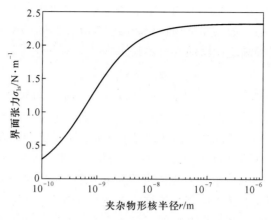

图 4-11 Al_2O_3 与钢液间界面张力随 Al_2O_3 形核半径的变化曲线[16]

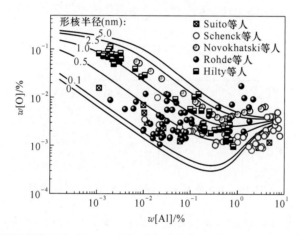

图 4-12 临界形核尺寸对 Al_2O_3 在钢液中形核条件下 Al-O 对应关系的影响[15]

（计算曲线既考虑一阶活度相互作用系数，也考虑二阶活度相互作用系数）

表 4-7 不同临界形核半径对界面张力与临界过饱和度（临界形核自由能）的影响

形核半径 r/nm	0.1	0.5	1.0	2.5	5.0
σ_{ls}/N·m^{-1}	0.294	0.976	1.376	1.832	2.045
ΔG_{hom}^c/J·mol^{-1}	−13100	−79400	−132800	−202600	−240700

4.2.2 非金属夹杂物的非均质形核

当夹杂物粒子在钢液中不是由于浓度过饱和而形核，而是借助于其他界面，例如在钢液中已存在的第二相粒子表面上、耐火材料壁面上形核，这种现象称为非均质形核。在实际钢液中，夹杂物的形核多为非均质形核，因为非均质形核比均质形核要求的界面能低很多，即形核时的阻力较小，因而形核时所需要的临界半径和临界形核功也较小，形核可以在很小的过饱和度条件下进行。

如图 4-13 所示，假设一个球冠状、曲率半径为 r 的夹杂物新相依附在钢液中已存在的第二相粒子表面上形核，第二相粒子的曲率半径远大于夹杂物新相的曲率半径，即近似认为第二相粒子表面为平面。如果夹杂物新相能够稳定存在并继续长大，那么它就能成为夹杂物的新核心，此时必须满足这样的一个关系式

$$\sigma_{\mathrm{pl}} - \sigma_{\mathrm{ps}} \geqslant \sigma_{\mathrm{ls}}\cos\theta_{\mathrm{het}} \tag{4-45}$$

式中，σ_{pl}，σ_{ps}，σ_{ls} 为第二相粒子（p）与钢液（1）、第二相粒子与夹杂物新相（s）以及夹杂物新相与钢液之间的界面张力，$\mathrm{J/m^2}$；θ_{het} 为钢液中夹杂物新相与第二相粒子非均质形核的接触角（如图 4-13 所示），需要注意的是 θ_{het} 不是夹杂物新相和钢液的接触角 θ，夹杂物和钢液的接触角 θ 的示意图为图 3-41，表达式为式（3-60）。接触角 θ_{het} 是一个很重要的参量，它可以判别第二相粒子或其他界面是否能促进夹杂物新相的形核以及促进程度如何，也是判别异相间沿其界面相互扩展程度的一个参量。当夹杂物新相的曲率半径 r 一定时，接触角越小，越有利于夹杂物的形核。当式（4-45）为等式时，可以改写为

$$\cos\theta_{\mathrm{het}} = \frac{\sigma_{\mathrm{pl}} - \sigma_{\mathrm{ps}}}{\sigma_{\mathrm{ls}}} \tag{4-46}$$

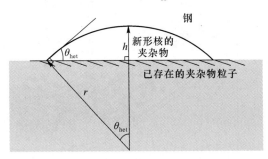

图 4-13　夹杂物粒子在钢液中非均质形核示意图

非均质形核所需的能量依然可以用式（4-1）和式（4-3）来表示，但是夹杂物新相的体积需要把图 4-13 中的球冠体积和侧面积计算出来。

$$\begin{aligned} \Delta G_{\mathrm{het\text{-}nucleation}} &= V_{\mathrm{het}}\Delta G_{\mathrm{V}} + \left[S_{\mathrm{het}}\sigma_{\mathrm{ls}} + \pi(r\sin\theta_{\mathrm{het}})^2\sigma_{\mathrm{ps}} - \pi(r\sin\theta_{\mathrm{het}})^2\sigma_{\mathrm{pl}} \right] \\ &= V_{\mathrm{het}}\Delta G_{\mathrm{V}} + \left[S_{\mathrm{het}}\sigma_{\mathrm{ls}} + \pi(r\sin\theta_{\mathrm{het}})^2(\sigma_{\mathrm{ps}} - \sigma_{\mathrm{pl}}) \right] \end{aligned} \tag{4-47}$$

式中，V_{het} 为球冠形夹杂物新相的体积，$\mathrm{m^3}$，由式（4-48）表示；S_{het} 为球冠形夹杂物新相的表面积，$\mathrm{m^2}$，由式（4-49）表示；h 为图 4-13 中所示的球冠形夹杂物的最大厚度，m。

$$V_{\mathrm{het}} = \frac{\pi h^2(3R - h)}{3} = f_1(\theta_{\mathrm{het}}) \times \frac{4}{3}\pi r^3 \tag{4-48}$$

$$S_{\mathrm{het}} = 2\pi Rh = 2\pi r^2(1 - \cos\theta_{\mathrm{het}}) \tag{4-49}$$

式中，函数 $f_1(\theta_{\mathrm{het}})$ 的表达式为

$$f_1(\theta_{\mathrm{het}}) = \frac{1}{4}(2 + \cos\theta_{\mathrm{het}})(1 - \cos\theta_{\mathrm{het}})^2 \tag{4-50}$$

将式（4-46）代入式（4-47）得到

$$\Delta G_{\mathrm{het\text{-}nucleation}} = V_{\mathrm{het}}\Delta G_{\mathrm{V}} + \left[S_{\mathrm{het}}\sigma_{\mathrm{ls}} - \pi(r\sin\theta_{\mathrm{het}})^2\cos\theta_{\mathrm{het}} \cdot \sigma_{\mathrm{ls}} \right] \tag{4-51}$$

将式（4-48）和式（4-49）代入式（4-51）得到

$$\Delta G_{\text{het-nucleation}} = f_1(\theta_{\text{het}}) \times \frac{4}{3}\pi r^3 \Delta G_{\text{V}} + \left[2\pi r^2(1 - \cos\theta_{\text{het}}) - \pi(r\sin\theta_{\text{het}})^2\cos\theta_{\text{het}}\right]\sigma_{\text{ls}}$$

$$= f_1(\theta_{\text{het}}) \times \frac{4}{3}\pi r^3 \Delta G_{\text{V}} + \left(\frac{1 - \cos\theta_{\text{het}}}{2} - \frac{\sin^2\theta_{\text{het}} \cdot \cos\theta_{\text{het}}}{4}\right) \times 4\pi r^2 \sigma_{\text{ls}} \quad (4\text{-}52\text{a})$$

$$= f_1(\theta_{\text{het}}) \times \frac{4}{3}\pi r^3 \Delta G_{\text{V}} + f_2(\theta_{\text{het}}) \times 4\pi r^2 \sigma_{\text{ls}}$$

$$\Delta G_{\text{het-nucleation}} = f_1(\theta_{\text{het}}) \times \frac{4}{3}\pi r^3 \Delta G_{\text{V}} + f_2(\theta_{\text{het}}) \times 4\pi r^2 \sigma_{\text{ls}} \quad (4\text{-}52\text{b})$$

式中, 函数 $f_2(\theta_{\text{het}})$ 的表达式为

$$f_2(\theta_{\text{het}}) = \left(\frac{1 - \cos\theta_{\text{het}}}{2} - \frac{\sin^2\theta_{\text{het}} \cdot \cos\theta_{\text{het}}}{4}\right) \quad (4\text{-}53)$$

进一步推导可知

$$f_2(\theta_{\text{het}}) = f_1(\theta_{\text{het}}) \quad (4\text{-}54)$$

所以, 和经典文献 [8] 一样, 有下面经典非均质形核的公式成立。

$$\Delta G_{\text{het-nucleation}} = f_1(\theta_{\text{het}}) \cdot \left(\frac{4}{3}\pi r^3 \Delta G_{\text{V}} + 4\pi r^2 \sigma_{\text{ls}}\right) = f_1(\theta_{\text{het}}) \cdot \Delta G_{\text{hom-nucleation}} \quad (4\text{-}55)$$

式中, $\Delta G_{\text{het-nucleation}}$ 为夹杂物在第二相界面上非均质形核所需要的能量, J; $\Delta G_{\text{hom-nucleation}}$ 为夹杂物在钢液中均质形核所需要的能量, 即式 (4-1) 和式 (4-3)。

对式 (4-55) 求导并令其等于零, 即

$$\frac{\text{d}(\Delta G_{\text{het-nucleation}})}{\text{d}r} = 0 \quad (4\text{-}56)$$

可以得到非均质形核临界形核半径依然为式 (4-4), 将非均质形核临界形核半径代入式 (4-55) 并将式 (4-2) 也代入, 可以得到非均质形核的临界吉布斯自由能表达式为

$$\Delta G_{\text{het-nucleation, c}} = f_1(\theta_{\text{het}}) \frac{16\pi}{3} \times \frac{V_{\text{m}}^2 \sigma_{\text{ls}}^3}{\Delta G^2} \quad (4\text{-}57)$$

非均质形核的临界吉布斯自由能和均质形核的临界吉布斯自由能的关系为

$$\Delta G_{\text{het-nucleation, c}} = f_1(\theta_{\text{het}}) \cdot \Delta G_{\text{hom-nucleation, c}} \quad (4\text{-}58)$$

对比均质形核与非均质形核过程可以看出, 虽然非均质形核临界形核半径与均质形核临界形核半径的表达式相同, 但非均质形核条件下形核半径是球冠对应的曲率半径, 而均质形核条件下是整个球的半径, 所以非均质形核时形成的夹杂物核心实际体积比均质形核要小很多, 即非常小的夹杂物新相可以在第二相粒子上形成夹杂物核心。当接触角 $\theta = \pi$ 时, $f(\theta) = 1$, 就是均质形核; 当接触角 $\theta = 0°$ 时, $f(\theta) = 0$, 即所需要非均质形核的能量为零。根据式 (4-58) 画出图 4-14, 可以看出非均质形核所需的能量远远小于均质形核所需的能量, θ 越小, 夹杂物新相与第二相粒子的浸湿性越好, 夹杂物新相越容易在钢液中已有第二相粒子上非均质形核; 当夹杂物新相和原有第二相粒子的接触角小于 90° 时, 随着接触角的减小, 非均质形核所需要的能量和均质形核相比呈现指数性下降。

关于非均质形核的形核速率, Turpin 和 Elliott 认为[8]

$$I_{\text{het}} = B \cdot [f(\theta)]^{1/6} \cdot \exp\left(-\frac{\Delta G_{\text{het-nucleation}}}{kT}\right) \quad (4\text{-}59)$$

式中, I_{het} 为非均质形核的速率, 个/$(\text{m}^3 \cdot \text{s})$; B 为非均质形核的频率因子, 个/$(\text{m}^3 \cdot \text{s})$。

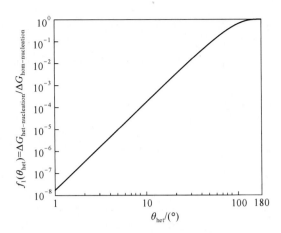

图 4-14　非均质形核和均质形核所需能量的对比

Hasegawa 等人[17] 认为

$$I_{het} = A\exp\left(-\frac{\Delta G_{het\text{-}nucleation}}{kT}\right) = A\exp\left[-\frac{\Delta G_{hom\text{-}nucleation} \cdot f(\theta)}{kT}\right] \tag{4-60}$$

假定临界形核速率是 I_{het} ，夹杂物非均质形核析出的临界形核功为

$$\Delta G_{het\text{-}nucleation,\,c} = kT\ln\left(\frac{A}{I}\right) = f(\theta) \cdot \Delta G_{hom\text{-}nucleation,\,c} \tag{4-61}$$

代入式（4-18）得到非均质形核条件下脱氧化学反应自由能变化 ΔG 为

$$\Delta G = -\left[\frac{16\pi}{3} \times f(\theta) \times \frac{V_m^2 \sigma_{ls}^3}{kT\ln\left(\dfrac{A}{I}\right)}\right]^{1/2} \tag{4-62}$$

$$\Delta G = -\left(\frac{16\pi}{3} \times \lg e\right)^{1/2} \times V_m\left[\frac{\sigma_{ls}^3}{kT\lg\left(\dfrac{A}{I}\right)}\right]^{1/2} \tag{4-63}$$

$$= -2.7V_m\left[f(\theta) \times \frac{\sigma_{ls}^3}{kT\lg\left(\dfrac{A}{I}\right)}\right]^{1/2}$$

代入式（4-8），如果氧化物的活度为 1，则

$$\Delta G = 2.7V_m\left(f(\theta) \times \frac{\sigma_{ls}^3}{kT\lg A}\right)^{1/2}$$

$$= \Delta G^\ominus + RT\ln Q = RT\ln\left(\frac{Q}{K}\right) \tag{4-64}$$

$$= RT\ln\left[\frac{f_M w[M] \cdot f_O^x w[O]^x}{(f_M w[M])_{eq} \cdot (f_O^x w[O]^x)_{eq}}\right]$$

根据式（4-64）可以求解非均质形核条件下的脱氧元素浓度和溶解氧浓度的关系。
Hasegawa 等人[17] 研究了在钢液冷却过程中 MnS 在氧化物夹杂表面的非均质形核，

发现 MnS 夹杂物在氧化物表面的三相接触角 θ_{het} 为 25°~55°。MnS 与纯铁的界面张力为 $\sigma_{ls} = 1.0N/m$，MnS 的生成焓 101324J/mol，MnS 的摩尔体积 $2.18×10^{-5}m^3/mol$，MnS 在氧化物夹杂表面非均质形核的频率因子，即式（4-65）的 $A = 1×10^{24}$ 个/（$m^3 \cdot s$）。

对于 RE_2O_3、Al_2O_3、SiO_2、MnO 氧化物粒子对电解铁液冷却过程非均质形核的研究表明，这些氧化物粒子和纯铁液的非均质形核的三相接触角分别为 8.5°、18.3°、26.8°、36.55°，这表明了纯铁液在这些粒子上非均质形核凝固的顺序由强到弱[18]。对于钢液冷却过程中夹杂物形核所需的能量还和凝固过程的物理量相关，需要深入讨论[7-9,13,17-19]。Lehmann 等人[19] 的研究给出了形核速率的频率因子的多种表达式。

Ohta 等人的研究给出了钢液表面张力的计算式（4-65）和一些氧化物的表面张力的值，见表 4-8[20-21]，这些数值可以用来计算图 4-13 中的三相接触角。表 4-9 给出了一些两相界面体系的黏附功和界面张力。

$$\sigma_{lg} = 1.91 - 0.825\lg(1 + 210w[O]) - 0.54\lg(1 + 185w[S]) \qquad (4-65)$$

表 4-8　非金属夹杂物和纯铁液的界面张力、夹杂物和固体铁的界面张力、固体铁和液体铁的界面张力、夹杂物和空气的界面张力以及夹杂物和纯铁液的接触角[20-21]

夹杂物	夹杂物和纯铁液的界面张力/$N \cdot m^{-1}$	夹杂物和固体铁的界面张力/$N \cdot m^{-1}$	固体铁和液体铁的界面张力/$N \cdot m^{-1}$	夹杂物和空气的界面张力/$N \cdot m^{-1}$	夹杂物和纯铁液的接触角 θ/(°)
MgO	1.8	1.94	↑	0.71	125
ZrO_2	1.63	1.76		0.62	122
Al_2O_3	2.29	2.48	260	0.76	144
$CaO-Al_2O_3$	1.3	1.23		NA	65
$MnO-SiO_2$	1.0	1.02	↓	NA	90

注：1. 夹杂物和固体铁的界面张力 = 夹杂物和纯铁液的界面张力 + 钢液的表面张力 ×（0.01-0.11$\cos\theta$）；

2. 钢液的表面张力 = 1.91N/m。

表 4-9　一些两相界面体系的黏附功和界面张力

作者	年份	相 1	相 2	气氛	温度/℃	接触角/(°)	界面张力/$N \cdot m^{-1}$	黏附功/$N \cdot m^{-1}$	参考文献
Ogino	1973	98.8%Al_2O_3（0.3%SiO_2 + 0.8%Fe_2O_3）	纯铁	H_2	1600	—	—	0.84	[22]
		CaO	纯铁	H_2	1600	—	—	1.106	
		98.93%MgO（0.25%CaO+0.8%Fe_2O_3+0.21%Al_2O_3+0.18SiO_2）	纯铁	H_2	1600	—	—	1.49	

续表 4-9

作者	年份	相1	相2	气氛	温度/℃	接触角/(°)	界面张力/N·m⁻¹	黏附功/N·m⁻¹	参考文献
Ogino	1973	99.98%SiO_2 (0.005%Fe_2O_3+ 0.008%Al_2O_3+ 0.001%K_2O)	纯铁	H_2	1600	—	—	0.86	[22]
Ogino	1973	94%ZrO_2 (4%CaO+0.8%SiO_2)	纯铁	H_2	1600	—	—	1.14	
Ogino	1982	Al_2O_3	Fe		1600	118		0.84	
Ogino	1982	CaO	Fe		1600	104		1.106	
Ogino	1982	BaO	Fe		1600	130		0.595	
Ogino	1982	MgO	Fe		1600	96		1.49	
Ogino	1982	SiO_2	Fe		1600	116		0.86	
Ogino	1982	ZrO_2	Fe		1600	105		1.14	
Shinozaki	1994	Al_2O_3	纯铁（0.0016% O）	Ar	1600	135.4	1.740	0.502	[23]
Shinozaki	1994	Al_2O_3	纯铁（0.0013% O）		1600	138.1	1.665	0.425	
Shinozaki	1994	Al_2O_3	纯铁（0.0639% O）		1600	101.6	1.214	0.97	
Shinozaki	1994	Al_2O_3-5%MgO	纯铁（0.0017% O）		1600	127.7	1.768	0.688	
Shinozaki	1994	Al_2O_3-10%MgO	纯铁（0.0016% O）		1600	139.6	1.589	0.379	
Shinozaki	1994	Al_2O_3-15%MgO	纯铁（0.0014% O）		1600	137.9	1.592	0.41	
Shinozaki	1994	Al_2O_3-20%MgO	纯铁（0.0022% O）		1600	134.1	1.688	0.512	
Shinozaki	1994	ZrO_2-5%CaO	纯铁（0.0005% O）		1600	120.2	1.772	0.88	
Shinozaki	1994	ZrO_2-7.4%CaO	纯铁（0.0030% O）		1600	117.3	1655	0.897	
Shinozaki	1994	ZrO_2-10%CaO	纯铁（0.0017% O）		1600	117.2	1.803	0.978	
Shinozaki	1994	ZrO_2-15%CaO	纯铁（0.0022% O）		1600	118.2	1.787	0.942	
Shinozaki	1994	ZrO_2-15%CaO	纯铁（0.0026% O）		1600	119.5	1.900	0.965	
Shinozaki	1994	Al_2O_3-5%CaO	纯铁（0.0065% O）		1600	123.4	1.672	0.751	
Shinozaki	1994	Al_2O_3-10%CaO	纯铁（0.0036% O）		1600	115.5	1.706	0.979	
Shinozaki	1994	Al_2O_3-15%CaO	纯铁（0.0009% O）		1600	129.9	1.327	0.476	
Shinozaki	1994	Al_2O_3-20%CaO	纯铁（0.0009% O）		1600	120.0	1.854	0.928	
Shen	2009	Al_2O_3（>99%）	渣（38.7% SiO_2-44.3% MnO-11.4% TiO_2-5.6% FeO_x (x=1 或 1.5)）	Ar	1200			0.68	[24]
Shen	2009	MgO（>99%）		Ar	1200			0.671	
Hasegawa	2001	MnS	纯铁		冷却过程中			1.0	[17]

续表 4-9

作者	年份	相1	相2	气氛	温度/℃	接触角/(°)	界面张力/N·m⁻¹	黏附功/N·m⁻¹	参考文献
Ohta	2006	Al_2O_3	空气					0.75	[20-21]
		ZrO_2	空气					620	
		Al_2O_3	固体纯铁					2480	
		ZrO_2	固体纯铁					1760	

4.2.3 钢液中非金属夹杂物之间的聚合

在流动的钢液中，夹杂物颗粒之间时刻存在着碰撞聚合现象。钢液中小尺寸夹杂物颗粒相互碰撞聚合成大尺寸夹杂物，较碰撞前更容易上浮，所以颗粒间的碰撞聚合过程是夹杂物去除的一种重要形式。在炼钢生产过程中，固体夹杂物颗粒与钢液通常是不润湿的，如 Al_2O_3、SiO_2 等。当两个固体夹杂物在钢液中碰撞时，可能会聚合在一起；当两个液体夹杂物在钢液中碰撞时，可能会凝并在一起。早在 1979 年，Oeters 等人[25]就关注这个现象，并给出了等直径的两个球形夹杂物之间聚合的示意图，如图 4-15 所示，Oeters 还简单讨论了夹杂物稳定聚合在一起的条件是钢水静压力和界面张力两者做的功要处于平衡。图 4-16 是钢中夹杂物聚合的实例，其中图 4-16（a）是低牌号无取向硅钢中距离非常近，但还没有聚合的三个 SiO_2 夹杂物粒子，钢基体被侵蚀后，三个粒子之间可能存在的空隙已经被打开；图 4-16（b）是低碳铝镇静钢中聚合并烧结在一起的两个 Al_2O_3 夹杂物粒子。

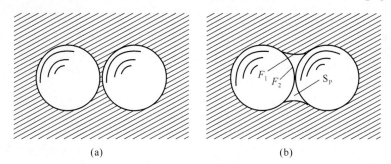

（a） （b）

图 4-15 Oeters 等人分析的在钢液中两个等直径固体夹杂物之间的缝隙[25]
（a）聚合前；（b）聚合后

张立峰等人[26-28]提出了夹杂物粒子聚合机理，如图 4-17 所示。在钢液中，弥散分布的夹杂物粒子由于随机运动而相互靠近，夹杂物粒子之间间距大于临界聚合间距时，夹杂物粒子间依然充满钢液，不会有空腔形成；而在夹杂物粒子间距小于临界聚合间距时，只要夹杂物间的能量扰动大于该间距条件下空腔形成的活化能，空腔将在夹杂物粒子间形成；随着夹杂物粒子表面间距的减小，体系的能量越低，因此，空腔形成后夹杂物粒子将会自发地靠近，以降低体系中的总自由能；最终，夹杂物粒子相互接触，此时体系的自由能最低，是空腔形成的最终状态，即平衡态。夹杂物粒子间形成空腔的过程如图 4-17 所示[28]。夹杂物粒子间的空腔达到平衡态后，烧结过程会使得夹杂物粒子发生黏结。

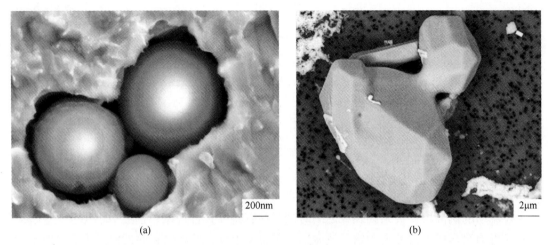

(a)　　　　　　　　　　　(b)

图 4-16　钢中固体夹杂物之间聚合的实例[1,2,25]

（a）低牌号无取向硅钢中距离非常近，但还没有聚合的三个 SiO_2 夹杂物粒子；

（b）低碳铝镇静钢中聚合并烧结在一起的两个 Al_2O_3 夹杂物粒子

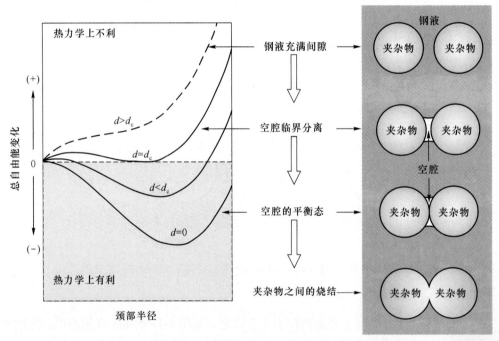

图 4-17　钢液中固体夹杂物粒子之间聚合的过程和机理[28]

扫一扫看彩图

当非润湿性固体粒子在液体中相互靠近到一定距离时，液体将会自发地从固体粒子的间隙中流出，形成一个空腔，如图 4-18 所示。空腔形成时总的自由能变为

$$\Delta E = 2S_{sc}(\sigma_{sg} - \sigma_{ls}) + \sigma_{lg}S_{lc} + \Delta pV$$
$$= 2S_{sc}\sigma_{lg}\cos\theta + \sigma_{lg}S_{lc} + \Delta pV \tag{4-66}$$

式中，σ_{ls}、σ_{sg}、σ_{lg} 分别为钢液与夹杂物间的界面张力、夹杂物的表面张力和钢液的表面张力，N/m；θ 为夹杂物与钢液间的接触角，对于非润湿性的夹杂物，其值大于 90°；Δp 为钢液与空腔间的压差，Pa；S_{sc}、S_{lc} 分别为固体夹杂物粒子与空腔的表面面积和钢液与空腔间弯液面面积，m^2；V 为空腔的体积。

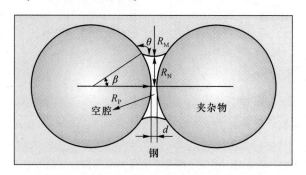

图 4-18　钢液中两个非润湿性夹杂物聚合模型

图 4-19 为通过数值计算得到的半径为 $1\mu m$ 的 Al_2O_3 夹杂物粒子在不同夹杂物粒子间距条件下空腔形成过程中总自由能变化随空腔颈部半径的关系曲线，其中钢液的表面张力 $\sigma_1 = 1.80N/m$，夹杂物与钢液间的接触角 $\theta = 137°$，钢液与空腔间的压差 $\Delta p = 3.86 \times 10^3 Pa$。

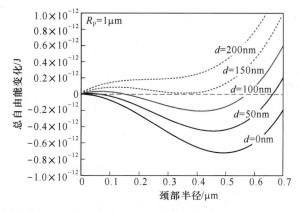

图 4-19　不同夹杂物粒子间距条件下总自由能变化随空腔颈部半径的关系曲线[28]

图 4-20 为夹杂物聚合过程中典型的总自由能变随颈部半径变化的曲线。起初，总自由能变随着颈部半径的增加而增加，直至达到最大值，在该处系统的能量最高，定义为活化态，对应的总自由能变为活化能，其物理意义为夹杂物发生聚合时需要克服的能垒。随后，随着颈部半径的进一步增加，总自由能变开始减小，直至达到最小值，在该处系统的能量最低，定义为稳定态，对应的总自由能变为稳定能。需要说明的是，当夹杂物间距小于特定的间距时，稳定能小于 0，表明形成空腔可以使得体系的能量降低，空腔可以稳定存在；而当夹杂物间距大于该特定间距时，稳定能大于 0，此时形成空腔反而使得体系的能量增加，空腔将不能稳定存在，该特定间距定义为夹杂物聚合的临界间距。此外，当夹杂物相互接触时，即夹杂物间距为 0 时，稳定能也达到最小值，此时，系统的能量也处于最低的状态，这将是空腔形成的最终状态。

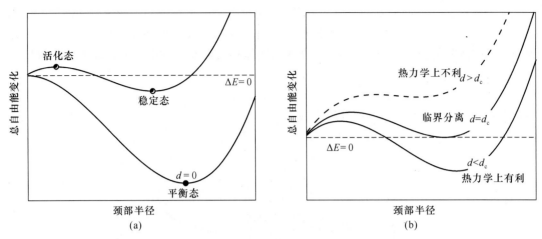

图 4-20 活化态、稳定态以及平衡态和临界聚合间距的定义[28]

(a) 活化态、稳定态以及平衡态；(b) 临界聚合间距

图 4-21 是不同直径的两个球状 Al_2O_3 夹杂物之间稳定聚合所需要能量和最小距离，可以看出，夹杂物越大，稳定聚合所需要的能量越小，稳定聚合所需要的距离越大；即夹杂物越大，越易于稳定聚合。

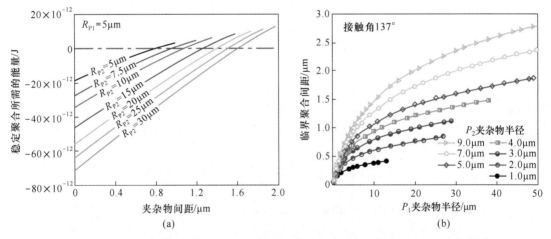

图 4-21 不同直径的两个球状 Al_2O_3 夹杂物之间稳定聚合所需要能量和最小距离[26]

(a) 不同直径的两个球状 Al_2O_3 夹杂物之间稳定聚合所需要的能量；

(b) 不同直径的两个球状 Al_2O_3 夹杂物之间稳定聚合所需要的最小距离能量

4.2.4 钢液中非金属夹杂物的长大

根据图 4-3 给出的钢液脱氧过程钢液中非金属夹杂物长大的基本方式，夹杂物的形核和长大的主要方式是元素的扩散和析出的夹杂物之间的碰撞聚合。夹杂物的形核和长大都以 Al_2O_3 假分子为起点。

单个假分子的半径为

$$r_1 = \left(\frac{3V_m}{4\pi N_A}\right)^{1/3} = \left(\frac{3}{4\pi N_A} \times \frac{M_m}{1000\rho_p}\right)^{1/3} \tag{4-67}$$

式中，N_A 为阿伏加德罗常数，6.02×10^{23} 个/mol；M_m 为夹杂物的摩尔质量，g/mol；ρ_p 为夹杂物密度，kg/m³。

每个夹杂物（或者假分子团）的标记数 i 是指其含有分子的个数，则组 i 的半径 r_i 可以用假分子的个数来表示。

$$r_i = r_1 i^{1/3} \tag{4-68}$$

其表面积 A_i 为

$$A_i = 4\pi r_1^2 i^{2/3} \tag{4-69}$$

形成稳定夹杂物粒子所需的假分子的临界数量为 $i = i_c$，对应的粒子半径为 r_c，可以通过耦合式（4-16）、式（4-67）和式（4-68）得到。

$$i_c = \frac{32\pi}{3} \times V_m^2 \times N_A \times \left(\frac{\sigma_{ls}}{RT}\right)^3 \times \left(\frac{1}{\ln\Pi}\right)^3 \tag{4-70}$$

由假分子数密度 N_i 表示的过饱和度 Π 为

$$\Pi \equiv \frac{N_1}{N_{1, eq}} = N_1^* = N_s^* - \sum_{i=i_c}^{\infty} N_i^* \cdot i \tag{4-71}$$

钢液中假分子的数量 N_1 等于它们的总数 N_s 减去析出夹杂物消耗的数量。因此 N_1、N_s 和 Π 是时间的函数。带星号的物理量表示无量纲量，组 N_i 尺寸随时间的演变由粒子数平衡方程控制。

$$\frac{dN_i}{dt} = -\left(\delta_{1i}N_iN_1 + \alpha_iA_iN_i + \phi N_i\sum_{j=i_c}^{\infty}\beta_{ij}N_j\right) +$$
$$\left(\delta_{1, i-1}N_1N_{i-1} + \alpha_{i+1}A_{i+1}N_{i+1} + \frac{1}{2}\phi\sum_{j=j_c}^{i-i_c}\beta_{j, i-j}N_jN_{i-j}\right) \tag{4-72}$$

式中，δ 为扩散速率常数，m³/s；α 为从夹杂物粒子上解离的速率常数，1/(m³·s)；β 为碰撞速率常数，m³/s；ϕ 为碰撞的凝并系数，无量纲，在 0~1 之间。

假分子在球形浓度场中的扩散速率由速率常数 β_{1i} 控制。

$$\delta_{1i} = 4\pi D_1 r_i \tag{4-73}$$

由质量平衡得到分子从夹杂物粒子上解离的速率常数为

$$\alpha_i = \frac{\delta_{1, i}N_1}{A_i} \tag{4-74}$$

碰撞聚合只发生在形核析出后的真实夹杂物粒子之间，不会在假分子之间发生；假分子团的长大只能依靠元素的扩散即第一组（分子）的扩散，而析出的真实夹杂物粒子的长大既可以依靠元素的扩散即第一组（分子）的扩散，又可以依靠粒子之间的碰撞。

根据碰撞理论，在单位时间和单位体积内，直径为 r_i 和 r_j 的两类夹杂物的碰撞次数 $N_{i,j}$ 可表示为

$$N_{i, j} = \beta_{ij}n_in_j \tag{4-75}$$

式中，β_{ij} 为半径为 r_i 和 r_j 的两类夹杂物颗粒的碰撞常数，m³/s；n_i，n_j 为半径为 r_i 和 r_j 的两类夹杂物颗粒的数密度，即单位体积内含有的夹杂物个数。

夹杂物粒子之间碰撞主要有布朗碰撞、斯托克斯碰撞和湍流碰撞三种方式，如图 4-22 所示。

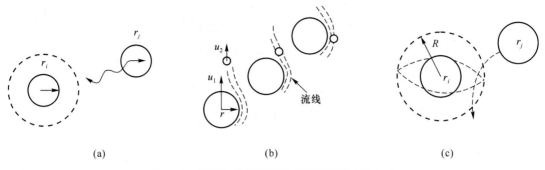

图 4-22 钢液中夹杂物颗粒之间碰撞的主要方式

（a）布朗碰撞；（b）斯托克斯碰撞；（c）湍流碰撞

布朗碰撞反映的是夹杂物颗粒在钢液中做无规则的热运动而产生的碰撞。一旦围绕某一粒子发生聚合，其邻域内自由粒子的数密度将减少，此时会存在数密度梯度，于是布朗运动将促进周围粒子向聚合中心迁移，形成典型的布朗扩散现象。布朗碰撞模式下的碰撞常数 $\beta_{\mathrm{B},ij}$ 为[29]

$$\beta_{\mathrm{B},ij} = \frac{2k_{\mathrm{B}}T}{3\mu} \times \left(\frac{1}{r_i} + \frac{1}{r_j} \right) \times (r_i + r_j) \tag{4-76}$$

式中，$\beta_{\mathrm{B},ij}$ 为 Brownian 碰撞常数，$\mathrm{m^3/s}$；k_{B} 为 Boltzmann 常数，$1.38 \times 10^{-23}\mathrm{J/K}$；$T$ 为绝对温度值，K；μ 为钢液的黏度，$\mathrm{Pa \cdot s}$；r_i，r_j 为第 i 组和第 j 组夹杂物粒子的半径，m。

斯托克斯碰撞反映的是夹杂物颗粒在钢液内运动时，自身存在一个上浮速度，上浮速度大小与其尺寸有关。其中，大颗粒夹杂物上浮速度大，在上浮过程中可能追上小颗粒夹杂物而与之碰撞形成更大尺寸夹杂物颗粒，因而上浮速度加快，更容易捕获其他夹杂物颗粒，夹杂物颗粒直径越大，上浮速度越快；颗粒间直径差值越大，碰撞机会增加，碰撞后形成的更大尺寸夹杂物颗粒就更容易上浮。斯托克斯碰撞模式下的碰撞常数 $\beta_{\mathrm{S},ij}$ 为[30]

$$\beta_{\mathrm{S},ij} = \frac{2\pi g(\rho - \rho_{\mathrm{p}})}{9\mu} \times (r_i + r_j)^3 \cdot |r_i - r_j| \tag{4-77}$$

式中，$\beta_{\mathrm{S},ij}$ 为 Stokes 碰撞常数，$\mathrm{m^3/s}$；g 为重力加速度，$9.8\mathrm{m/s^2}$；ρ，ρ_{p} 为钢液和夹杂物的密度，$\mathrm{kg/m^3}$。

湍流碰撞反映的是夹杂物被夹带入湍流漩涡中，彼此间接触发生的碰撞。湍流碰撞是夹杂物颗粒聚合长大的重要形式。冶金反应器内湍动能耗散率值大的区域，很容易发生湍流碰撞，湍流碰撞模式下的碰撞常数 $\beta_{\mathrm{T},ij}$ 为[31]

$$\beta_{\mathrm{T},ij} = 1.3(r_i + r_j)^3 \times \sqrt{\frac{\rho \cdot \varepsilon}{\mu}} \tag{4-78}$$

式中，$\beta_{\mathrm{T},ij}$ 为湍流碰撞常数，$\mathrm{m^3/s}$；ε 为钢液的湍动能耗散速率，$\mathrm{m^2/s^3}$；μ 为钢液的有效黏度，$\mathrm{Pa \cdot s}$。

夹杂物粒子碰撞的总碰撞常数 β_{ij} 计算公式为

$$\beta_{ij} = \beta_{\mathrm{B},ij} + \beta_{\mathrm{S},ij} + \beta_{\mathrm{T},ij} \tag{4-79}$$

采用以下参数来求解钢液的铝脱氧过程：$V_{\mathrm{m}} = 3.8 \times 10^{-5}\mathrm{m^3/mol}$，$T = 1873\mathrm{K}$，$N_{\mathrm{s,eq}}^{*} = 100$，$\phi = 0.1$，$D_1 = 3.0 \times 10^{-9}\mathrm{m^2/s}$（钢液中氧的扩散系数），$N_{1,\mathrm{eq}} = 2.634 \times 10^{23}\mathrm{m^{-3}}$ 对应于

钢液中 3ppm 的溶解氧，$\rho = 7000\text{kg/m}^3$，$\rho_p = 2700\text{kg/m}^3$，$\mu = 0.0067\text{kg/(m·s)}$，$Al_2O_3$ 粒子与钢液间的界面张力 $\sigma_{ls} = 0.5\text{N/m}$。因此 $r_1 = 2.47 \times 10^{-10}\text{m}$，$\beta_{11} = 9.31 \times 10^{-18}\text{m}^3/\text{s}$，$t^* = \beta_{11}N_{1,eq}t = 2.45 \times 10^6 t$。该模型适用于典型炼钢条件下的铝脱氧过程，冶金容器为 ASEA-SKF 精炼过程中的 50t 低碳钢钢包[32-33]，其中钢液的湍动能耗散率为 $1.22 \times 10^{-2}\text{m}^2/\text{s}^3$，加铝之前的总氧含量约为 300ppm，最终平衡时的溶解氧含量约为 3ppm。

通过比较假分子扩散速率常数 β_{1i} 和计算的碰撞速率常数 δ_{ij}，可以得到以下夹杂物形状演变的结论：（1）当 $r < 1\mu m$ 时，粒子的长大主要由假分子的扩散（Ostwald 熟化）和粒子的布朗碰撞主导。布朗碰撞的不规则热运动受流体流动的影响很小，并且没有方向性，夹杂物倾向于向各个方向长大，形成球形产物。（2）当 $r > 2\mu m$ 时，粒子的长大受粒子的湍流碰撞支配，夹杂物形貌成为珊瑚团簇状。因此，$1 \sim 2\mu m$ 是夹杂物的长大机制发生改变的尺寸临界值。

图 4-23 为过饱和度 Π，临界形核尺寸 i_c 和假分子无量纲数密度随时间的变化关系。加入脱氧剂铝之后，铝与氧反应形成假分子，仅在随机扩散的作用下形成假分子组。随着铝的进一步加入和分散，假分子的浓度不断增加。过饱和度 Π 在时间 t_1^* 时达到 1。随着

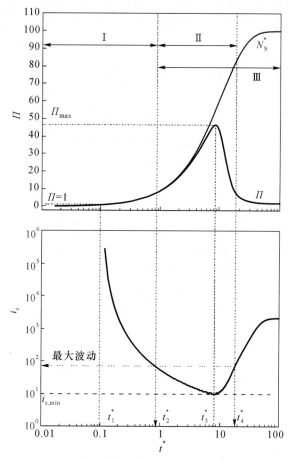

图 4-23　300ppm 初始氧含量的钢液铝脱氧过程中过饱和度 Π，临界形核尺寸 i_c 和假分子无量纲数密度 N_s^* 随无量纲时间的变化关系

过饱和度 Π 的进一步增大，临界形核半径 r_c 减小。当孕育时刻 t_2^*（$t_2 = 0.53\mu s$）、假分子组半径等于 r_c（$i_c = 42nm$，$r_c = 0.83nm$）后，该尺寸的粒子开始形核，析出并且开始长大。过饱和度 Π 逐渐增加，并且在 $t_3^* = 8.07\mu s$（$t_3 = 3.40\mu s$）时达到最大值（46.7）。与此同时，形核尺寸减小至其最小值（$i_c = 10nm$，$r_c = 0.515nm$）。形核仅发生在时间段 $t_2^* \sim t_4^*$（$0.53 \sim 6.58\mu s$）之间。在 t_4^* 时刻之后，将不会有新的粒子形核。随着时间的推移，过饱和度 Π 趋近于 1（平衡）。残留在钢液中的稳定粒子将通过假分子的扩散以及与其他夹杂物粒子的碰撞而继续长大，或者通过 Ostwald 熟化而溶解。因此，夹杂物粒子的总数在时刻 t_4 后逐渐减少。

图 4-24（a）为计算得到的不同时刻夹杂物粒子数量的演变规律。随着时间的推移，小尺寸夹杂物的数密度逐渐减小，而大尺寸夹杂物在扩散和布朗碰撞的作用下数密度则增加。为了简化计算程序而引入了尺寸组的概念，其中任意相邻的两组间的尺寸比为 2.5 倍，因此总共 50 组就足以覆盖尺寸范围从 0.293nm 到几十微米的夹杂物，这种方法大大缩短了计算时间。当前计算可以得到最大的粒子尺寸为 $36\mu m$，同时假设更大尺寸的夹杂物粒子将在很短时间内从钢液中去除。通过这种分组法计算得到了夹杂物的尺寸分布，如图 4-24（b）所示。如图 4-23 所示，在 t_2^* 时刻之后，夹杂物可以通过假分子的扩散以及

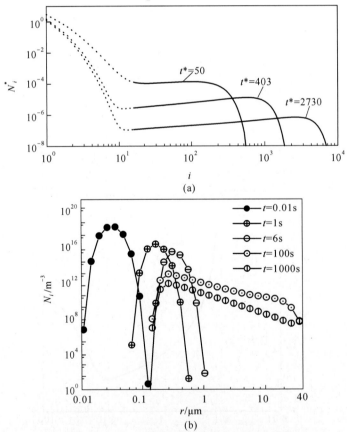

图 4-24　300ppm 初始氧含量的钢液铝脱氧过程不同时刻的夹杂物尺寸分布

（a）碰撞的初始时刻（虚线为假分子团，尚未析出成夹杂物）；

（b）不同时刻的夹杂物尺寸分布

与其他夹杂物粒子的碰撞而长大，这将导致开始出现尺寸分布范围。随着时间的推移，这种尺寸分布范围将越来越广。6s 后，夹杂物的最大直径约为 2μm，这与工业实践大致相符。由此看出，夹杂物长大到几十微米大约需要 100s。

关于冶金反应器中钢液的流体流动和夹杂物碰撞长大的耦合计算的研究已经有很多[34-36]，这些研究需要联立求解钢液流动的连续性方程、运动方程、湍流模型方程和夹杂物浓度方程，式（4-73）作为源项加入夹杂物的浓度方程，然后求解得到各种尺寸夹杂物的尺寸分布随时间的变化。图 4-25（a）是 RH 真空精炼过程钢液中夹杂物碰撞聚合100s 和 1000s 时刻 1μm 和 98μm 夹杂物的空间分布云图，可以看出，随着时间的延长，小颗粒夹杂物碰撞成大颗粒的夹杂物，所以其数量越来越少，由于小颗粒夹杂物碰撞聚合导致大颗粒夹杂物越来越多；夹杂物浓度在钢液内是不均匀的，钢液的不同位置夹杂物的浓度可能有 1~3 个数量级的差别。图 4-25（b）是在连铸中间包钢液三维流动模拟仿真得到收敛的结果之后，在中间包出口处考虑了碰撞的夹杂物浓度和尺寸分布随时间的变化，也可以看出，由于碰撞现象的存在，小颗粒夹杂物越来越少，大颗粒夹杂物越来越多。

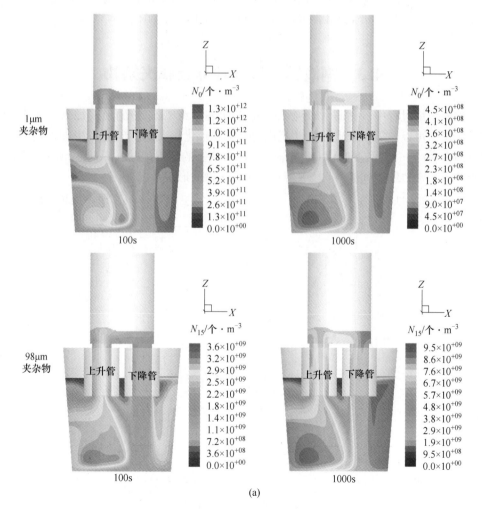

(a)

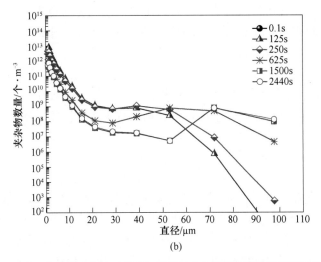

扫一扫看彩图

图 4-25   与钢液流体流动计算相耦合的夹杂物碰撞的数值模拟结果

（a）RH 真空循环精炼过程中心纵截面上 1μm 和 98μm 夹杂物的浓度分布随时间的变化[6]；

（b）不同时刻连铸中间包出口处钢液中夹杂物的数量和尺寸分布[34]

4.3   钢液钙处理改性非金属夹杂物

在炉外精炼过程中，钙通常以纯 Ca、CaSi 包芯线或 CaSi 粉的形式加入钢液中。钙具有高反应性，可以脱氧、脱硫、改性氧化物夹杂和硫化物夹杂。向钢液中加入钙的最主要目的有两个：（1）将固态的 Al_2O_3 夹杂物改性为液态的钙铝酸盐，以防止 Al_2O_3 引起的连铸过程浸入式水口结瘤问题；（2）控制 MnS 硫化物的形貌。

图 4-26 是 CaO-Al_2O_3 二元相图，可以看出随着 Al_2O_3 含量的增加，钙铝酸盐有 CaO·

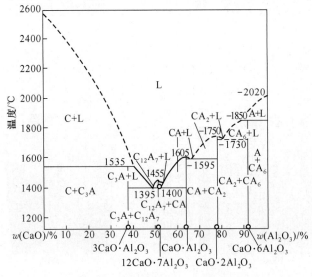

图 4-26 CaO-Al_2O_3 二元相图[37]

$3Al_2O_3$、$12CaO \cdot 7Al_2O_3$、$CaO \cdot Al_2O_3$、$CaO \cdot 2Al_2O_3$、$CaO \cdot 6Al_2O_3$ 等多种化合物，简写为 C_3A、$C_{12}A_7$、CA、CA_2 和 CA_6，在这些化合物中 CaO 和 Al_2O_3 的活度见表 4-10。其中 C_3A 的熔点是 1535℃、$C_{12}A_7$ 的熔点是 1455℃，为了实现把固态的 Al_2O_3 夹杂物改性为液态的钙铝酸盐的目的，向钢液中的加钙量应该精准以保证生成这两种在钢液温度下是液态的夹杂物。

表 4-10 不同钙铝酸盐相中 CaO 和 Al_2O_3 的活度[37] 及物性参数[38]

化合物	化学成分（质量分数）/%		活度[37]		晶体结构	密度 /kg·m⁻³	熔点 /℃	显微硬度 /kg·mm⁻²
	CaO	Al_2O_3	a_{CaO}	$a_{Al_2O_3}$				
Al_2O_3	0	100	0.003	1.000	三角系	3950	2052	3750
CA_6	8	92	0.043	0.631	立方系	3280	1850	2200
CA_2	22	78	0.100	0.414	单斜晶系	2910	1750	1100
CA	35	65	0.150	0.275	单斜晶系	2980	1605	930
$C_{12}A_7$	48	52	0.245	0.174	立方体	2830	1455	
C_3A	62	38	0.340	0.064	立方体	3040	1535	
CaO	100	0	1.000	0.017	立方体	3340	2570	400

钢液凝固过程中钙可以控制 MnS 的形成。对于含有液态钙铝酸盐夹杂物的低硫钢，由于这些夹杂物是极好的脱硫剂，因此在冷却和凝固过程中，大部分剩余的硫将被这些夹杂物吸收。此外，残留的溶解钙会与夹杂物中的硫发生反应，最终形成 CaS（MnS）包裹的液态钙铝酸盐组成的复合相夹杂物，进而控制容易导致脆性断裂的 MnS 夹杂物的生成，可以降低高强度低合金（HSLA）管线钢在酸性气体或石油环境中对氢裂的敏感性。

钢液钙处理对钢中 Al_2O_3 夹杂物和 MnS 形貌的影响如图 4-27 所示。树枝晶状或者珊瑚状的 Al_2O_3 夹杂物和长条状及薄片状的 MnS 夹杂物被改性成 CaS-MnS 包裹的 $C_{12}A_7$ 夹杂物。

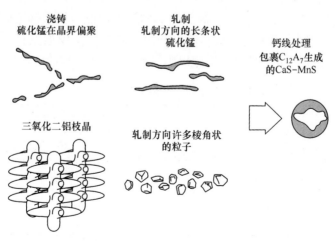

图 4-27 钙处理改变钢液中夹杂物形貌的示意图[39]

图 4-28 为经过钙处理前后的钢液凝固轧制以后钢中夹杂物形貌变化的示意图。在较

低硫含量时，经钙处理 Al_2O_3 改性为低熔点钙铝酸盐，MnS 被改性为含 CaS 较高的 I 类硫化物。在较高 S 含量时，Al_2O_3 改性为钙铝酸盐并作为形核核心外面包裹一层（Ca，Mn）S，MnS 改性为含有一定 CaS 的复合的硫化物或氧硫化物[40]。

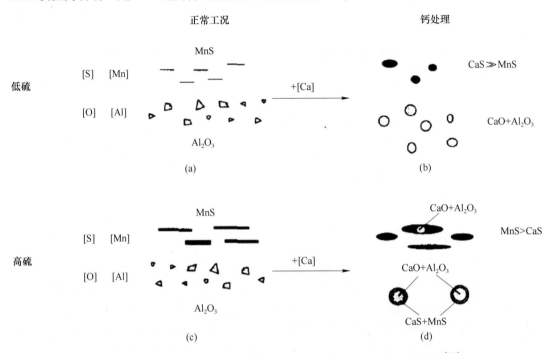

图 4-28 经过钙处理的钢中氧化物和硫化物在轧制过程中的变形简图[40]
（a）低硫，铝脱氧；（b）低硫，铝脱氧+钙处理；（c）高硫，铝脱氧；（d）高硫，铝脱氧+钙处理

尽管钙处理有诸多的优点，但是，钙的熔点低，蒸气压高（钙蒸气压和温度的关系见式（4-80）），1600℃的 $p_{Ca} \approx 0.186 \mathrm{MPa}$，在炼钢温度下钙不易溶解在钢液内，钙在炼钢温度下为气态，见表 4-11[41]，钙的平均沸点为 1483℃。因此，加入钢液中绝大部分的钙都来不及参与反应，导致收得率低、成本高、产生喷溅现象，较难控制钙处理的效果。因此，向钢液中添加钙时必须采取特殊措施以确保其在钢液中的收得率。

表 4-11 钙的沸点和蒸发热的数据[41]

作者	发表年份	蒸发热/kcal[①]·mol^{-1}	沸点/℃
H. Hartmann，R. Schnelder	1929	40.30	1439
K. K. Kelley	1935	—	1487
J. F. Elliott，M. Glelser	1960	35.84	1492
R. Hultgren	1963	36.39	1483
O. Kubaschewski，E. L. L. Evans	1967	36.00	1483
E. Schürmann，P. Fünders，H. Litterscheldt	1974	34.57	1511

注：1cal=4.1868J。

$$\lg p_{Ca} = 4.55 - \frac{8026}{T} \qquad (4\text{-}80)$$

将钙或钙合金以尽可能大的深度加入钢中就是希望利用钢液静压力的增加来防止钙的

蒸发。Ototani[42] 详细介绍了以氩气为载体注入钙的 TN（Thyssen Niederrhein）工艺。目前大多数钢厂都通过喂线来添加钙，尽管有文献报道使用顶枪加入钙线的方法[42]，但是，绝大多数钢厂都使用弯管喂线机对钢液进行钙处理，其示意图如图 4-29 所示，目前钢液喂钙的收得率在 10%~35% 之间。

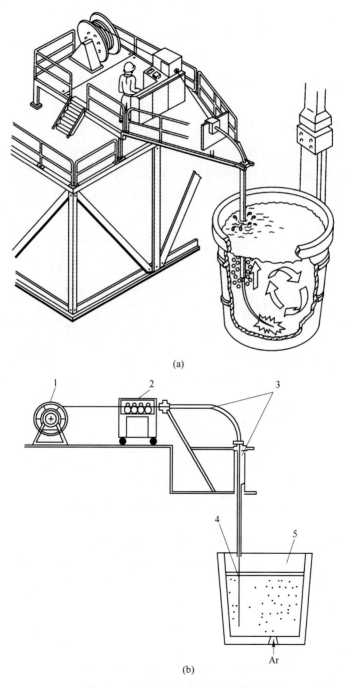

(a)

(b)

图 4-29　向钢液中加钙的设备简图

（a）使用顶枪喂钙线示意图[42]；（b）大多数钢厂用来向钢液中加钙的弯管喂线机

1—钙线；2—喂丝机；3—钙线导管；4—钙线；5—钢包

无论金属钙以何种形式添加到钢液中，如 CaSi、CaAl 或纯钙线，其在钢液中发生的反应都是相同的。在含氧化铝夹杂物和硫的铝镇静钢中，将在不同程度上发生以下一系列反应。

$$Ca(s) \longrightarrow Ca(g) \tag{4-81}$$

$$Ca(g) \longrightarrow [Ca] \tag{4-82}$$

$$[Ca] + [O] \longrightarrow (CaO) \tag{4-83}$$

$$[Ca] + [S] \longrightarrow (CaS) \tag{4-84}$$

$$[Ca] + \left(x + \frac{1}{3}\right)(Al_2O_3) \longrightarrow (CaO \cdot xAl_2O_3) + \frac{2}{3}[Al] \tag{4-85}$$

$$(CaO) + \frac{2}{3}[Al] + [S] \longrightarrow (CaS) + \frac{1}{3}(Al_2O_3) \tag{4-86}$$

通过将钙铝酸盐中氧化物的活度数据[43-44]和这些方程的反应平衡常数相结合，可以计算出形成液态铝酸钙的临界硫含量[45]。Larsen 等人[46]通过实验室实验和工业试验研究了钙对钢中氧化物夹杂的改性效果，如图 4-30 所示，实验和试验结果与理论预测相吻合。

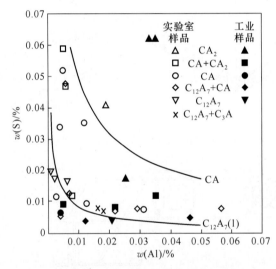

图 4-30　钢液钙处理实验室实验及工业试验炼钢过程样品测量值与理论值的对比[46]

关于钢液钙处理方面有诸多误解，包括认为喂钙量越多越好，或者把钢液中的钙铝比或者钢中的钙含量固定在一个固定值。实际上，精准喂钙量要和每一炉钢液的成分和温度相结合，特别是钢中总氧含量（氧化物夹杂物）、原始夹杂物的成分（特别是 Al_2O_3 的含量）、钢液成分（特别是钢中酸溶铝含量和硫含量）、温度等因素密切相关。也就是说，如果每一炉钢液的上述参数不同，那么每一炉钢液的喂钙量就不同，这是由喂钙过程中的各种化学反应的热力学和动力学决定的。从这一结论可以得出钢液成分和洁净度窄成分控制的重要性，成分变化越少、钢液的洁净度越稳定、加钙量越恒定。

图 4-31 是具体钢液成分条件下，随着钙的加入钢中主要夹杂物的变化情况，图中横坐标是钢中的钙含量，纵坐标是夹杂物的成分。可以看出，随着钢中加钙量由 0ppm 增加

到 50ppm，夹杂物的演变顺序为：$Al_2O_3 \rightarrow Al_2O_3 + CA_6 + CA_2 \rightarrow CA_6 + CA_2 \rightarrow CA_2 + C_3A$ 或 $C_{12}A_7$ 液体夹杂物 $\rightarrow C_3A$ 或 $C_{12}A_7$ 液体夹杂物 $\rightarrow C_3A$ 或 $C_{12}A_7$ 液体夹杂物 $+CaS \rightarrow C_3A$ 或 $C_{12}A_7$ 液体夹杂物 $+CaS+CaO \rightarrow CaS+CaO$。这里存在一个加钙量的精准窗口问题。在此加钙量之前，钢中既有固态夹杂物也可能有液态夹杂物；而在此加钙量之后，更多钙加入到某一个临界值之后，随着加钙量的继续增加，夹杂物都以液态存在；继续增加达到最大加钙量之后，如果继续增加喂钙量，就会生成固体的 CaS 和 CaO 夹杂物，而固体的 CaS 和 CaO 夹杂物也会引起水口结瘤。因此，在钙处理过程中，加钙量的多少有一个范围，加钙过多或者过少都会引起钢液中固体夹杂物的增多，从而增加水口结瘤的可能性，影响钢液的可浇性。

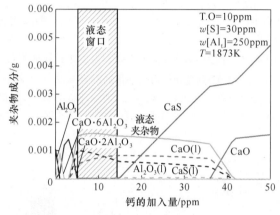

图 4-31　钙的加入量对钢液中夹杂物主要成分的调节和控制作用[6]　　扫一扫看彩图

图 4-32 是热力学计算得到的含 $w[Al] = 0.035\%$ 的钢液最低喂钙量和最高喂钙量与钢中总氧含量、硫含量和温度的关系图。图 4-33 是某厂冷镦钢喂钙量不同的条件下钢中非金属夹杂物的成分，可以看出，在当前条件下，喂钙线 200m 比喂钙线 500m 更合理，更能把夹杂物控制在液相区[6]。

钢液钙处理成功与否主要由四个方面确定：（1）正确的含钙合金加入方式，加钙的过程中尽量避免增加钢水的总氧含量；（2）精准加钙量的热力学计算；（3）加钙后合适的软吹时间；（4）连铸过程中有效的保护浇铸措施，防止从大气中吸氧是保证加钙处理效果持续到最后的关键。

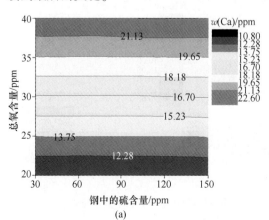

(a)

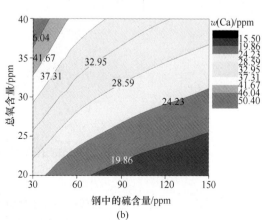

(b)

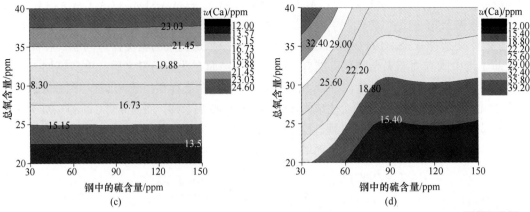

图 4-32　钢液中氧含量和硫含量及温度对钙处理最低
喂钙量和最高喂钙量的影响[6]

（a）1873K 下最小的 T. Ca 含量要求；（b）1873K 下最大的 T. Ca 含量要求；
（c）1813K 下最小的 T. Ca 含量要求；（d）1813K 下最大的 T. Ca 含量要求　　扫一扫看彩图

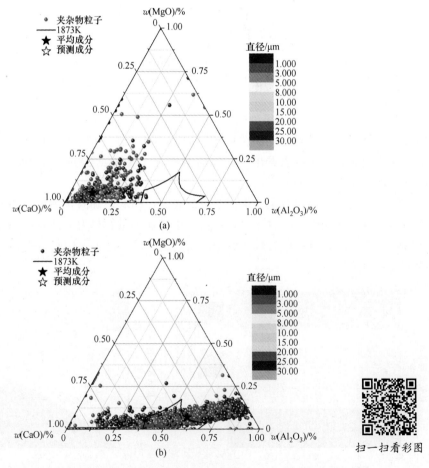

图 4-33　某厂生产冷镦钢过程中喂钙量不同的条件下钢液中夹杂物的成分分布[6]

（a）喂钙线 500m；（b）喂钙线 200m

　　钢液钙处理在线控制软件的开发顺应了洁净钢成分窄窗口的要求，即时反馈结果、在线给予建议的方式使生产操作有的放矢。对于生产的海量数据，软件更便于记录，不仅方便用户的回调，也有利于开发者升级更新数据库，更好地再投入使用来服务用户。在未来的工业发展中，应用数据集成的软件来指导自动化生产将成为主流模式。认清钙处理的改性机理，建立准确的钙处理模型，并在现场有限的在线参数的指导下，借助于大数据集成的软件来指导生产，实现钙处理过程的在线控制和精准化控制，将是未来发展的方向。

4.4　钢-渣-夹杂物相互作用的动力学

　　本书第 3 章全面论述了合金、精炼渣、耐火材料对钢液洁净度和钢中非金属夹杂物的影响。在炉外精炼过程中，多种物相互相接触，发生多相多元的高温化学反应和物质交换，图 4-34 显示了"渣改质剂-精炼渣-钢液-耐火材料-合金-夹杂物-空气"七相多元体系反应和传递现象示意图。

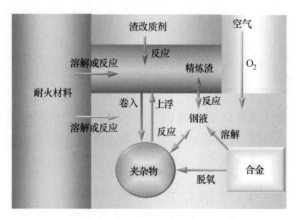

图 4-34　　"渣改质剂-精炼渣-钢液-耐火材料-合金-夹杂物-空气"
七相多元体系化学反应和传递现象示意图

　　耦合反应模型被用于建立"钢液-渣相-夹杂物-耐火材料-合金-空气"多相多元反应的动力学模型[47-51]，该模型考虑了钢液-精炼渣之间的反应、钢液-夹杂物之间的反应、耐火材料-精炼渣的相互作用、耐火材料-钢液的相互作用、合金-钢液中溶解氧之间的反应、空气对钢液的二次氧化以及夹杂物的上浮去除。

4.4.1　钢液和精炼渣之间的反应

　　钢液和精炼渣之间反应是多个化学反应相互耦合的过程，反应的动力学过程如图 4-35 所示，表 4-12 列出了钢液-精炼渣和钢液-夹杂物界面典型的化学反应及其标准吉布斯自由能变化。

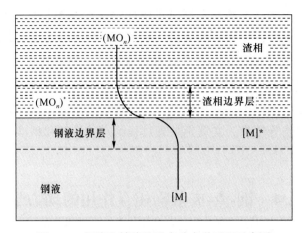

图 4-35　钢液和精炼渣反应动力学过程示意图

表 4-12　钢液-精炼渣和钢液-夹杂物界面上典型的化学反应及其标准吉布斯自由能变化

反应式	$\Delta G^{\ominus}/\text{J} \cdot \text{mol}^{-1}$ [52]
$[\text{Ca}]+[\text{O}]=(\text{CaO})$	$\Delta G_{\text{Ca}}^{\ominus}=-645200+148.7T$
$2[\text{Al}]+3[\text{O}]=(\text{Al}_2\text{O}_3)$	$\Delta G_{\text{Al}}^{\ominus}=-1206220+390.39T$
$[\text{Si}]+2[\text{O}]=(\text{SiO}_2)$	$\Delta G_{\text{Si}}^{\ominus}=-581900+221.8T$
$[\text{Mn}]+[\text{O}]=(\text{MnO})$	$\Delta G_{\text{Mn}}^{\ominus}=288150+128.3T$
$[\text{Mg}]+[\text{O}]=(\text{MgO})$	$\Delta G_{\text{Mg}}^{\ominus}=-89960-82.0T$

图 4-35 中 $[\text{M}]$ 表示钢液中组元 M 的浓度；$[\text{M}]^*$ 为钢液边界层上组元 M 的浓度；(MO_n) 表示渣相中组元 MO_n 的浓度；$(\text{MO}_n)^*$ 表示渣相边界层上组元 MO_n 的浓度。钢液组元 M 在钢液边界层的传质通量为

$$J_{\text{M}} = \frac{1000\rho_{\text{steel}}\beta_{\text{m}}}{100M_{\text{M}}}(w[\text{M}]^{\text{b}} - w[\text{M}]^*) \qquad (4\text{-}87)$$

式中，J_{M} 为钢液组元 M 的传质通量，$\text{mol}/(\text{m}^2 \cdot \text{s})$；$\rho_{\text{steel}}$ 为钢液密度，kg/m^3；β_{m} 为钢液组元 M 的传质系数，m/s；M_{M} 为钢液组元 M 的分子量，g/mol；上标 b 表示钢液本体，*表示渣钢界面。

精炼渣中组元 MO_n 在精炼渣边界层的传质通量为

$$J_{(\text{MO}_n)} = \frac{1000\rho_{\text{slag}}\beta_{\text{s}}}{100M_{\text{MO}_n}}[w(\text{MO}_n)^* - w(\text{MO}_n)^{\text{b}}] \qquad (4\text{-}88)$$

式中，$J_{(\text{MO}_n)}$ 为精炼渣组元 MO_n 的传质通量，$\text{mol}/(\text{m}^2 \cdot \text{s})$；$\rho_{\text{slag}}$ 为精炼渣密度，kg/m^3；β_{s} 为精炼渣中组元 MO_n 的传质系数，m/s；M_{MO_n} 为精炼渣组元 MO_n 的分子量，g/mol；上标 b 表示精炼渣本体；*表示渣钢界面。

假设界面两侧为稳态传质，即界面上不存在物质积累，且钢液-渣相界面上化学反应很快，而钢液及渣相中的传质为反应的限制性环节。因此，钢液组元 M 的物质流密度应等于精炼渣组元 MO_n 的物质流密度，钢液组元 M 和精炼渣组元 MO_n 的传质通量守恒方程用式（4-89）表示。

$$J_M = J_{(MO_n)} \tag{4-89}$$

根据电荷守恒可以建立等式（4-90）。

$$J_{Ca} + 1.5J_{Al} + 2J_{Si} + J_{Mn} + J_{Mg} - J_O = 0 \tag{4-90}$$

通过联立上述方程可以求解界面处组元浓度，得到钢液和精炼渣中组元浓度随着时间变化的表达式。

$$\frac{dw[M]}{dt} = -\frac{A_{steel\text{-}slag} \cdot \beta_m}{V_{steel}}(w[M]^b - w[M]^*) \tag{4-91}$$

$$\frac{dw(MO_n)}{dt} = -\frac{A_{steel\text{-}slag} \cdot \beta_s}{V_{slag}}[w(MO_n)^b - w(MO_n)^*] \tag{4-92}$$

式中，$A_{steel\text{-}slag}$ 为钢液和精炼渣界面面积，m^2；V_{steel} 为钢液体积，m^3；V_{slag} 为精炼渣体积，m^3。

4.4.2 钢液和夹杂物之间的反应

图 4-36 中 [M] 表示钢液中组元 M 的浓度；[M]* 为钢液边界层上组元 M 的浓度；$w(MO_n)_{inc}^b$ 表示组元 MO_n 在夹杂物中的浓度；$w(MO_n)_{inc}^*$ 表示组元 MO_n 在夹杂物边界层中的浓度。

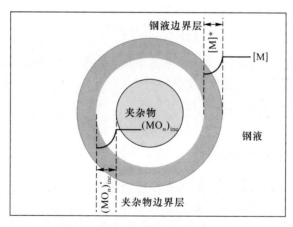

图 4-36　钢液和夹杂物之间反应示意图

假定钢液-夹杂物界面两侧为稳态传质，即界面上无物质的积累，且钢液-夹杂物界面上化学反应很快，而钢液及渣相中的传质为反应的限制性环节。钢液组元 M 传质通量为

$$J_M = \frac{1000\rho_{steel}\beta_{m\_inc}}{100M_M}[w(M)^b - w[M]^*] \tag{4-93}$$

式中，J_M 为钢液中组元 M 的传质通量，$mol/(m^2 \cdot s)$；ρ_{steel} 为钢液密度，kg/m^3；β_{m_inc} 为钢液和夹杂物之间的传质系数，m/s；M_M 为钢液中组元 M 的分子量，g/mol。

夹杂物中组元 MO_n 传质通量用式（4-94）表示。

$$J_{(MO_n)_{inc}} = \frac{1000\rho_{inc}\beta_{inc}}{100M_{MO_n}}[w(MO_n)_{inc}^* - w(MO_n)_{inc}^b] \tag{4-94}$$

式中，$J_{(MO_n)_{inc}}$ 为夹杂物中组元 MO_n 传质通量，$mol/(m^2 \cdot s)$；ρ_{inc} 为夹杂物密度，

kg/m^3；β_{inc} 为夹杂物内部传质系数，m/s；M_{MO_n} 为夹杂物中组元 MO_n 的分子量，g/mol。

根据钢液中组元 M 和夹杂物中组元 MO_n 传质通量守恒以及电中性条件分别可以得到式（4-95）和式（4-96）两个等式。

$$J_M = J_{(MO_n)_{inc}} \tag{4-95}$$

$$J_{Ca} + 1.5J_{Al} + 2J_{Si} + J_{Mn} + J_{Mg} - J_O = 0 \tag{4-96}$$

假设钢液中夹杂物直径都相等，通过联立上述等式可以得到钢液中组元 M 和直径为 d_{inc} 的夹杂物中组元 MO_n 的浓度随时间变化的关系式。

$$\frac{dw[M]}{dt} = -\frac{n_{3D} \cdot A_{steel\text{-}inc} \cdot \beta_{m\_inc}}{V_{steel}}(w[M]^b - w[M]^*) \tag{4-97}$$

$$\frac{dw(MO_n)_{inc}}{dt} = -\frac{A_{steel\text{-}inc} \cdot \beta_{inc}}{V_{inc}}[w(MO_n)^*_{inc} - w(MO_n)^b_{inc}] \tag{4-98}$$

式中，n_{3D} 为三维夹杂物数密度，个/m^3；$A_{steel\text{-}inc}$ 为钢液和夹杂物界面面积，m^2；V_{steel}，V_{inc} 分别为钢液体积和单个夹杂物体积，m^3。

单个夹杂物体积、二维夹杂物数密度和三维夹杂物数密度之间的转换分别由式（4-99）和式（4-100）[53]计算。

$$V_{inc} = \frac{1}{6}\pi d_{inc}^3 \tag{4-99}$$

$$n_{3D} = \frac{n_{2D}}{d_{inc}} \times 10^{12} \tag{4-100}$$

式中，d_{inc} 为夹杂物直径，μm；n_{2D} 为二维夹杂物数密度，个/mm^2。

钢液中夹杂物中组元 MO_n 浓度可改写为

$$\frac{dw(MO_n)_{inc}}{dt} = -\frac{6\beta_{inc}}{d_{inc}}[w(MO_n)^*_{inc} - w(MO_n)^b_{inc}] \tag{4-101}$$

4.4.3 耐火材料和精炼渣之间的反应

假设 MgO 质耐火材料与精炼渣的相互作用过程中，在界面处形成精炼渣界面层，如图 4-37 所示。假设在 MgO 质耐火材料和精炼渣相互作用过程中，界面侧为稳态传质，即界面上没有物质的积累。耐火材料向渣中传质为主要限制性环节，界面层内饱和的 MgO 浓度和精炼渣中 MgO 浓度的不同是耐火材料不断溶解的驱动力。耐火材料溶解反应见式（4-102）。MgO 质耐火材料溶解引起的渣中 MgO 浓度变化速率可由式（4-103）表示[54]。

$$(MgO)_{(s)} === (MgO) \tag{4-102}$$

$$\frac{dw(MgO)}{dt} = \frac{A_{ref\_slag}\beta_{ref\_MgO}}{V_{slag}}[w(MgO)^*_{ref} - w(MgO)^b] \tag{4-103}$$

式中，$w(MgO)^b$ 为精炼渣中 MgO 浓度；$w(MgO)^*_{ref}$ 为精炼渣中 MgO 饱和浓度；A_{ref_slag} 为精炼渣和耐火材料的接触面积，m^2；β_{ref_MgO} 为 MgO 从耐火材料向精炼渣中的传质系数，m/s；V_{slag} 为精炼渣体积，m^3。

4.4.4 钢液和耐火材料之间的反应

图 4-38 为钢液和耐火材料之间反应示意图。该模型假设在钢液一侧的钢液-耐火材料

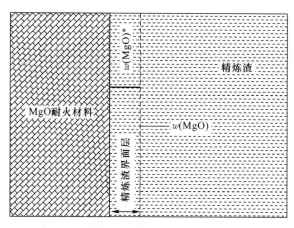

图 4-37　耐火材料向精炼渣中的溶解示意图

界面处存在界面层，界面层到钢液侧为稳态传质，即从界面层到钢液中的传质为反应的限制性环节；钢液-耐火材料界面化学反应很快，界面处没有物质的积累。钢液-耐火材料界面化学反应已在前文 3.3.4 中描述过，见式（3-82）~式（3-85）。

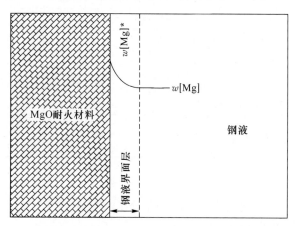

图 4-38　钢液和耐火材料之间反应示意图

$$2[Al] + 3(MgO) \Longrightarrow 3[Mg] + (Al_2O_3) \tag{3-82}$$

$$2[Al] + 3[O] \Longrightarrow (Al_2O_3) \tag{3-83}$$

耐火材料与钢液间相互作用的溶解速率和钢液中镁元素浓度随时间的变化可由下面两个等式求得[55]。

$$J_{Mg} = \frac{1000\beta_{Mg}\rho_{steel}}{100M_{Mg}}(w[Mg]^b - w[Mg]^*) \tag{3-84}$$

$$\frac{d[Mg]}{dt} = -\frac{A_{ref\text{-}steel}\beta_{Mg}}{V_{steel}}(w[Mg]^b - w[Mg]^*) \tag{3-85}$$

式中，β_{Mg} 为耐火材料中的镁元素向钢液中的传质系数，m/s；ρ_{steel} 为钢液密度，kg/m³；M_{Mg} 为镁元素的分子量，g/mol；$A_{ref\text{-}steel}$ 为钢液和耐火材料的接触面积，m²；V_{steel} 为钢液体积，m³。

4.4.5　活度的计算

钢液中组元的活度根据亨利定律和 Wagner 相互作用系数公式进行计算，相关热力学参数见表 4-13。

表 4-13　钢液中元素的活度相互作用系数[56-58]

$\frac{j}{i}$	Al	C	Ca	Cr	Mg	Mn	O	Si
Al	$63/T+0.011$ $(0.17/T-0.0011)$	0.091 (-0.004)	-0.047	0.012	-0.13	0	$-34740/T+11.95$	0.056 (-0.0006)
C	0.043 (-0.0007)	$158/T+0.0581$ $(8.94/T+0.0026)$	-0.097	-0.023	-0.07	-0.012	-0.34	$162/T-0.008$ $(1.94/T-0.0003)$
Ca	-0.072 (0.0007)	-0.34 (0.012)	-0.002	0.02	0	-0.0156	-2500 $(2.6e5)$ $[2.1e5]$	-0.097 (0.0009)
Cr	0.023	-0.12	0.026	-0.0003	0.1	0.0039	-0.14	-0.0043
Mg	-0.12	-0.15	0	-0.0003	0	0	-289	-0.09
Mn	0	-0.07	-0.023	0.05	0	0	-0.083	-0.00026
O	$-20600/T+7.15$ (1.7)	-0.45	-990 $(4.2e4)$ $[2.1e5]$	-0.04 (0.00037)	-190	-0.021	$-1750/T+0.734$	-0.131
Si	0.058	$380/T-0.023$	-0.067	-0.0003	-0.105	0.002	-0.23	$34.5/T+0.089$ $(6.5/T-0.0055)$

注：( ) 为 r_i^j；[ ] 为 r_i^{ij}。

精炼渣或夹杂物中组元的活度根据离子和分子共存理论[59-61]计算。耐火材料和钢液界面处固体 MgO 活度值设为 1。

4.4.6　传质系数的确定

本书第 2.2.2 节详细讨论了各种传质过程的传质系数的表达式。由于钢液-夹杂物界面、钢液-精炼渣界面、钢液-耐火材料界面和精炼渣-耐火材料界面的形态特征不同，这四种界面上传质不同，传质系数计算方法也不同。这里采用表面更新理论[62]计算钢液-夹杂物界面的传质系数。根据表面更新理论，在界面处存在大量不同停留时间的流体旋涡。在流体流动过程中，界面处的物质不断被替换和更新，钢液-夹杂物界面传质系数计算见式（4-104）。在实际计算中，由于传质系数值过大，钢液-夹杂物界面的传质系数仅取式（4-104）计算结果的 1/10[47-48]，见式（4-105）。其中钢液和夹杂物之间的相对速度根据式（4-106）[47-48]计算求得。钢液和精炼渣中各组分的扩散系数见表 4-14。

$$k_{M\_inc} = \sqrt{\frac{2D_M u_{slip}}{\pi d_{inc}}} \tag{4-104}$$

$$k_{m\_inc} = \frac{1}{10}k_{M\_inc} \tag{4-105}$$

式中，k_{M_inc} 为采用表面更新理论计算的钢液-夹杂物界面传质系数，m/s；k_{m_inc} 为本计算过程中采用的钢液-夹杂物界面传质系数，m/s；D_M 为组元在钢液中的扩散系数，m²/s；u_{slip} 为钢液和夹杂物之间的相对速度，m/s，由式（4-106）计算；d_{inc} 为夹杂物直径，m。

$$u_{slip} = \frac{(\rho_{steel} - \rho_{inc})d_{inc}^2 g}{18\mu_{steel}} \tag{4-106}$$

式中，ρ_{steel}、ρ_{inc} 分别为钢液和夹杂物密度，kg/m³；g 为重力加速度，9.8m/s²；μ_{steel} 为钢液黏度，0.0067kg/(m·s)。

表 4-14　钢液和精炼渣中各组分的扩散系数

组元	[Al]，[Si][63]	[Mn]，[Ca]	(MgO)，(CaO)，(MnO)	(SiO₂)，(Al₂O₃)
$D/m^2 \cdot s^{-1}$	22.36×10⁻⁹	18.83×10⁻⁹	2.03×10⁻⁹	2.08×10⁻⁹

对于其他界面，传质系数可以由 Lamont 公式即式（2-142）[64-65] 计算求得。

4.4.7　动力学模型应用的典型结果

使用上述动力学模型计算得到的管线钢 LF 炉精炼过程中钢液成分和夹杂物成分随时间的变化如图 4-39 所示[51]。可以看出，在精炼开始 200s 左右向钢液中加入铝脱氧剂，钢液中的铝含量和夹杂物中 Al₂O₃ 含量都有一个跃升；之后，随着时间的延长，钢液中的铝含量逐渐降低，夹杂物中的 Al₂O₃ 含量也逐渐降低，夹杂物中的 CaO 含量逐渐升高；1500s 后夹杂物成分变化不大，在该时刻钢液中铝含量产生一个小的跃升是因为向钢液中加入了一定量的含有铝的硅铁合金。

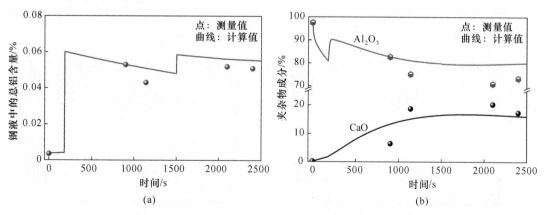

图 4-39　使用动力学模型计算得到的管线钢 LF 炉精炼过程中钢液成分和夹杂物成分随时间的变化[51]
（a）钢液成分；（b）夹杂物成分

应用该动力学模型计算了电渣重熔熔滴滴落过程钢液中 1μm、2μm 和 5μm 夹杂物成分的变化，如图 4-40 所示[66]，可以看出，小尺寸夹杂物的转变速率较大，1μm 夹杂物在液膜阶段末期即与钢液达到了化学反应平衡，2μm 夹杂物则在滴落阶段末期达到化学反应平衡，而 $5\mu m$ 夹杂物在熔池中才与钢液达到化学反应平衡。各阶段的夹杂物成分转变速率相差极大，以 $5\mu m$ 夹杂物中 Al_2O_3 含量的变化为例，滴落阶段成分转变速率最大，熔池中则最小，但不同尺寸夹杂物的最终组成相差较小。随着夹杂物尺寸的增大，Al_2O_3 含量略有增加。

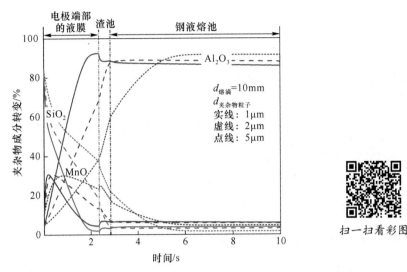

图 4-40　电渣重熔熔滴滴落过程钢液中 $1\mu m$、$2\mu m$ 和 $5\mu m$ 夹杂物成分的变化[66]

扫一扫看彩图

应用该动力学模型，并与连铸过程钢液流动、传热和凝固相结合，预报了重轨钢和管线钢连铸坯全断面上钢的温度及夹杂物成分随时间的变化[67-68]。图 4-41 示出了重轨钢连铸坯全断面上夹杂物中 CaO 和 CaS 成分的空间分布，可以看出，夹杂物成分的空间分布上 CaO 和 CaS 是相反的，即 CaO 多的地方 CaS 少，CaO 少的地方 CaS 多，这主要是发生了两者之间的置换反应所造成的。这一预报结果也表明，不仅是夹杂物数量和尺寸在连铸坯断面上呈现不对称、不均匀分布，夹杂物成分在连铸坯断面上也呈现不均匀分布。

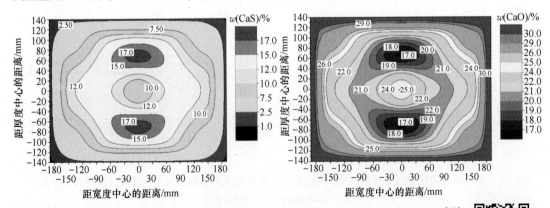

图 4-41　重轨钢连铸坯全断面上夹杂物中 CaO 和 CaS 成分的空间分布[68]

应用该动力学模型，预报了 1498K 温度下加热的 GCr15 轴承钢中非金属夹杂物成分随加热时间的演变，如图 4-42 所示[69]。可以看出，随着加热时

扫一扫看彩图

间的延长，夹杂物中 Al_2O_3 含量逐渐增加，CaO 和 MgO 含量逐渐降低，CaS 含量先增加然后缓慢降低。这一研究结果表明，钢中非金属夹杂物控制的生产步骤不仅是炉外精炼和连铸过程，在后续的连铸坯加热和轧制过程，甚至是钢产品的使用过程中，钢中非金属夹杂物的形貌和成分都会发生变化。

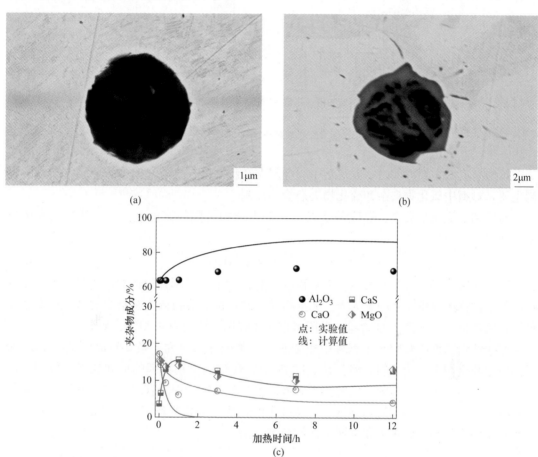

图 4-42　在 1498K 温度下加热的 GCr15 轴承钢中非金属夹杂物成分随加热时间的演变[69]

（a）加热前钢中典型 Ca-Al-Mg-O 夹杂物形貌；（b）加热 1h 后钢中典型 Ca-Al-Mg-O 外壳为
CaS 的夹杂物形貌；（c）夹杂物成分随加热时间的变化

4.5　典型钢种中非金属夹杂物的控制方略

4.5.1　钢的非金属夹杂物指数

各个钢种之间在成分上最主要的不同点是钢中碳含量的不同。图 4-43 给出了典型钢种之间碳含量的不同，钢中碳含量决定了钢液中平衡的溶解氧含量，在炼钢炉之后的脱氧过程中，溶解氧含量的高低又直接决定了所生成的氧化物夹杂物的多少，所以钢中的碳含量对钢洁净度有重要的影响。

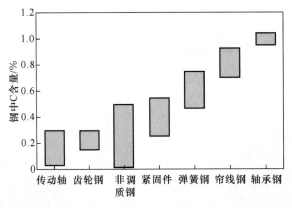

图 4-43　典型钢种之间碳含量的不同

　　钢洁净度的主要方面之一就是钢中非金属夹杂物要符合要求，钢中非金属夹杂物的控制主要是对钢中氧化物夹杂和硫化物夹杂物的控制。

　　对于钢中氧化物夹杂，张立峰定义了一个夹杂物指数的概念 $I_{inclusion}$，用式（4-107）表示[70]。

$$I_{inclusion} = x\mathrm{T.O} + y(\mathrm{Al_2O_3}) \tag{4-107}$$

　　对于铝脱氧钢，式中 y 为零，夹杂物的控制目标主要强调钢中的总氧含量（T.O）要低；对于硅锰脱氧钢，式中 x 为零，夹杂物的控制目标主要强调夹杂物中的 $\mathrm{Al_2O_3}$ 含量要低。铝脱氧钢主要强调 T.O 含量，硅脱氧钢主要强调夹杂物中的 $\mathrm{Al_2O_3}$ 含量。

　　基于此洁净度指数和多个钢种中非金属夹杂物的深入研究，张立峰提出了图 4-44 所示的钢中非金属夹杂物控制方略，针对以 IF 钢为代表的无钙处理的低硅的铝脱氧钢、以轴承钢为代表的无钙处理的高硅的铝脱氧钢、铝脱氧有钙处理的管线钢和冷镦钢、铝脱氧有钙处理高硫的齿轮钢和易切削钢、硅锰脱氧的帘线钢、切割丝钢、弹簧钢、304 不锈钢等钢种都提出了相应的钢中非金属夹杂物控制方法。

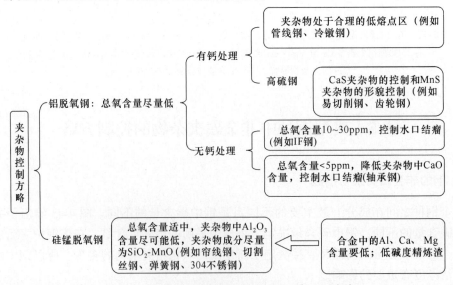

图 4-44　典型钢种钢中非金属夹杂物控制方略[70]

4.5.2 IF 钢中非金属夹杂物的控制

对于铝脱氧钢，要求钢中总氧含量尽量低。而铝脱氧钢又进一步区分为有钙处理钢和无钙处理钢。

对于铝脱氧钢且不进行钙处理的情况，钢中 T.O 含量越低越好，例如，轴承钢要求 T.O 低于 5ppm，IF 钢要求 T.O 低于 20ppm，其他的低碳铝镇静钢一般要求 T.O 低于 40ppm。尽管钢液满足这些条件，但还是会出现和夹杂物相关的质量问题，例如，水口结瘤过于严重，或者水口结瘤物脱落造成轴承钢产品探伤不合的问题，或者汽车板板材表面出现与结晶器卷渣相关的线状缺陷问题。

IF 钢（Interstitial Free Steel），即无间隙原子钢的化学成分见表 4-15，是一种超低碳钢，具有极优异的深冲性能，在汽车工业中得到了广泛应用，常应用于汽车面板等构件，其生产工艺一般为转炉冶炼→RH 精炼→连铸。

表 4-15　IF 钢的化学成分控制范围　　　　　　　　　　（质量分数,%）

C	Si	Mn	P	T.S	Al	Ti	T.O	T.N
≤0.0035	≤0.03	0.10~0.30	≤0.020	≤0.015	0.02~0.07	0.05~0.09	≤0.003	≤0.004

IF 钢中的夹杂物主要为纯的 Al_2O_3 夹杂物（如图 2-4 所示），或者 Al_2O_3-(TiO_x) 夹杂物；IF 钢生产过程中，因为要在 RH 炉外精炼过程中依靠碳氧反应来深脱碳，所以在出钢过程中不向钢液中加入脱氧剂进行预脱氧。这造成转炉出钢后渣中 $FeO+MnO$ 含量过高，会导致后续炉外精炼过程中洁净度控制的困难。为了解决这一问题，以 IF 为代表的低碳铝镇静钢汽车板类产品，都会在出钢后向渣面加入溶剂对钢包渣进行还原处理。为了与其他还原剂相区别，一般称此类熔剂为钢包渣改质剂。钢包渣改质处理后，渣中 $FeO+MnO$ 含量可以小于 8%[71]；为了能尽量地吸附钢液中上浮出来的 Al_2O_3 夹杂物，精炼渣的 $w(CaO)/w(Al_2O_3)$ 要在 1.7 左右，见本书 3.2.3 节的讨论。依靠 RH 精炼处理，IF 钢中的总氧含量可以控制在 20ppm 以下。但是，因为夹杂物主要为纯的 Al_2O_3 夹杂物，或者为 Al_2O_3-(TiO_x) 夹杂物，连铸过程中还会发生水口结瘤。目前，如何改善低碳铝镇静钢连铸过程中水口结瘤成为急需解决的问题。为了降低水口结瘤和减少对钢液的增碳，有人开发了无碳无硅的尖晶石材料作为钢包内壁材料[72] 和无碳无硅的 Al_2O_3-MgO-ZrO_2 材料作为内衬的复合浸入式水口[73]。

IF 钢冷轧薄板的主要缺陷是表面长条线状缺陷，其宏观照片如图 4-45 所示。线状缺陷产生的主要原因包括：（1）浇铸过程结晶器卷渣；（2）水口结瘤；（3）凝固钩捕捉"氩气泡+Al_2O_3 夹杂物"。此缺陷都和夹杂物有关，为了避免此缺陷的发生，应该注意优化连铸过程中钢液的流动和卷渣行为[74-77]。

4.5.3 轴承钢中非金属夹杂物的控制[78]

轴承钢是用来制造滚珠、滚柱和轴承套圈的钢。高碳铬轴承钢 GCr15 是轴承钢的典型代表钢种，主要是指成分为 1%C-1.5%Cr 的钢种，具体成分要求见表 4-16。轴承钢所采用的生产工艺一般为转炉/电炉冶炼→LF 精炼→RH/VD 精炼→连铸。

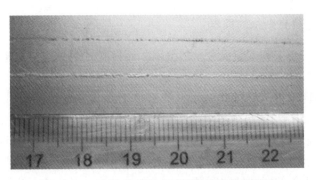

图 4-45　IF 钢冷轧薄板表面线状缺陷宏观照片

表 4-16　GCr15 轴承钢的主要成分　　　　　　（质量分数,%）

C	Cr	Si	Mn	P	Mo	Ni	S
0.95~1.05	1.40~1.65	0.15~0.35	0.25~0.45	≤0.027	≤0.10	≤0.23	≤0.020

　　轴承钢中的夹杂物主要是 Al_2O_3-CaO-(MgO) 三元系夹杂物（如图 4-1 中的 (l)、(m)、(n) 所示）。轴承钢在炼钢出钢过程中使用铝进行预脱氧，所以炉外精炼过程中渣中的 FeO+MnO 含量已经比较低，为了达到超低氧含量的目标，在炉外精炼过程中还需要持续进行渣的扩散脱氧，主要靠向渣中持续加入硅铁粉或者 SiC 来进行；另外，轴承钢的硅含量是 IF 钢的 5 倍以上，需要加入大量的硅铁进行合金化，这些硅铁合金中的一半含有约 0.5% 的钙元素，这些钙含量使得钢液中的夹杂物为 Al_2O_3-CaO-(MgO) 夹杂物。轴承钢除了要求钢中总氧含量达到超低之外，还需要满足钢中的总钙含量 T.Ca<3ppm，总钛含量 T.Ti<15ppm。对于钢中钙含量的要求，其实是要求夹杂物中的 CaO 含量不能过高；对钢中钛含量的要求，是要求钢中的 TiN 夹杂物含量不能超标。

　　轴承钢中的 Al_2O_3-CaO-(MgO) 夹杂物有一些在钢液温度下是固体，还造成水口结瘤，所以解决水口结瘤问题也是轴承钢生产的一个共性需求。轴承钢中的 Al_2O_3-CaO-(MgO) 夹杂物有两类，如图 4-46 所示：一类是加入硅铁合金后，因为合金中含有钙，钙和钢液中原有的溶解铝生成固体 Al_2O_3-CaO 夹杂物，这些夹杂物尺寸约 5μm，为块状或者球状，尽管很小，但是易于水口结瘤，结瘤物一旦脱落就成为钢产品中的大尺寸缺陷；第二类是钢液卷渣，特别是使用 VD 真空精炼条件下，钢渣混合剧烈，大量的 Al_2O_3-CaO-SiO_2-(MgO) 渣滴进入钢液，这一类夹杂物尺寸较大，一般大于 20μm，在钢液温度下是液体，与钢液的接触角小于 90°，在钢液中难以去除。这些渣滴卷入钢液后在钢液内运动过程中，钢液中的酸溶铝还原了渣滴中的 SiO_2 使得夹杂物的最终成分转变为 Al_2O_3-CaO-(MgO) 夹杂物。

4.5.4　管线钢中非金属夹杂物的控制[79]

　　石油和天然气管道输送用钢称为管线钢，管线钢需要具有高的强度和韧性、良好的焊接和耐寒性能以及抗 HIC、H_2S 腐蚀的能力，典型的管线钢化学成分见表 4-17。目前冶炼高品质管线钢采取的工艺流程为铁水预处理→转炉冶炼→炉外精炼→连铸，其中炉外精炼可分为单联工艺和双联工艺两种，单联工艺主要为 LF、RH 和 VD，双联工艺主要为

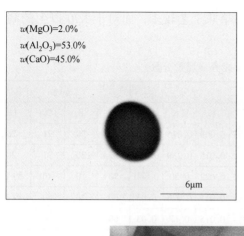
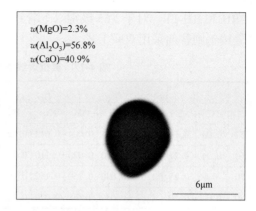

(a)

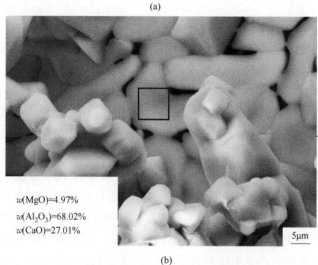

(b)

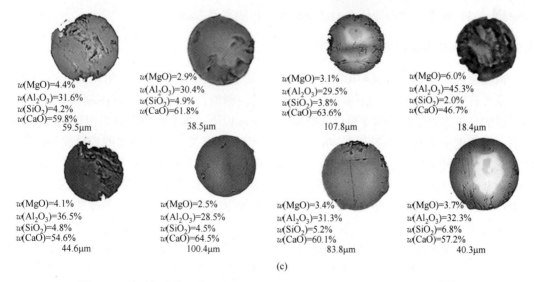

(c)

图 4-46 轴承钢中典型大尺寸液相 CaO-Al$_2$O$_3$-(MgO-SiO$_2$) 夹杂物形貌[50]

（a）加入硅铁后钢液中的小颗粒 Al$_2$O$_3$-CaO 夹杂物；（b）连铸水口结瘤上的小颗粒
Al$_2$O$_3$-CaO-(MgO) 夹杂物簇群；（c）炉外精炼后钢液中的大颗粒 Al$_2$O$_3$-CaO-(MgO-SiO$_2$) 夹杂物

LF-RH 和 RH-LF。对于 X65 级别以下管线钢采用单联工艺较多，而对于 X70 以上的高级别管线钢则普遍采用双联工艺。

表 4-17 典型管线钢的化学成分（质量分数）

牌号	%											ppm			
	C	Si	Mn	Cr	Mo	Ni	Nb	V	Ti	Cu	Al	P	S	N	Ca
X52	0.08	0.14	0.87	0.035	0.004	0.013	0.022	0.005	0.008	0.015	<0.03	80	30	91	20
X60	0.04	0.27	1.19	0.030	0.020	0.110	0.049	0.040	0.015	0.230	0.034	50	20	71	20
X70	~0.06	0.25	1.62	0.030	0.150	0.150	0.060	0.040	0.022	0.20	0.040	70	10	40	约15
X80	0.04	0.30	1.80	0.050	0.20	0.020	0.045	0.005	0.015	0.020	0.03	60	20	60	约15
X100	0.08	0.30	1.90	—	0.25	0.030	0.050	—	0.015	0.17	0.03	60	10	20	约15

对管线钢性能危害最大的是大尺寸 Al_2O_3 夹杂物，所以需要对钢液进行钙处理以把固体 Al_2O_3 夹杂物改性为液体的 $CaO-Al_2O_3$ 夹杂物，如图 4-1 中的（p）、（q）所示，钢中总氧含量在 20ppm 左右，所以管线钢属于铝脱氧的超低氧钙处理钢种。和 IF 钢及轴承钢相比，管线钢中夹杂物控制的区别之处有下面几点：（1）精准钙处理以改性钢中 Al_2O_3 夹杂物为液体的 $CaO-Al_2O_3$ 夹杂物，有一个最佳喂钙量的问题，而喂钙量与钙的收得率、喂钙的效率、钢水成分和温度有关，已在本书 4.3 节详细讨论。（2）夹杂物的控制目标是什么，有些品种钢希望控制在 $Al_2O_3-CaO-MgO$ 三元夹杂物的 1600℃ 液相区的靠近 Al_2O_3 的一侧，这样夹杂物既能够低熔点不引起水口结瘤，而且在轧制过程中也不会生成长链状夹杂物缺陷；有些钢种希望夹杂物控制在 $Al_2O_3-CaO-MgO$ 三元夹杂物的 1600℃ 液相区的靠近 CaO 的一侧，这要求加钙量更高一些，这样钢中的钙含量足够可以在钢水中生成 CaS 夹杂物并去除，避免轧板和产品中出现过多的 MnS 夹杂物，也避免产品在使用过程中出现硫的缺陷。（3）钢中大颗粒液体 $CaO-Al_2O_3$ 夹杂物的有效去除。

4.5.5 帘线钢中非金属夹杂物的控制

按照夹杂物指数公式（4-107），对于硅脱氧钢，钢中总氧含量不用太低，适当就可以，主要目标应该是控制夹杂物中的 Al_2O_3 含量。例如，帘线钢中 T.O 控制在 20~25ppm 是可以的，不必要像很多学者建议的控制在 15ppm 以下；弹簧钢中 T.O 可以控制在 15ppm 左右；不锈钢中 T.O 可以控制在 40ppm 左右。但是，此类钢中夹杂物的成分变得更加重要，这又分两种情况，第一种是热加工产品，加热温度在 1000℃ 以上的情况，夹杂物的熔点控制在 900~1200℃ 即可，这种情况下夹杂物中可以含有 20% 左右的 Al_2O_3，这样钢的加工温度和夹杂物的熔点相近，所以夹杂物的变形能力很好；第二种情况是冷加工产品（以帘线钢为例），钢产品的加工温度是室温，所以夹杂物的变形和其 1000℃ 以上的熔点没有关系，这种情况下夹杂物的变形能力主要和其杨氏模量有关，杨氏模量越小，夹杂物变形能力越好，这就要求夹杂物中的 Al_2O_3+MgO 含量越少越好，最好小于 5%。已有研究表明，夹杂物中的 Al_2O_3 含量和 MgO 含量是相互关联的，这是因为 MgO 主要来源于 MgO 质耐火材料的溶损。因为 MgO 从耐火材料进入钢液的主要方式之一是通过与钢中的酸溶铝发生置换反应来进行的，所以只要控制好夹杂物中的 Al_2O_3 含量就能控制好夹杂物的 MgO 含量。

　　帘线钢是汽车轮胎的骨架材料，其生产工艺流程为转炉冶炼→LF 精炼→连铸。钢中非金属夹杂物不仅影响帘线钢的强度，而且在加工如冷拔和合股过程中容易造成断丝，如图 4-47 所示。在帘线钢中夹杂物成分控制方面，过去的控制策略是控制夹杂物低熔点为主要目标，通过热轧过程中夹杂物较好的变形，采用大的压缩比来实现夹杂物的细化，进而解决夹杂物引起的断丝问题。但这一策略没有考虑冷加工的情况；新的控制策略为控制具有低杨氏模量的 SiO_2-MnO 类小尺寸夹杂物为主要目标（如图 4-1 中的（a2）、（a3）所示），来实现冷加工过程夹杂物的良好变形以及破碎，进而解决夹杂物引起的断丝问题，如图 4-48 所示[80]，这就要求夹杂物中尽量低的 Al_2O_3、MgO 和 CaO 含量。从控制手段上，一是要尽量降低钢中的［Al］含量，要求提高耐火材料、合金和辅料等的洁净度，特别是控制硅铁合金中的铝和钙杂质含量，严格控制加料过程带入的铝；二是精炼过程要全程采用低碱度、低 Al_2O_3 含量的精炼渣。

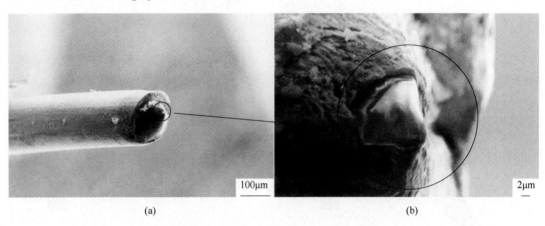

(a)　　　　　　　　　　　　　(b)

图 4-47　帘线钢丝断口及夹杂物形貌[80]

(a) 断口；(b) 夹杂物形貌

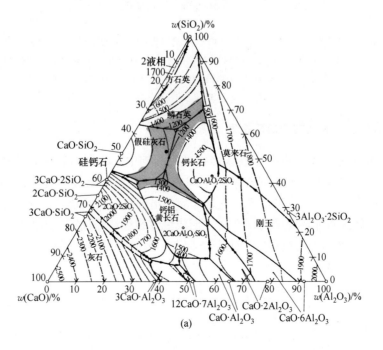

(a)

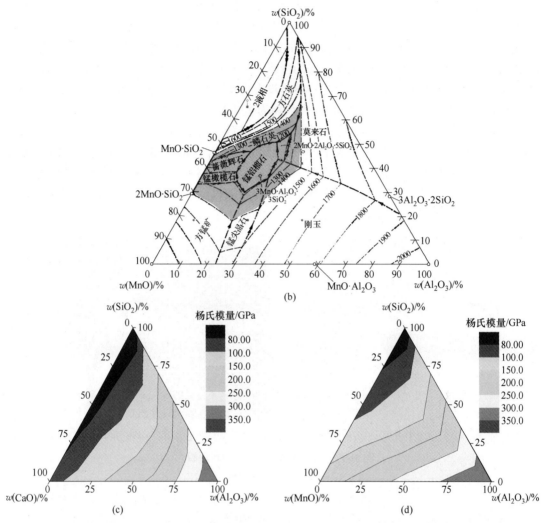

图 4-48　帘线钢热加工中夹杂物的低熔点控制目标和冷加工过程中的低杨氏模量控制目标[80]

(a) SiO₂-CaO-Al₂O₃ 夹杂物 1400℃熔点区；(b) SiO₂-MnO-Al₂O₃ 夹杂物 1400℃熔点区；
(c) SiO₂-CaO-Al₂O₃ 夹杂物杨氏模量；(d) SiO₂-MnO-Al₂O₃ 夹杂物杨氏模量

4.5.6　高硫钢中硫化物的形貌控制

如图 4-31 和图 4-32 所示，在未经钙处理的钢中，硫在最后凝固的枝晶间钢液中以分散的硫化锰形式析出。硫化锰在铸态组织中可以显示出原有的奥氏体晶界。在热轧过程中，硫化锰夹杂物发生变形，导致轧制产品中出现细长条状缺陷，导致最终产品容易（例如在酸性气体或石油环境中的钢产品）形成氢致裂纹；经过钙处理的低硫钢中，由于硫以 Ca(Mn)S 复合物形式沉淀在铝酸钙夹杂物上，因此在凝固过程中 MnS 在晶界的析出受到抑制，其反应式见式（4-108）。

$$(\mathrm{CaO}) + 2[\mathrm{S}] + [\mathrm{Mn}] + \frac{2}{3}[\mathrm{Al}] \longrightarrow (\mathrm{CaS \cdot MnS}) + \frac{1}{3}(\mathrm{Al_2O_3}) \qquad (4\text{-}108)$$

经过钙处理的钢液在凝固过程中对硫化物形状控制的程度取决于钢的总氧含量、硫含量和钙含量，可以通过基于凝固过程中富含杂质的枝晶间液体中发生反应的模型来描述。Turkdogan 推导得出了实现硫化物形貌控制的中间包钢液成分的推荐范围[39]，见表4-18。

表 4-18 实现硫化物形状控制的中间包钢液成分的推荐范围[39]

（质量分数，ppm）

O	Ca	Mn	S
25	20~30	0.4~0.6	<20
25	20~30	1.3~1.5	<30
12	15~20	0.4~0.6	<10
12	15~20	1.3~1.5	<15

对含硫高的易切削钢和非调质钢，夹杂物指数公式（4-107）不适用，因为夹杂物主要控制目标变为钢中硫化物夹杂形貌和数量的控制。

对于 T.O≤10ppm 的高硫钢（T.S>400ppm）中，硫化物形貌控制应该集中到硫化物中的 CaS 和 MnS 含量的匹配上，有一个非常精准的钙含量的要求，目前国内外主要的高硫钢生产企业，钢中硫化物形貌控制主要还是靠钙处理来实现的。当然文献中提出过添加其他金属元素来实现硫化物控制的方法[81-91]，例如向钢中添加 Mg、Ti、Zr、Se、Te、Bi 以及稀土元素，但由于生产成本的增加以及金属过于活泼、与钢液的反应过于剧烈引起的生产安全问题，这些方法都没有得到广泛的应用。例如，碲和硒对硫化物和钢液之间的界面张力有显著的影响，可以用来抑制轧制过程中细长条状硫化物的形成，添加合适的碲或硒的高硫钢轧制之后硫化物呈椭球形，其长宽比取决于钢中的 Te/S 质量比，碲一般通过喷粉或者喂丝的方式加入到钢液中，但是向钢中加入碲和硒引起的成本增加问题以及因为钢液的表面张力被改变而引起的其他问题，实际上限制了这一方法的推广使用。

4.6 稀土冶金与第二相粒子冶金

4.6.1 稀土冶金

稀土元素（RE）是元素周期表中原子序数为 57~71 的 15 种镧系元素，以及与镧系元素具有相似化学性质的钪（Sc）和钇（Y），共 17 种元素的总称。稀土元素具有很强的化学活性，其在钢中的脱氧能力比钢中常用的脱氧剂 Si、Mn、Al 和 Mg 都强，与 Ca 元素接近[92]。稀土元素加入钢中主要有以下四方面的作用：（1）深度净化钢液。稀土元素与钢中的氧和硫元素具有很强的结合能力，可以对钢液起到深度脱氧和脱硫的作用。此外，稀土元素还能净化钢中的 P、As、Sb、Bi、Pb、Sn 等元素，减少这些元素在晶界处的富集，从而减弱这些元素对钢性能的危害。（2）改性夹杂物。稀土元素可以将钢中 Al_2O_3、$MgO \cdot Al_2O_3$ 等硬质夹杂物和塑性的 MnS 改性为（RE）AlO_3、（RE）$_2O_2S$、（RE）S_x 等稀土夹杂物，从而减弱这些夹杂物对钢性能的危害作用。（3）作为形核剂，细化钢的铸态组织。稀土元素加入钢中后生成的高熔点稀土夹杂物，在钢液凝固过程可以诱导高温铁素体形核，从而细化钢的晶粒尺寸，提高铸态钢中等轴晶比例。（4）合金化的作用。稀土原子溶解在钢基体中，对钢起到固溶强化的作用。

　　稀土元素加入钢中后会对钢中氧化物和硫化物夹杂进行改性，生成（RE)AlO_3、(RE)$_2O_2S$、(RE)$_2O_3$、(RE)S_x 等含稀土类夹杂物，当钢中的夹杂物被充分改性后，钢中的固溶稀土元素含量才会显著增加[93]。表 4-19 是文献中关于稀土元素对各类钢中夹杂物改性机理的总结。稀土元素对铝脱氧钢中夹杂物的改性路径可以分为两种：一是当钢中不含硫时，随着稀土元素含量的增加夹杂物的改性顺序为：原始夹杂物→RE-Al-O 类夹杂物→稀土氧化物；二是当钢中含有硫时，随着稀土元素含量增加夹杂物改性顺序为：原始夹杂物→RE-Al-O 类夹杂物→稀土氧硫化物和稀土硫化物。也有学者针对稀土钢中夹杂物种类控制提出了一些参数，包括 T. Ce/T. O[94]、T. Ce/T. S[95]、T. Ce/（T. S+T. O)[96]，目前针对稀土元素在钢中的热力学数据已经有较多的报道[97-105]。

表 4-19　稀土元素对钢中夹杂物改性机理

研究者	钢种	稀土 Ce 含量	对钢中夹杂物改性机理
Katsumata 等人[106]	不锈钢	0~0.1%	钢中生成 Al_2O_3、$CeAl_{11}O_{18}$、$CeAlO_3$ 和 Ce_2O_3 夹杂物，并且随着钢中铈含量增加，夹杂物中 Ce_2O_3 的比例逐渐增加
Park 等人[105]	Fe-Ni-Mn-Mo 合金	0~0.1%	随着钢中 Ce 含量降低，夹杂物转变顺序为：Ce_2O_3→$CeAlO_3$→富 Al_2O_3 相夹杂物
Li 等人[107]	低碳高锰钢	0~340ppm	对 Al_2O_3 夹杂物的改性路径为：Al_2O_3→Ce_2O_2S-Al_2O_3→Ce_2O_2S
Wang 等人[108]	弹簧钢	0~510ppm	$MgO \cdot Al_2O_3$ 夹杂物的改性路径为：$MgO \cdot Al_2O_3$→Ce_2O_3-$MgO \cdot Al_2O_3$ 或者 Ce_2O_2S-$MgO \cdot Al_2O_3$→Ce_2O_3 或者 Ce_2O_2S
Huang 等人[104]	模具钢	0~300ppm	夹杂物的改性路径为：$MgO \cdot Al_2O_3$→$CeAlO_3$→Ce-O 和 Ce-O-S
Yu 等人[109]	中锰钢	130~150ppm	铈加入钢中后，夹杂物中的锰和镁首先被铈还原出来，夹杂物被改性为 $CeAlO_3$。当钢中 T. O 含量较低时，镁铝尖晶石夹杂物被改性为 Ce_2O_2S
Ren 等人[94]	超低碳铝脱氧钢	0~280ppm	随着铈含量增加，铈对 Al_2O_3 夹杂物的改性路径为：Al_2O_3→$CeAlO_3$→Ce_2O_2S→Ce_2O_2S+CeS

　　尽管大量研究表明，向钢中加入稀土元素具有诸多益处，但是目前稀土元素在钢中的工业化应用并不成熟，主要面临以下几方面的挑战：（1）稀土元素在钢中的收得率较低。由于稀土元素具有强化学活性，其加入钢液中后，固溶态的稀土元素会持续与耐材、钢渣、空气等接触，发生氧化去除。（2）连铸过程的水口结瘤。稀土夹杂物都为固态的夹杂物，在连铸过程极易黏附在水口内壁上，造成水口结瘤，影响连铸生产的顺行。（3）稀土夹杂物难以去除。稀土夹杂物的密度较大，基本在 5~7g/cm³，在钢中难以通过上浮去除[92]，并且固态的稀土夹杂物在钢液中易碰撞聚合，生成的大尺寸稀土夹杂物残留在钢液中，会对钢的性能造成危害。

4.6.2　第二相粒子冶金

　　钢中夹杂物不可能被完全去除，通常控制和改性夹杂物用于减小其危害并扩大其好处。合理控制钢中的夹杂物、析出物、外来粒子，可以细化组织、提高韧性和强度，这就是第二相粒子冶金，也被称为"氧化物冶金"或者"夹杂物冶金"。

第二相粒子冶金技术自从 1990 年被日本学者首次提出以来经历了一系列发展：（1）第一代为利用钢中细小弥散的 TiN 粒子的钉扎效应限制奥氏体晶粒长大，从而细化组织，尤其在热影响区中可以显著提高钢的韧性[110]。（2）第二代是利用钛的氧化物诱发钢中针状铁素形核来细化组织。钢中形成细小均匀弥散的钛的氧化物作为非均质形核核心，在焊接冷却过程中促进针状铁素体在其表面形核长大，针状铁素体具有高取向差的特点可以改变裂纹方向继而提高韧性[111]。前两代第二相粒子分别为钢中析出氮化物和脱氧产物氧化物。（3）第三代是在前两代氧化物冶金的基础上寻找均匀稳定的氧化物，通过脱氧或者外加的方式得到均匀弥散的第二相粒子。Mg-Ti 脱氧、Al-Zr 脱氧、Ti-Zr 脱氧等形成的 TiO[112]、Ti$_2$O$_3$[113]、MgO[114]、ZrO$_2$[115] 等氧化物均可以作为针状铁素体形核核心。影响第二相粒子诱导晶内针状铁素体形核的因素包括：第二相粒子种类、第二相粒子尺寸、奥氏体晶粒尺寸和冷却速率。第二相粒子的含量和直径也直接影响钉轧效应。钛的氧化物、镁的氧化物、锆的氧化物等与铁素体存在良好的晶格匹配或者表面形成贫锰区被认为可以有效促进针状铁素体形核，铝和硅的氧化物促进针状铁素体的形核能力不如上述氧化物。本书第 9.7 节对"氧化物冶金"进行专门的讨论。

参 考 文 献

［1］张立峰. 钢中非金属夹杂物图集（上）［M］. 北京：冶金工业出版社，2019.

［2］张立峰. 钢中非金属夹杂物图集（下）［M］. 北京：冶金工业出版社，2019.

［3］Zhang L, Thomas B G. State of the art in evaluation and control of steel cleanliness［J］. ISIJ International, 2003, 43（3）：271-291.

［4］Cui L, Lei X, Zhang L, et al. Three-dimensional characterization of defects in continuous casting blooms of heavy rail steel using x-ray computed tomography［J］. Metallurgical and Materials Transactions B：Process Metallurgy and Materials Processing Science, 2021, 52（4）：2327-2340.

［5］Zhang L, Pluschkell W. Nucleation and growth kinetics of inclusions during liquid steel deoxidation［J］. Ironmaking and Steelmaking, 2003, 30（2）：106-110.

［6］张立峰. 钢中非金属夹杂物［M］. 北京：冶金工业出版社，2019.

［7］Forward G, Elliott J F. Nucleation of oxide inclusions during solidification［J］. Journal of the Iron and Steel Institute, 1967, 205（5）：54-58.

［8］Turpin M L, Elliott J F. Nucleation of oxide inclusions in iron melts［J］. Iron Steel Inst J, 1966, 204（3）：217-225.

［9］Forward G, Elliott J F, Kuwavara T. Formation of Silica and Silicates during the Solidification of Fe-Si-O Alloys［J］. Metallurgical Transactions, 1970, 1（10）：2889-2898.

［10］Kawawa T, Ohkubo M. A kinetics on deoxidation of steel［J］. Trans. ISIJ, 1968, 8（4）：203-219.

［11］Turkdogan E T. Deoxidation of steel［J］. Journal of the Iron and Steel Institute, 1972, 210（1）：21.

［12］Rohde L E, Choudhury A, Wahlster M. New investigations into the aluminium-oxygen equilibrium in iron melts［J］. Archiv fur fas Eisenhüttenwesen, 1971, 42（3）：165-174.

［13］Sigworth G K, Elliott J F. Conditions for Nucleation of Oxides in Fe-Si-O Alloys［J］. Canadian Metallurgical Quarterly, 1972, 11（2）：337-349.

［14］ Sigworth G K, Elliott J F. The Conditions for Nucleation of Oxides during the Silicon Deoxidation of Steel ［J］. Metallurgical Transactions, 1973, 4 (1): 105-113.

［15］ Yang W, Duan H, Zhang L, et al. Ucleation, growth, and aggregation of alumina inclusions in steel ［J］. JOM, 2013, 65 (9): 173-1180.

［16］ Wasai K, Mukai K. Thermodynamics of nucleation and supersaturation for the aluminum-deoxidation reaction in liquid iron ［J］. Metallurgical and Materials Transactions B: Process Metallurgy and Materials Processing Science, 1999, 30 (6): 1065-1074.

［17］ Hasegawa H, Nakajima K, Mizoguchi S. The effects of inclusions in steel on MnS precipitation in Fe-Si alloys ［J］. Tetsu-to-Hagane, 2001, 87 (11): 22-28.

［18］ Ohashi T, Fujii H, Nuri Y, et al. Effect of Oxides on Nucleation Behaviour in Supercooled Iron ［J］. 1977, 17 (5): 262-270.

［19］ Lehmann J, Rocabois P, Gaye H. Kinetic model of non-metallic inclusions' precipitation during steel solidification ［J］. Journal of Non-Crystalline Solids, 2001, 282 (1): 61-71.

［20］ Ohta H, Suito H. Effect of sulfur and oxygen on engulfment and pushing of deoxidation particles of ZrO_2 and Al_2O_3 during solidification of Fe-10mass%Ni alloy ［J］. ISIJ International, 2006, 46 (4): 472-479.

［21］ Ohta H, Suito H. Dispersion behavior of MgO, ZrO_2, Al_2O_3, $CaO-Al_2O_3$ and $MnO-SiO_2$ deoxidation particles during solidification of Fe-10mass%Ni alloy ［J］. ISIJ International, 2006, 46 (1): 22-28.

［22］ Ogino K, Adachi A, Nogi K. The Wettability of Solid Oxides by Liquid Iron ［J］. Tetsu-to-Hagane, 1973, 59: 1237-1244.

［23］ Shinozaki N, Echida N, Muki K, et al. Wettability of Al_2O_3-MgO, ZrO_2-CaO, Al_2O_3-CaO substrates with molten iron ［J］. Tetsu-to-Hagane, 1994, 80: 14-19.

［24］ Shen P, Fujii H, Nogi K. Wettability of some refractory materials by molten $SiO_2-MnO-TiO_2-FeO_x$ slag ［J］. Materials Chemistry and Physics, 2009, 114 (2): 681-686.

［25］ Oeters F, Selenz H J, Foerster E. Metallurgical Fundamentals of the Deoxidation of Steel ［J］. Stahl Eisen, 1979, 33 (8): 389-397.

［26］ Wang J, Zhang L F, Zhang Y, et al. Effect of Diameter and Contact Angle on Initial Aggregation of Solid Inclusions in Molten Steels ［J］. Metallurgical and Materials Transactions B: Process Metallurgy and Materials Processing Science, 2021, 52 (5): 2831-2836.

［27］ Duan H, Ren Y, Zhang L F. Initial agglomeration of non-wetted solid particles in high temperature melt ［J］. Chemical Engineering Science, 2019, 196: 14-24.

［28］ Duan H, Ren Y, Thomas B G, et al. Agglomeration of Solid Inclusions in Molten Steel ［J］. Metallurgical and Materials Transactions B: Process Metallurgy and Materials Processing Science, 2019, 50 (1): 36-41.

［29］ Taniguchi S, Kikuch A. Mechanisms of collision and coagulation between fine particles in fluid ［J］. Tetsu-to-Hagane, 1992, 78 (4): 527-535.

［30］ Lindborg U. A collision model for the growth and separation of deoxidation products ［J］. Transactions Metallurgical Society, 1968, 242 (1): 94-109.

［31］ Saffman P G, Turner J S. On the collision of drops in turbulent clouds ［J］. Journal of Fluid Mechanics, 1956, 1 (1): 16-30.

［32］ Nakanishi K, Szekely J, Fujii T, et al. Stirring and Its Effect on Alumunum Deoxidation of Steel in the ASEA-SKF Furnace: 1. Plant Scale Measurements and Preliminary Analysis ［J］. Metallurgical Transactions B (Process Metallurgy), 1975, 6B (1): 111-118.

［33］ Szekely J, Nakanishi K. Stirring and Its Effect on Alumunum Deoxidation of Steel in the ASEA-SKF

Furnace：2. Mathematical Representation of the Turbulent Flow Field and Tracer Dispersion ［J］. Metallurgical Transactions B（Process Metallurgy），1975，6B（2）：245-256.

［34］ Ling H, Zhang L, Li H. Mathematical Modeling on the Growth and Removal of Non-metallic Inclusions in the Molten Steel in a Two-Strand Continuous Casting Tundish ［J］. Metallurgical and Materials Transactions B：Process Metallurgy and Materials Processing Science，2016，47（5）：2991-3012.

［35］ Lei H, Nakajima K, He J C. Mathematical model for nucleation, ostwald ripening and growth of inclusion in molten steel ［J］. ISIJ International，2010，50（12）：1735-1745.

［36］ Lei H, Wang L, Wu Z, et al. Collision and Coalescence of Alumina Particles in the Vertical Bending Continuous Caster ［J］. ISIJ International，2002，42（7）：717-725.

［37］ Presern V, Korousic B, Hastie J W. Thermodynamic conditions for inclusions modification in calcium treated steel ［J］. Steel Research，1991，62（7）：289-295.

［38］ 侯葵. 连铸机水口结瘤分析及预防措施探讨 ［J］. 天津冶金，2021（5）：15-19.

［39］ Turkdogan E T. Fundamentals of Steelmaking ［J］. The Institute of Materials，London，1996.

［40］ Holappa L E K, Helle A S. Inclusion control in high-performance steels ［J］. Journal of Materials Processing Technology，1995，53（1/2）：177-186.

［41］ Lind M. Mechanism and kinetics of transformation of alumina inclusions in steel by calcium treatment ［D］. Helsinki University of Technology，2006.

［42］ Ototani. Calcium clean steel, Materials Research and Engineering Series ［M］. Springer-Verlag，New York，1986：141.

［43］ Rein R H, Chipman J. Activities in the liquid solution SiO_2-CaO-MgO-Al_2O_3 at 1600℃ ［J］. Trans. Metall. Soc. AIME，1965，233（2）：415-425.

［44］ Ozturk B, Turkdogan E. Equilibrium S distribution between molten calcium aluminate and steel ［J］. Metal science，1984，18（6）：299-305.

［45］ Kor G J W, Elliott Symp. Proc.，（Warrendale，PA）. Iron and Steel Society，1990，479.

［46］ Larsen K, Fruehan R J. Calcium modification of oxide inclusions ［J］. ISS Trans.，1991，12：125.

［47］ Harada A, Maruoka N, Shibata H, et al. A Kinetic Model to Predict the Compositions of Metal, Slag and Inclusions during Ladle Refining：Part 2. Condition to Control the Inclusion Composition ［J］. ISIJ International，2013，53（12）：2118-2125.

［48］ Harada A, Maruoka N, Shibata H, et al. A Kinetic Model to Predict the Compositions of Metal, Slag and Inclusions during Ladle Refining：Part 1. Basic Concept and Application ［J］. ISIJ International，2013，53（12）：2110-2117.

［49］ Zhang Y, Ren Y, Zhang L. Kinetic study on compositional variations of inclusions, steel and slag during refining process ［J］. Metallurgical Research & Technology，2018，115（4）：415-430.

［50］ 成功. GCr15 轴承钢中 CaO-Al_2O_3 类夹杂物控制研究 ［D］. 北京：北京科技大学，2021.

［51］ 张莹. "钢—渣—夹杂物—耐火材料—合金—空气" 六相多元体系下的钢，渣和夹杂物成分变化的动力学研究 ［D］. 北京：北京科技大学，2019.

［52］ Hino M. Thermodynamics for the Control of Non-Metallic Inclusion Composition and Precipitation ［C］// 182th-183th Nishiyama Memorial Seminar，（ISIJ, Tokyo），2004：1-26.

［53］ Zhang L, Rietow B, Thomas B, et al. Large Inclusions in Plain-carbon Steel Ingots Cast by Bottom Teeming ［J］. ISIJ International，2006，46（5）：670-679.

［54］ Harada A, Maruoka N, Shibata H, et al. A Kinetic Model to Predict the Compositions of Metal, Slag and Inclusions during Ladle Refining：Part2. Condition to Control the Inclusion Composition ［J］. ISIJ International，2013，53（12）：2110-2117.

[55] Harada A, Miyano G, Maruoka N, et al. Dissolution Behavior of Mg from MgO into Molten Steel Deoxidized by Al [J]. ISIJ International, 2014, 54 (10): 2230-2238.

[56] Sigworth G K, Elliott J F. The Thermodynamics of Liquid Dilute Iron Alloys [J]. Metal Science, 1974, 8: 298-310.

[57] T. J. S. f. t. P. o. Science. Steelmaking Data Sourcebook [R]. Gordon and Breach Science (New York), 1988.

[58] Hino M, Ito K. Thermodynamic Data for Steelmaking [C]//The 19th Committee in Steelmaking, T. J. S. f. P. o. Science, ed. , Tohoku University Press, Sendai, 2010.

[59] Yang X M, Shi C B, Zhang M, et al. A Thermodynamic Model of Sulfur Distribution Ratio between CaO-SiO_2-MgO-FeO-MnO-Al_2O_3 Slags and Molten Steel during LF Refining Process Based on the Ion and Molecule Coexistence Theory [J]. Metallurgical and Materials Transactions B, 2011, 42 (6): 1150-1180.

[60] 张鉴. MnO-SiO_2渣系作用浓度的计算模型 [J]. 工程科学学报, 1986, 8 (4): 1-6.

[61] Duan S c, Li C, Guo X l, et al. A thermodynamic model for calculating manganese distribution ratio between CaO, SiO_2, MgO, FeO, MnO, Al_2O_3, TiO_2, CaF_2 ironmaking slags and carbon saturated hot metal based on the IMCT [J]. Ironmaking and Steelmaking, 2018, 45 (7): 655-664.

[62] Danckwerts P. Significance of Liquid-Film Coefficients in Gas Absorption [J]. Industrial and Engineering Chemistry, 1981, 43 (6): 1460-1467.

[63] Mgaidi A, Jendoubi F, Oulahna D, et al. Kinetics of the dissolution of sand into alkaline solutions: Application of a modified shrinking core model [J]. Hydrometallurgy, 2004, 71 (3/4): 435-446.

[64] Lamont J C, Scott D S. Eddy Cell Model of Mass Transfer into the Surface of a Turbulent Liquid [J]. AIChE Journal, 1970, 16 (4): 513-519.

[65] Karouni F, Wynne B P, Talamantes-Silva J, et al. Modeling the Effect of Plug Positions and Ladle Aspect Ratio on Hydrogen Removal in the Vacuum Arc Degasser [J]. Steel Research International, 2018, 89 (5): 1700551.

[66] Wang J, Zhang L, Wen T, et al. Kinetic prediction for the composition of inclusions in the molten steel during the electroslag remelting [J]. Metallurgical and Materials Transactions B, 2021, 52 (3): 1521-1531.

[67] Ren Q, Zhang Y, Ren Y, et al. Prediction of spatial distribution of the composition of inclusions on the entire cross section of a linepipe steel continuous casting slab [J]. Journal of Materials Science and Technology, 2021, 61: 147-158.

[68] Ren Q, Zhang Y, Zhang L, et al. Prediction on the spatial distribution of the composition of inclusions in a heavy rail steel continuous casting bloom [J]. Journal of Materials Research and Technology, 2020, 9 (3): 5648-5665.

[69] Wang J, Zhang L, Cheng G, et al. Kinetic Prediction for Isothermal Transformation of Inclusions in a Bearing Steel [J]. Metallurgical and Materials Transactions B: Process Metallurgy and Materials Processing Science, 2022, 53 (1): 394-406.

[70] 张立峰. 钢中非金属夹杂物: 工业实践 [M]. 北京: 冶金工业出版社, 2019.

[71] 索金亮, 王新华, 李林平, 等. 氧化性炉渣对IF钢洁净度的影响 [J]. 炼钢, 2016, 32 (6): 62-67, 78.

[72] 林育炼. 洁净钢生产技术的发展与耐火材料的相互关系 [J]. 耐火材料, 2010, 44 (5): 377-382.

[73] 吴永生, 喻承欢, 邱同榜, 等. 低碳耐材在连铸极低碳钢和纯净钢生产中的应用 [J]. 炼钢, 2005, 20 (6): 7-9.

［74］ Zhou H, Zhang L, Zhou Q, et al. Clogging-Induced Asymmetrical and Transient Flow Pattern in a Steel Continuous Casting Slab Strand Measured Using Nail Boards ［J］. Steel Research International, 2021, 92 (4): 2000547.

［75］ Zhou H, Zhang L, Chen W, et al. Determination of Transient Flow Pattern in Steel Continuous Casting Molds Using Nail Board Measurement and Onsite Top Flux Observation ［J］. Metallurgical and Materials Transactions B: Process Metallurgy and Materials Processing Science, 2021, 52 (2): 1106-1117.

［76］ Liu F, Zhou H, Zhang L, et al. Effect of Temperature and Multichannel Stopper Rod on Bubbles in Water Model of a Steel Continuous Caster ［J］. Steel Research International, 2021, 92 (9): 2100067.

［77］ Liu F, Zhou H, Zhang L, et al. Dependency of Flow Pattern in the Mold on the Distribution of Inclusions Along the Thickness of Continuous Casting Slabs ［J］. Metallurgical and Materials Transactions B: Process Metallurgy and Materials Processing Science, 2021, 52 (4): 2536-2550.

［78］ 张立峰, 王升千, 段佳恒. 轴承钢中非金属夹杂物和元素偏析 ［M］. 北京: 冶金工业出版社, 2017.

［79］ 杨文, 张立峰, 罗艳. 管线钢中非金属夹杂物 ［M］. 北京: 冶金工业出版社, 2020.

［80］ 郭长波. 帘线钢中夹杂物控制与变形行为研究 ［D］. 北京: 北京科技大学, 2017.

［81］ Brown A J, Guyer B D, Muller C M, et al. Improving sulfide shape control in high-quality heavy plate steel grades at arcelormittal coatesville ［J］. Iron and Steel Technology, 2019, 16 (7): 46-62.

［82］ Dash A, Kaushik P, Mantel E. A laboratory study of factors affecting sulfide shape control in plate grade steels ［J］. Iron and Steel Technology, 2012, 9 (2): 186-201.

［83］ Choudhary S K, Ghosh A. Thermodynamic Evaluation of Formation of Oxide-sulfide Duplex Inclusions in Steel ［J］. ISIJ International, 2008, 48 (11): 1552-1559.

［84］ Shiiki K, Yamada N, Kano T, et al. Development of shape-controlled-sulfide free machining steel for application in automobile parts ［C］ // 2004 SAE World Congress, March 8, 2004-March 11, 2004, (Detroit, MI, United states), SAE International, 2004.

［85］ Ito Y, Masumitsu N, Matsubara K. Formation of Manganese Sulfide in Steel ［J］. Transactions of the Iron Steel Institute of Japan, 2001, 21 (7): 477-484.

［86］ Imagumbai M, Takeda T. Influence of Calcium-treatment on Sulfide- and Oxide-inclusions in Continuous-cast Slab of Clean Steel ［J］. ISIJ International, 1994, 34 (7): 574-583.

［87］ Imagumbai M. Behaviors of Manganese-Sulfide in Aluminum-killed Steel Solidification Uni-directionally in Steady State-Dendrite Structure and Inclusions ［J］. ISIJ International, 1994, 34 (11): 896-905.

［88］ Sosinsky D J, Sommerville I D. Composition and Temperature Dependence of the Sulfide Capacity of Metallurgical Slags ［J］. Metallurgical transactions. B, Process metallurgy, 1986, 17 B (2): 331-337.

［89］ Sanbongi K. Controlling Sulfide Shape with Rare Earths or Calcium during the Processing of Molten Steel ［J］. 1979, 19 (1): 1-10.

［90］ Haida O, Emi T, Sanbongi K, et al. Optimizing Sulfide Shaoe Control in Large HSLA Steel Ingots by Treating the Melt with Calcium or Rare Earths ［J］. Tetsu-to-Hagane, 1978, 64 (10): 1538-1547.

［91］ Luyckx L, Bell J R, McLean A, et al. Sulfide Shape Control in High Strength Low Alloy Steels ［J］. Metallurgical and Materials Transactions B, 1970, 1 (12): 3341-3350.

［92］ Waudby P E. Rare earth additions to steel ［J］. International Metals Reviews, 1978, 23 (1): 74-98.

［93］ 林勤, 宋波, 郭兴敏, 等. 钢中稀土微合金化作用与应用前景 ［J］. 稀土, 2001, 22 (4): 31-36.

［94］ Ren Q, Zhang L. Effect of Cerium Content on Inclusions in an Ultra-Low-Carbon Aluminum-Killed Steel ［J］. Metallurgical and Materials Transactions B, 2020, 51 (2): 589-599.

［95］ 龙琼, 伍玉娇, 凌敏, 等. 稀土元素处理钢的研究进展及应用前景 ［J］. 炼钢, 2018, 34 (1):

57-64，70.

［96］ Ren Q, Zhang L, Liu Y, et al. Transformation of cerium-containing inclusions in ultra-low-carbon aluminum-killed steels during solidification and cooling ［J］. Journal of Materials Research and Technology, 2020, 9 (4): 8197-8206.

［97］ 王龙妹，杜挺，卢先利，等. 稀土元素在钢中的热力学参数及应用 ［J］. 中国稀土学报，2003，21 (3)：251-254.

［98］ 杜挺. 稀土元素在铁基溶液中的热力学 ［J］. 钢铁研究学报，1994，6 (3)：6-12.

［99］ 李文超. 钢中稀土夹杂物生成的热力学规律 ［J］. 钢铁，1986，21 (3)：10-15.

［100］ Wu Y, Wang L, Du T. Thermodynamics of rare earth elements in liquid iron ［J］. Journal of the Less Common Metals, 1985, 110 (1): 187-193.

［101］ Han Q. Equilibria between rare earth elements and sulfur in molten iron ［J］. Metallurgical Transactions B, 1985, 16 (4): 785-792.

［102］ Vahed A, Kay D A R. Thermodynamics of rare earths in steelmaking ［J］. Metallurgical Transactions B, 1976, 7 (3): 375-383.

［103］ Kwon S K, Kong Y M, Park J H. Effect of Al deoxidation on the formation behavior of inclusions in Ce-added stainless steel melts ［J］. Metals and Materials International, 2014, 20 (5): 959-966.

［104］ Huang Y, Cheng G, Li S, et al. Effect of Cerium on the Behavior of Inclusions in H13 Steel ［J］. Steel Research International, 2018, 89: 1800371.

［105］ Park J S, Lee C, Park J H. Effect of Complex Inclusion Particles on the Solidification Structure of Fe-Ni-Mn-Mo Alloy ［J］. Metallurgical and Materials Transactions B, 2012, 43 (6): 1550-1564.

［106］ Katsumata A, Todoroki H. Effect of Rare Earth Metal on Inclusion Composition in Molten Stainless Steel ［J］. CAMP-ISIJ, 2002, 14: 51-57.

［107］ Li H, Yu Y C, Ren X, et al. Evolution of Al_2O_3 Inclusions by Cerium Treatment in Low Carbon High Manganese Steel ［J］. Journal of Iron and Steel Research International, 2017, 24 (9): 925-934.

［108］ Wang L J, Liu Y Q, Wang Q, et al. Evolution Mechanisms of $MgO \cdot Al_2O_3$ Inclusions by Cerium in Spring Steel Used in Fasteners of High-speed Railway ［J］. ISIJ International, 2015, 55 (5): 970-975.

［109］ Yu Z, Liu C. Modification Mechanism of Spinel Inclusions in Medium Manganese Steel with Rare Earth Treatment ［J］. Metals, 2019, 9 (7): 804.

［110］ Kanazawa S, Nakashima A, Okamoto K, et al. Improved Toughness of Weld Fussion Zone by Fine TiN Particles and Development of a Steel for Large Heat Input Welding ［J］. Tetsu-to-Hagane, 1975, 61 (11): 2589-2603.

［111］ Jiang Q L, Li Y J, Wang J, et al. Effects of inclusions on formation of acicular ferrite and propagation of crack in high strength low alloy steel weld metal ［J］. Materials Science and Technology, 2011, 27 (10): 1565-1569.

［112］ Xuan C, Mu W, Olano Z I, et al. Effect of the Ti, Al Contents on the Inclusion Characteristics in Steels with TiO_2 and TiN Particle Additions ［J］. Steel Research International, 2016, 86 (7): 911-920.

［113］ Fattahi M, Nabhani N, Hosseini M, et al. Effect of Ti-containing inclusions on the nucleation of acicular ferrite and mechanical properties of multipass weld metals ［J］. Micron, 2013, 45: 107-114.

［114］ Sun L, Li H, Zhu L, et al. Research on the evolution mechanism of pinned particles in welding HAZ of Mg treated shipbuilding steel ［J］. Materials & Design, 2020, 192: 108670.

［115］ Li X, Min Y, Liu C, et al. Study on the formation of intragranular acicular ferrite in a Zr-Mg-Al deoxidized low carbon steel ［J］. Steel Research International, 2016, 87 (5): 622-632.

5 炉外精炼的主要工艺过程

5.1 炼钢炉出钢过程

5.1.1 出钢过程的吸气

在出钢过程中，钢液会携带空气流入钢包熔池，卷入钢液中的空气量随着自由下落高度的增加而增加[1-5]。一般用钢液的增氮量来评价空气的卷入程度，增氮反应式为

$$N_2(g) \longrightarrow 2[N] \tag{5-1}$$

表面活性元素如氧和硫会阻碍钢吸收氮，钢液中溶解氧或硫的浓度越高，钢液越难以吸氮，图 5-1 显示了电炉出钢过程中钢液脱氧程度对钢液吸氮量的影响[6]，可以看出，在出钢过程中，脱氧钢的吸氮量明显高于非脱氧钢。图 5-2 为 220t 氧气转炉出钢过程中钢液的吸氮量与含硫 100ppm 的钢液中溶解氧的关系[1]，也表明，钢液中的溶解氧含量越高，吸氮量越少。

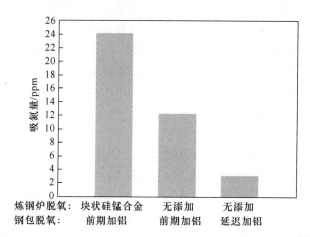

图 5-1　电炉出钢过程钢液脱氧程度对钢液氮吸收量的影响[6]

炼钢炉出钢过程的吸氮还包括其他来源，例如用于增碳的石油焦和各种铁合金，特别是钛铁、钒铁、低碳和中碳铬铁中含有氮元素。添加辅料中通常含有水分，会与钢液发生式（5-2）的增氢反应，从该反应可以看出，对于脱氧钢，溶解氧含量的降低会导致吸氢的程度更明显。在一些铁合金中，例如锰铁，可能也含有一定含量的氢。

$$H_2O \longrightarrow 2[H] + [O] \tag{5-2}$$

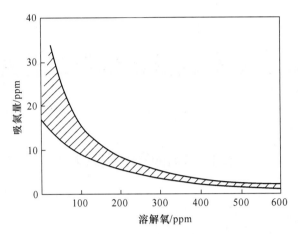

图 5-2　220t 氧气转炉出钢过程中溶解氧含量对吸氮量的影响（含硫 100ppm 钢液）[1]

5.1.2　出钢过程的下渣或者卷渣

炼钢炉出钢过程中，炉渣不可避免地会被卷入钢包钢液中。转炉渣通常含有较高浓度的 FeO 和 MnO，氧化性强，会使脱氧后的钢液增氧，不能直接用作精炼渣。这些转炉渣进入钢包后会使后续的铝和硅等合金的脱氧变得困难，且使磷从渣中重新返回到钢液，特别是当钢完全脱氧时，为了能够预测铝和硅的损失以及钢液回磷，应该定量获得卷入钢液中的转炉渣量。Kracich 等人发明了一种用于测量钢包中渣层厚度的传感器[7]，可以提供准确的反馈以控制出钢下渣量。一些钢厂进行扒渣操作以清除转炉渣，可以获得良好的无渣表面。但是，Hoeffken 等人[8] 的研究表明扒渣过程会带来约 2.5℃/min 的温度损失和约 0.2% 的铁损，且扒渣时间通常约为 10min。控制转炉下渣有多种方法，例如挡渣球和挡渣帽的使用[9-10] 和下渣检测技术的应用[11-13] 等。到目前为止，出钢挡渣最有效的是中国一些钢企首先从 2010 年左右开始全面使用的转炉出钢滑板挡渣技术[14-21]。

5.1.3　出钢过程的铝损和硅损

溶解在钢液中的铝和硅与转炉下渣中的 FeO、MnO 和氧化的钢壳之间发生化学反应。Turkdogan[22] 推导出以下近似经验公式用于计算 200t 钢液中铝和硅损失与下渣量的百分比。

$$w[\mathrm{Al}] + w[\mathrm{Si}]_s \approx 1.1 \times 10^{-6} \Delta w(\mathrm{FeO} + \mathrm{MnO}) W_{\mathrm{fs}} + 1.1 \times 10^{-4} W_{\mathrm{sk}} \tag{5-3}$$

式中，W_{fs}、W_{sk} 为下渣量和钢壳的质量，kg；$\Delta w(\mathrm{FeO+MnO})$ 为出钢过程渣中氧化物含量的减少量。

5.1.4　出钢过程的回磷

出钢过程卷入的转炉渣通常会导致磷从渣相返回到钢液中，特别是当钢完全脱氧时，钢液的回磷 $\Delta w[\mathrm{P}]$ 与出钢下渣量有以下关系。

$$\Delta w[\mathrm{P}] \approx w(\mathrm{P})\left(\frac{W_{\mathrm{fs}}}{W_{\mathrm{b}}}\right) \tag{5-4}$$

式中，$w(\mathrm{P})$ 为渣中磷含量，%；W_{fs}、W_{b} 为下渣量和钢液的质量，kg。

通过电炉吹氧和底吹氧转炉生产的低碳钢液中，$w(P)$ 和 $\Delta w[P]$ 的典型值分别约为 0.3% 和 0.003%[22-23]，将这些值代入式（5-4）中得到 $W_{fs}/W_b \approx 0.01$。所以，当采取适当措施防止过多下渣量时，平均下渣量约为出钢量的 1%。出钢过程中的下渣量对应于 200t 钢包中（5.5±3）cm 的渣层厚度，与实际观察结果大体一致[22]。

Hoeffken 等人[8] 发现，出钢下渣的碱度 $w(CaO)/w(SiO_2) \leqslant 2$、渣中 $w(FeO) \leqslant 17\%$ 时，更可能发生磷的还原；当渣中 $w(FeO) > 25\%$ 时，只要渣碱度达到 $w(CaO)/w(SiO)_2 > 2.0 \sim 2.5$，钢液回磷明显降低。对于只添加锰铁和少量铝的出钢过程，由于钢液没有充分脱氧，进而导致回磷不明显。在出钢只添加 0.3% ~ 0.6% 锰的钢种时，由于出钢过程下渣和钢液的混合，甚至可以把钢液中的磷含量降低约 0.001%[22]。

5.2　钢包预热和保温技术

钢包内衬主要是镁碳砖（70% ~ 80%MgO）和高铝砖（70% ~ 80%Al$_2$O$_3$），渣线处一定使用镁砖，钢包内衬砖中通常含有大约 10% 的碳和少量的金属添加剂，如铝、镁或铬以尽量减少碳的氧化。Engel 等人详细总结了钢包内衬用耐火材料[24]，表 5-1 和图 5-3 总结了氧化铝和氧化镁耐火材料的热物理性能。从图 5-3 可以看出，氧化镁的导热率明显高于其他耐火材料。氧化镁还具有比其他材料更高的储热能力，见表 5-1。白云石的性质与氧化镁相似。

表 5-1　1200℃和1500℃下各种耐火材料单位体积相对于氧化镁（＝100%）的蓄热量[25]

种类	1200℃	1500℃
70%氧化铝	83%	83%
50%氧化铝	83%	83%
黏土砖	83%	83%

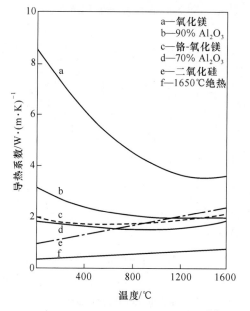

图 5-3　钢包衬用耐火砖的导热系数[1]

钢包内衬用耐火材料具有相对较高的热导率，散热较快，需要在使用前对钢包进行预热，以避免在出钢和随后的炉外精炼过程中热损失过大。Tomazin 等人[25] 研究了钢包耐火材料对钢液温度的影响，开发了数学模型预报向连铸机供应钢液的温度变化，该模型用于评估钢包在预热过程中冷面和热面的温度变化，如图 5-4 所示。由图 5-4 可以看出，耐火材料热面的温度随时间延长迅速增加。但是，在钢包常温和干燥的初始状态下，预热约 5.5h 后，冷面温度不会超过 100℃。

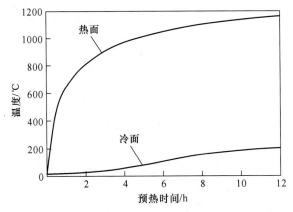

图 5-4　钢包预热过程包衬温度随时间的变化[25]

热面的升温速度取决于钢包顶部到燃烧器的距离以及燃烧器的热输入流量，在钢包预热过程中应该避免快速升温，因为：（1）快速加热导致非平衡温度分布，即靠近热面的温度梯度过大；（2）快速加热会导致较大的热应力；（3）砖的抗热震性有限，不足以承受快速加热。

钢包预热后，钢包被移至转炉或其他工位，这将导致热面温度有所降低。因此，调节出钢温度时必须考虑这些温降。图 5-5 显示了两个热面所需的出钢调整温度与预热结束至出钢开始时间的关系。

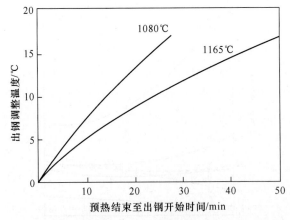

图 5-5　两种不同预热温度下冷却时间对出钢调整温度的影响[25]

（预热和出钢过程没有加盖）

从 2010 年开始，国内的炼钢厂开始逐渐推广使用钢包加盖技术[26-27]。通过这一技术，钢液运输过程中的温降变化缓慢，钢包在浇铸结束至再次受钢时，包衬温度仍可保持在较高温度以上，并由此转化为可观的效益，主要表现在：（1）可以降低转炉出钢温度，通过该技术国内某厂出钢温度降低了 10℃；（2）缩短了钢包热周转时间，提高了周转钢包使用率，周转钢包使用率长期保持在 85% 以上；（3）取消钢包在线烘烤，并且减少离线烘烤次数，降低煤气消耗，钢包在浇铸完毕后空包时间 3.5h 内可以不进行离线烘烤而直接投入使用；（4）带盖钢包避免了内衬耐火材料的急冷急热，内衬结壳少，减少对钢包渣线的清理要求；（5）由于钢包保温效果好，包壁不易黏渣，有利于改善钢液的洁净度。

5.3 搅拌钢液

为了达到均匀钢液温度和钢液成分的目的，通常采用吹氩对钢液进行搅拌。对于中等的吹气流量，例如小于 0.6m³/min 的氩气流量（标态），通常在钢包底部吹入。钢包底部多孔塞组件的结构示意图如图 5-6 所示。Anagbo 和 Brimacombe[28] 讨论了各种透气砖的效果，各种透气砖的形状如图 5-7 所示。多孔透气砖具有圆锥形或矩形形状，圆锥形透气砖更容易在磨损后进行更换，矩形透气砖与周围的耐火砖在几何上是兼容的，因此，在透气砖寿命与内衬寿命相当的情况下可以使用矩形透气砖。各向同性透气砖的性能和寿命可以通过将两个或三个组件与金属嵌件堆叠在一起来提高[29]。如图 5-7（e）、（f）所示，定向多孔或毛细管透气砖的主要优点是可以用与内衬砖相同密度的耐火材料制成，甚至密度更高；毛细管透气砖的缺点是在失去氩气压力时更容易被钢水渗透。

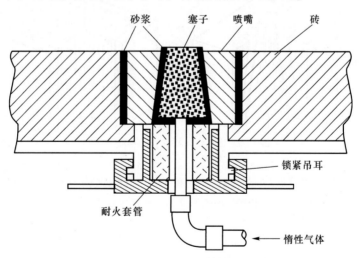

图 5-6　钢包底部的多孔塞组件结构[1]

一些钢厂通过电磁感应来对钢液进行搅拌[30-35]。一些报道表明钢包在电磁感应搅拌条件下，搅拌均匀性更好，特别是在钢包底部附近，能够逆转搅拌力的方向，这一点对合金的运动和加速溶解有益，且搅拌时不会破坏渣层，也不会将钢暴露在周围的氧化气氛中。但是电磁搅拌建设成本高昂，钢包必须配备不锈钢板，该钢板的厚度占到钢包外壳的1/3；此外，在去除氢气的时候需要吹入氩气来辅助。

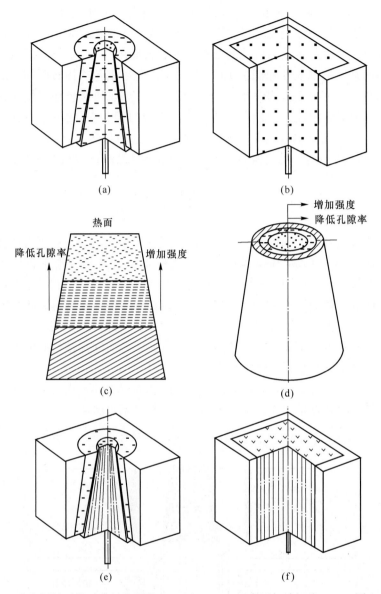

图 5-7 各向同性透气砖的标准形状 (a) 和 (b),组合透气砖切片 (c)、同心 (d),
毛细管透气砖锥形 (e)、矩形 (f)[28-29]

钢包底吹气过程的搅拌功率可由式 (5-5) 计算[36-37]。

$$\varepsilon = \frac{RTQ_G}{1000W \cdot V_N} \times \lg\left(1 + \frac{\rho g H}{p}\right) \tag{5-5}$$

式中,ε 为搅拌功率,$1m^2/s^3 = 1000W/t$;Q_G 为吹气流量(标态),m^3/s;T 为钢液温度,K;W 为钢液质量,t;H 为吹气点距离上表面的深度,m;V_N 为气体在标准状态下的摩尔体积,$0.0224m^3/mol$;p_0 是气体在熔池表面的压力,Pa。

Kai 等人[38] 给出了底吹气体搅拌的搅拌功率公式。

$$\varepsilon = 6.18 \times 10^{-6} \times \frac{Q_{\mathrm{G}} T}{W} \left[2.3 \lg \left(1 + \frac{\rho g H}{p} \right) + \left(1 - \frac{T_0}{T} \right) \right] \tag{5-6}$$

式中，ε 为钢液的搅拌功率，$\mathrm{m^2/s^3}$；W 为钢液的质量，t；Q_{G} 为底吹气体流量（标态），$\mathrm{L/min}$；H 为钢液深度，m；ρ 为钢液密度，$7020\mathrm{kg/m^3}$；g 为重力加速度，$\mathrm{m/s^2}$；p 为大气压，$1.01 \times 10^5 \mathrm{kg/m^2}$；$T$ 为钢液温度，K；T_0 为底吹气体初期温度，K。

Ogawa 等人[39] 在若干物理量的单位不使用国际单位制的情况下把式（5-6）改写为

$$\varepsilon = \frac{0.00618 Q_{\mathrm{G}} T}{W} \left[\ln(1 + 0.000968 \rho H) + \left(1 - \frac{T_0}{T} \right) \right] \tag{5-7}$$

式中，ε 为底吹搅拌功率，$\mathrm{W/t}$；Q_{G} 为吹气流量（标态），$\mathrm{L/min}$；W 为钢液质量，t；H 为吹气点距离上表面的深度，cm；ρ 为钢液密度，$\mathrm{g/cm^3}$；T_0 为底吹气体初期温度，K；T 为钢液温度，K。

一般定义达到95%混匀的搅拌时间为混匀时间 τ_{m}。Mazumdar 等人[40-41] 得出了混匀时间的计算公式

$$\tau_{\mathrm{m}} = 11.65 \varepsilon^{-1/3} \left(\frac{D^{5/3}}{H} \right) \tag{5-8}$$

式中，τ_{m} 为混匀时间，s；ε 为搅拌功率，$1\mathrm{m^2/s^3} = 1000\mathrm{W/t}$；$D$ 为钢包直径，m；H 为钢包熔池高度，m。

图 5-8 是 $D=H$ 的钢包内混匀时间和吹气量的关系，可以看出，在 $0.2\mathrm{m^3/min}$ 的吹氩流量（标态）下，200t 钢液将在 $2.0 \sim 2.5\mathrm{min}$ 内混匀[42]。

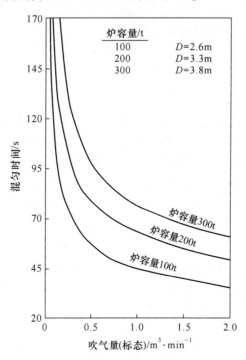

图 5-8　100t、200t 和 300t 钢包钢液的混匀时间和吹氩流量的关系[42]

Ogawa 等人[39] 的实验数据显示出混匀时间和搅拌功率及钢液体积有关，用式（5-9）和图 5-9 表示。

$$\tau_m \sim \varepsilon \cdot \left(\frac{1000W}{\rho} \right)^{-2/3} \tag{5-9}$$

式中，τ_m 为混匀时间，s；ε 为搅拌功率，m^2/s^3；ρ 为钢液密度，kg/m^3；W 为钢液质量，t。

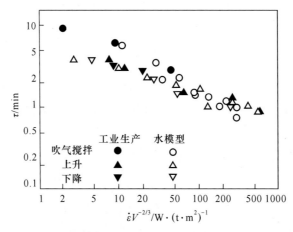

图 5-9　吹氩搅拌钢包的混匀时间和搅拌功率及钢液体积的关系[39]

Kikuchi 在[43] 总结前人的结果后，建议了一个可以应用于 RH 和 VOD 吹气搅拌及 ASEA-SKF 电磁搅拌过程的混匀时间和搅拌功率的关系式，见式（5-10）。

$$\tau_m = 800\varepsilon^{-0.4} \tag{5-10}$$

式中，τ_m 为混匀时间，s；ε 为搅拌功率，W/t。

式（5-10）可以改写为

$$\tau_m = 50.5\varepsilon^{-0.4} \tag{5-11}$$

式中，τ_m 为混匀时间，s；ε 为搅拌功率，$1m^2/s^3 = 1000W/t$。

底部吹气位置对混匀时间也有一定的影响[44-45]，将吹气孔布置在偏心位置，例如在 1/2 半径位置处，能降低混匀时间。Mietz 等人[44] 研究表明如果吹氩在钢包底部中心，则会在熔池上部产生环形流动，在下部产生死区，从而导致混匀时间延长；偏心吹气使整个熔池中的钢液有效循环，避免死区的产生并缩短了混匀时间。

关于钢包吹气搅拌条件下的渣-钢反应动力学已有大量报道[44,46-47]，并已在本书的 2.1.12、2.2.2 等章节进行了详细讨论。对于大多数渣-钢反应，反应速率主要由反应物和产物跨过渣-钢界面的传质控制，传质系数一般都和搅拌功率相关，见表 2-11。前文对炉外精炼过程中钢液脱硫进行了详细讨论，渣-钢反应脱磷的速率方程与脱硫的速率方程一样，只不过传质系数不同，Kikuchi 等人[48] 研究了在 50t VAD/VOD 和 250t 钢包中使用 $CaO\text{-}CaF_2\text{-}FeO$ 渣脱磷的情况，脱磷速率常数与搅拌功率有以下近似关系。

$$k_P \approx 0.00219\varepsilon^{0.28} \tag{5-12}$$

式中，k_P 为脱磷速率常数，s^{-1}；ε 为搅拌功率，$1m^2/s^3 = 1000W/t$。

在钢包进行吹气搅拌的目的之一是去除非金属夹杂物。Nakanishi 等人[49] 研究了铝脱氧钢在和50t ASEA-SKF电磁搅拌精炼炉中的脱氧动力学,认为总氧含量的降低是由作为速率控制步骤的氧化物夹杂颗粒的碰撞聚合决定的,该模型把夹杂物长大、去除和钢液的湍流流动结合了起来。

本书的2.1.12节已经显示讨论了总氧去除的动力学,即氧化物夹杂从钢液中去除的动力学,Engh等人[50]采用了相似的分析方法,只是多考虑了一个精炼达到平衡后的最终氧含量,见式(5-13),该式与式(2-90)略有区别。

$$\frac{x - x_f}{x_0 - x_f} = \exp(-k \cdot t) \tag{5-13}$$

式中,各参数和式(2-90)一致;x_f为精炼达到平衡后最终氧含量。

式(5-13)是一个简化的表达式,夹杂物从钢液中的去除率还取决于许多因素,包括夹杂物类型、耐火材料类型和搅拌条件等。

Engh等人[50]得到140t钢液感应搅拌过程中,夹杂物速率常数为

$$k \approx 0.00427\varepsilon \tag{5-14}$$

式中,ε为搅拌功率,$1m^2/s^3 = 1000W/t$;k为夹杂物去除的速率常数,s^{-1}。

由式(5-14)可以看出,该式和前面得到的式(2-96)有一定的差别。

5.4 钢包熔池加热

炉外精炼的作用之一是保证钢液在浇铸之前有合适的温度。由于出钢温度的恒定性和炉外精炼时间精准控制的难度,有时会出现钢包钢液温度过低的情况,所以需要对钢包钢液进行加热处理。对钢包钢液加热的方法一般有两种:电极加热和铝或硅脱氧加热。

5.4.1 电极加热

电极加热炉实现工业化的有很多,有的还具有脱气的能力。钢液熔池电极加热需要解决的一个重要问题是:在熔体表面或附近提供的热能是否能足够快地分散,从而在钢液内部不会产生明显的温度梯度。Szekely等人[9]的研究表明在没有搅拌的情况下,且毕渥数Bi约为300时($Bi = hL/k_{eff}$(其中h是传热系数,$W/(m^2 \cdot K)$;k_{eff}是钢的热导率$W/(m \cdot K)$;L是熔池深度,m),钢液中有明显的温度梯度。在通过电磁感应进行搅拌或吹气搅拌系统中,Bi约为5.0,这种搅拌体系内温度梯度较小。一旦停止供热,熔池内的温度会很快变得均匀[9]。电极加热过程还需要关注电力消耗、电极材料消耗和耐火材料消耗。

电极加热效率的定义为

$$\eta = \frac{\Delta T_{act}}{\Delta T_{th}} = 0.22 \times \frac{\Delta T_{act}}{E} \tag{5-15}$$

式中,ΔT_{act}为熔池实际增加的温度,℃;ΔT_{th}为热效率为100%时钢液理论上增加的温度,℃;0.22为钢液的比热容,$kW \cdot h/(t \cdot ℃)$,对于1t钢液而言,$\Delta T_{th} = E/0.22$;E为能耗,$kW \cdot h/t$。

Cotchen等人[51]的研究表明加热效率随着熔体质量的增加而增加,如图5-10所示。为尽量减少耐火材料的消耗,钢包的加热时间应该尽可能短,通常在15min左右[51]。为了缩短加热时间而减少耐火材料侵蚀的措施包括[1]:使用大容量变压器(例如对200~

250t 的钢包使用 35~40MW）、在渣层中埋弧、底吹 0.5m³/min 流量（标态）的氩气进行搅拌、渣层厚度约为 1.3 倍的电弧长度（电弧长度与二次电流有关，Turkdogan[1]）。

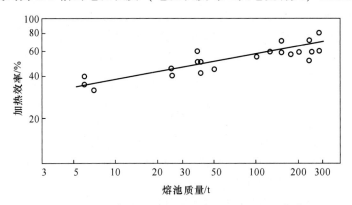

图 5-10　不同熔池质量下电极加热效率的变化[51]

一般来说，电极消耗随着横截面电流密度和加热时间的增加而增加。如图 5-11 所示[51]，总加热时间为 20min、平均电流密度约为 35A/cm² 条件下的平均电极消耗为 0.2kg/t。

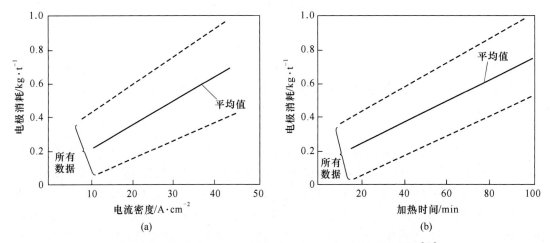

图 5-11　电流密度（a）和加热时间（b）对电极消耗的影响[51]

对使用相似耐火材料的钢包寿命可以进行比较，如图 5-12 所示，钢包寿命随着熔池质量的增加而增加[51]。Timken 公司 Faircrest 厂 158t 钢包的平均寿命为 45 炉[52]；温度和碱度对钢包耐火材料渣线处寿命的影响也是显而易见的，碱度越低、温度越高的情况下，耐火材料渣线处的寿命越低，如图 5-13 所示[53]。

5.4.2　铝热和硅热反应加热

可以通过向钢液中加铝并吹氧的方式，氧气与铝或硅反应放热来加热；对于铝脱氧钢，仅向钢液吹氧即可。反应产生的热量可以通过式（5-16）和式（5-17）计算[1]，即每千克铝反应产生热量 28500kJ 和每千克 FeSi75 产生热量 27000kJ。

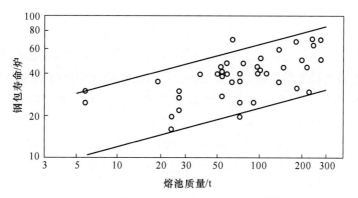

图 5-12　熔池质量对钢包寿命的影响[51]

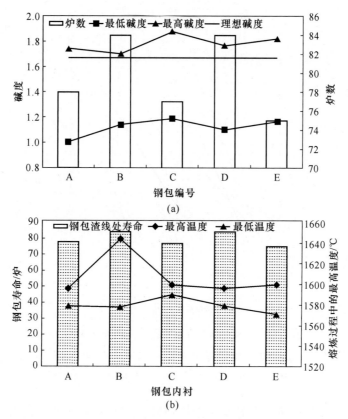

(a)

(b)

图 5-13　炉外精炼过程中最高温度、最低温度和渣碱度对 MgO-C 质钢包耐材渣线处寿命的影响[53]

（a）渣碱度的影响；（b）最高温度、最低温度的影响

$$2Al(s) + \frac{3}{2}O_2 \Longrightarrow (Al_2O_3) \qquad 1630℃ \qquad (5-16)$$

$$Si(s) + O_2 \Longrightarrow (SiO_2) \qquad 1630℃ \qquad (5-17)$$

反应熔是根据热力学数据计算的，并考虑铝和氧从室温加热到熔池温度（1630℃）。在100%热效率的基础上，每吨钢加入 1m³ O₂（标态）和 1.46kg Al 或加入 O₂（标态）

1.2m³ 和 1.85kg FeSi75 时，熔池温度可以提高 50℃。

Barbus 等人[54] 采用浸入式吹氧对钢包中的铝脱氧钢钢液进行加热，得到了 270t 钢液温度与吹氧流量之间的关系，结果如图 5-14 中 b 线所示。与 100% 热效率（图 5-14 中 a 线）下所达到的最大温度增加相比可知，通过浸入式吹氧的加热效率约为 70%。Miyashita 等人[55] 对 160t RH-OB 过程中吹氧升温进行了研究，结果表明平均热效率仅为 20% ~ 30%，如图 5-14 中 c 线所示。Fruehan 的结果表明新日本制铁公司大分厂 RH-OB 过程中吹氧升温热效率为 80%[56]。对于 245t RH-KTB 吹氧升温过程，与 RH-OB 过程浸入式吹氧不同的是，其氧气由顶部喷枪吹入，热效率与钢包中浸入式吹氧热效率相类似，结果如图 5-14 中 d 线所示。

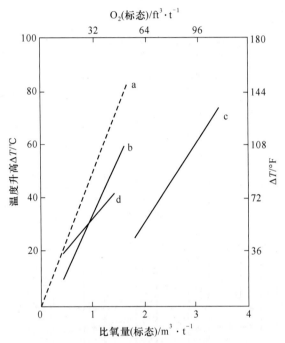

图 5-14　吹氧对钢液升温的影响（1ft³ = 0.028m³）

a—基于 100% 热效率的理想变化；b—270t 钢液实验结果[54]；

c—160t RH-OB 过程结果[55]；d—245t RH-KTB 过程结果

为了研究吹氧过程铝热反应升温对钢液中最终的夹杂物含量的影响，对吹氧加热炉次和未吹氧加热炉次浇铸的铝脱氧钢连铸坯的总氧含量进行对比，发现两者没有明显差异[54]。此外，Griffing 等人[57] 对比了吹氧加热和未吹氧加热生产重轨钢时钢中夹杂物的等级，也发现两者之间没有显著差异。但是，这两项研究都建议在加热后添加合成精炼渣，然后吹氩促进氧化铝夹杂物高效上浮至渣层去除。Jung 等人[58] 研究了 RH-OB 工艺中加铝和吹氧对钢液洁净度的影响，发现在吹氧期间和吹氧后不久钢液的总氧含量增加；然而，如果总循环时间足够长，则最终产品中的总氧含量与有无吹氧处理没有关系。

5.5 钢液脱气

钢液真空脱气处理比钢液钙处理历史更长，1886 年 Aitken 首次提出了钢液真空脱气装置的思路[59]。1965 年 Flux 总结了当时使用的各种钢液真空脱气工艺[60]。自 20 世纪 50~60 年代以来，钢液真空处理设备和技术有了许多新的发展。1956 年 Dortmund Horder Huttenunion 公司发明了单腿的真空精炼 DH 法，1958 年 Ruhrstahl 和 Heraeus 公司共同发明了双腿的真空精炼 RH 法，1967 年 AOD（Argon Oxygen Decarburization）被开发和应用，1968 年 VAD（Vacuun Arc Degassing）和 VOD（Vacuum Oxygen Decarburization）法得以开发应用，1971 年 LF（Ladle Furnace）在钢厂开始应用。1990 年 Fruehan 总结了钢液真空脱气的当时概况[56]。

最初，钢液真空脱气主要用于去除钢液中的氢，目前真空脱气装置越来越多运用于生产碳含量、氮含量都低于 30ppm 的超低碳钢，几乎所有的优质钢以上生产企业都使用真空脱气设备。最常用的钢液真空脱气设备包括两种类型：循环式真空脱气装置，如 RH、RH-OB、RH-KTB 和 DH；非循环真空脱气装置，如钢包脱气、罐式脱气装置，包括 VD（Vacuum Degasser，真空脱气）、VAD（Vacuum Arc Degassing，真空电弧脱气）和 VOD（Vacuum Oxygen Decarburization，真空氧脱碳），这些真空脱气装置都使用氩气作为提升和搅拌气体。在循环式真空脱气装置中，氩气作为提升气体来降低钢水的表观密度，将钢水从钢包提升至真空室；在非循环式真空脱气装置中氩气作为搅拌气体来促进钢水中氢和氮的去除和混匀钢液。如果主要生产超低碳钢或者 IF 钢，需要将钢水脱碳至非常低的水平，则通常首选循环式真空脱气装置，例如，使用 RH 或 RH-OB（KTB）工艺可以把钢中的碳含量降低到 25ppm 以下；而在非循环式真空脱气装置如罐式脱气装置 VOD 中，是无法达到这么低的碳含量的。这两种真空脱气装置在脱氢和脱氮的效率方面没有太大区别。本书第 2.3~2.5 节详细讨论了钢液真空脱氢、脱氮和脱碳的理论基础。

习 题

5-1 针对转炉吹炼，通过文献和本章的公式对比顶吹和底吹引起的搅拌功率的大小，并讨论吹气流量的影响。

参 考 文 献

[1] Turkdogan E T. Fundamentals of Steelmaking［M］. The Institute of Materials, London, 1996.

[2] Szekely J, Evans J W. Radiative Heat Loss from the Surface of Molten Steel Held in a Ladle［J］. Trans. Met. Soc. of AIME, 1969, 245（6）：1149-1159.

[3] Schwerdtfeger K, Wepner W. A simplified model for the oxidation of disintegrated steel streams［J］. Metallurgical Transactions B, 1977, 8（1）：287-291.

[4] Massard P, Lange K W. Intake of O by poured jets falling in air［J］. Arch. Eisenhuttenwes., 1977, 48（10）：521-526.

［5］ Choh T, Iwata K, Inouye M. Estimation of air oxidation of teeming molten steel ［J］. ISIJ International, 1983, 23 (7): 598-607.

［6］ Glaws P C, Fryan R V, Keener D M. 74th Steelmaking Conf. Proc., ISS, Warrendale, PA, 1991, 74: 247-64.

［7］ Kracich R E, Goodson K. Ladle slag depth measurement ［J］. Iron & Steelmaker, 1996, 23: 41-46.

［8］ Hoeffken E, Pflipsen H D, Florin W. Proc. Int. Conf. On Secondary Metallurgy, (Aachen), 1987: 124.

［9］ Szekely J, Carlsson G, Helle L. Ladle Metallurgy ［M］. Materials Research and Engineering Series, B, Springer-Verlag, New York, 1988.

［10］ Zhang L, Thomas B G. State of the art in evaluation and control of steel cleanliness ［J］. ISIJ International, 2003, 43 (3): 271-291.

［11］ Ehrenberg H J, Glaser J, Jacobi H, et al. Slag Carry-Over in the Sequence Casting of Steel-Early Detection and Metallurgical Results ［J］. Stahl und Eisen, 1987, 107 (19): 61-65.

［12］ Dauby P H, Havel D F, Medve P A, et al. Steel quality leapfrog. Detection and elimination of ladle-to-tundish slag carry-over ［J］. Iron & Steelmaker, 1990, 17 (7): 27-27.

［13］ Koria S C, Umakanth P. Water Model Study of Slag Carry-Over During Molten Steel Transfer ［J］. Transactions of the Indian Institute of Metals, 1994, 47 (2/3): 121-121.

［14］ 杨丽, 王三忠, 郭永谦. 滑板挡渣系统在安钢 150t 转炉上的应用 ［J］. 炼钢, 2011, 27 (6): 12-15.

［15］ 吴明, 杨芳, 李应江, 等. 120t 转炉滑板挡渣冶金效果分析 ［J］. 中国冶金, 2017, 27 (6): 38-41, 47.

［16］ 王淑华, 丛玉伟, 徐尚富, 等. 转炉滑板挡渣出钢技术实践 ［J］. 河南冶金, 2010, 18 (6): 46-47, 56.

［17］ 王立军, 张明, 刁望才. 滑板挡渣技术在包钢 240t 转炉上的应用 ［J］. 包钢科技, 2015, 41 (3): 4-7.

［18］ 王克俭, 陆永刚. 宝钢 250t 转炉滑板挡渣机构耐材使用实践 ［J］. 炼钢 2013, 29 (4): 71-74, 78.

［19］ 商红梅. 首钢迁钢转炉滑板挡渣液压系统设计特点 ［J］. 炼钢, 2015, 31 (5): 73-77.

［20］ 贾纯纯. 滑板挡渣技术在河钢宣钢 150t 转炉的应用 ［J］. 河北冶金, 2019 (12): 47-50.

［21］ 蔡常青. 转炉滑板挡渣出钢工艺的实践应用 ［J］. 福建冶金, 2017, 46 (4): 18-21.

［22］ Turkdogan E. Reaction of Liquid Steel with Slag During Furnace Tapping ［C］//3 rd International Conference on Molten Slags and Fluxes, 1988: 1-9.

［23］ Glaws P C, Kor G J W. The Timken Company, internal reports ［R］. Report.

［24］ Engel R. Refractory/slag systems for ladles and secondary refining processes ［J］. Iron & Steelmaker, 1996, 23 (5): 66-68.

［25］ Tomazin C E, Upton E A, Wallis R A. Steelmaking conf. proc ［J］. Iron and Steel Society, 1986.

［26］ 张月星, 安永超, 刘绍明, 等. 迁钢 210t 钢包全程加盖工艺及实践 ［J］. 中国冶金, 2019, 29 (4): 60-63.

［27］ 李叶忠, 王一名, 李玉德, 等. 260t 钢包全程加盖工艺实践 ［J］. 鞍钢技术, 2021 (4): 50-53.

［28］ Anagbo P, Brimacombe J. The Design and Performance of Porous Plugs in Metal Refining. Ⅰ ［J］. Iron and Steelmaker, 1988, 15 (10): 38-43.

［29］ Anagbo P, Brimacombe J. The Design and Performance of Porous Plugs in Metal Refining. Ⅱ ［J］. Iron and Steelmaker, 1988, 15 (11): 41-45.

［30］ Szekely J, Nakanishi K. Stirring and Its Effect on Aluminum Deoxidation of Steel in the ASEA-SKF Furnace: 2. Mathematical Representation of the Turbulent Flow Field and Tracer Dispersion ［J］.

Metallurgical Transactions B (Process Metallurgy), 1975, 6B (2): 245-256.

[31] Riyahimalayeri K, Olund P, Selleby M. Effect of vacuum degassing on non-metallic inclusions in an ASEA-SKF ladle furnace [J]. Ironmaking and Steelmaking, 2013, 40 (6): 470-477.

[32] Nakanishi K, Szekely J, Fujii T, et al. Stirring and Its Effect on Alumunum Deoxidation of Steel in the ASEA-SKF Furnace: 1. Plant Scale Measurements and Preliminary Analysis [J]. Metallurgical Transactions B (Process Metallurgy), 1975, 6B (1): 111-118.

[33] Malayeri K R, Olund P, Sjoblom U. Thermodynamic calculations versus instrumental analysis of slag-steel equilibria in an ASEA-SKF ladle furnace [C]//10th ASTM International Symposium on Bearing Steel Technologies, May 6, 2014-May 8, 2014, (Toronto, ON, Canada), ASTM International, Vol. STP 1580, 2015: 16-26.

[34] Kim W S, Yoon J K. Numerical prediction of electromagnetically driven flow in ASEA-SKF ladle refining by straight induction stirrer [J]. Ironmaking and Steelmaking, 1991, 18 (6): 446-453.

[35] Almcrantz M, Andersson M A T, Jonsson P G. Determination of inclusion characteristics in the Asea-SKF process using the modified spark-induced OES technique as a complement in studying the influence of top slag composition [J]. Steel Research International, 2005, 76 (9): 624-634.

[36] Pluschkell W. Grundoperationen pfannenmetal lurgischer prozesse [J]. Stahl Und Eisen, 1981, 101 (13-14): 97-103.

[37] Lachmund H, Xie Y, Buhles T, et al. Slag emulsification during liquid steel desulphurisation by gas injection into the ladle [J]. Steel Research, 2003, 74 (2): 77-85.

[38] Kai T, Okohira K, Hirai M, et al. Influence of Bath Agitation Intensity on Metallurgical Characteristics in Top and Botton Blown Converter [J]. Tetsu-to-Hagane/Journal of the Iron and Steel Institute of Japan, 1982, 68 (14): 1946-1954.

[39] Ogawa K, Onoue T. Mixing and mass transfer in ladle refining process [J]. ISIJ International, 1989, 29 (2): 148-153.

[40] Mazumdar D, Guthrie R I. The physical and mathematical modelling of gas stirred ladle systems [J]. ISIJ International, 1995, 35 (1): 1-20.

[41] Mazumdar D, Guthrie R I L. Mixing models for gas stirred metallurgical reactors [J]. Metallurgical Transactions B, 1986, 17 (4): 725-733.

[42] Neifer M, Rödl S, Sucker D. Investigations on the fluid dynamic and thermal process control in ladles [J]. Steel Research, 1993, 64 (1): 54-62.

[43] Kikuchi N. Development and prospects of refining techniques in steelmaking process [J]. ISIJ International, 2020, 60 (12): 2731-2744.

[44] Mietz J, Oeters F. Flow field and mixing with eccentric gas stirring [J]. Steel Research, 1989, 60 (9): 387-394.

[45] Joo S, Guthrie R. Modeling flows and mixing in steelmaking ladles designed for single-and dual-plug bubbling operations [J]. Metallurgical Transactions B, 1992, 23 (6): 765-778.

[46] Emi T, Proceedings [C]//Scaninject Ⅶ, part Ⅰ, 1995: 255.

[47] Asai S, Kawachi M, Muchi I. Mass Transfer Rate in Ladle Refining Processes [C]//Scaninject Ⅲ: Proceedings of 3rd International Conference on Injection Metallurgy, (Lulea, Sweden), 1983.

[48] Kikuchi Y, Proceedings, Vol. Scaninject Ⅲ, part Ⅰ, 1983, 13: 1.

[49] Nakanishi K, Szekely J. Deoxidation kinetics in a turbulent flow field [J]. Transactions of the Iron and Steel Institute of Japan, 1975, 15 (10): 522-530.

[50] Engh T A, Lindskog N. A fluid mechanical model of inclusion removal [J]. J. Met., 1975, 4: 522.

[51] Cotchen J K, Symp I. On ladle steelmaking and furnaces [J]. Soc. of CIM, 1988: 111.

[52] Eckel J A, The Timken Company, private communication.

[53] Otunniyi I O, Theko Z V, Mokoena B L E, et al. Major determinant of service life in magnesia-graphite slagline refractory lining in secondary steelmaking ladle furnace [C]// Conference of the South African Advanced Materials Initiative 2019, CoSAAMI 2019, October 22, 2019-October 25, 2019, (Vanderbijlpark, South africa), IOP Conference Series: Materials Science and Engineering. IOP Publishing Ltd, 2019, 655 (1): 012003.

[54] Barbus J A. Steelmaking conf. proc. , 72, (Warrendale, PA), Iron and Steel Society, 1989, 23.

[55] Miyashita Y, Kikuchi Y. Recent developments in vacuum treatment of steel in Japan [C]//International Conference Secondary Metallurgy (ICS'87). (Preprints). 1987: 195-207.

[56] Fruehan R J. Vacuum degassing of steel [J]. Iron and Steel Society/AIME, 410 Commonwealth Dr, P. O. Box 411, Warrendale, PA 15086-7512, USA, 1990. 212, 1990.

[57] Griffing N R, Hand E L, Bayewitz M H, et al. Ladle steel reaheating with oxygen. Research pilot plant experiments and implementation at the steelton plant [J]. Revue de Metallurgie. Cahiers D'Informations Techniques, 1990, 87 (1): 55-62.

[58] Jung G. Process Technology Proc. , (Warrendale, PA), Iron and Steel Society, 1995, 109.

[59] Barraclough K C. The applications of vacuum technology to steelmaking [J]. Vacuum, 1972, 22 (3): 91-102.

[60] Flux J H. Vacuum degassing of steel [J]. Vacuum, 1965, 15 (4): 196.

6 炉外精炼的主要种类

钢液炉外精炼技术的进步更是随着科技而逐渐改进的，如图 6-1 所示。炉外精炼具有脱氢、脱氮、脱碳、脱氧的脱气功能和钢水加热功能，炉外精炼分为循环式搅拌技术和非循环式搅拌技术两种。非循环式搅拌又包括吹氩搅拌和电磁搅拌两种。炉外精炼最早开始于钢包之间、钢包到铸锭之间的真空脱气工艺。20 世纪 50 年代后期，更高效的单腿真空脱气工艺 Dortmund Hoerder（DH）和双腿真空脱气工艺 Ruhrstahl-Heraeus（RH）开始流行。20 世纪 60 年代中期，真空电弧脱气（VAD）、电磁搅拌 ASEA-SKF 工艺和真空吹氧脱碳（VOD）等脱气工艺成功应用于不锈钢精炼，20 世纪 70 年代初期在不锈钢生产方面又诞生了氩氧脱碳工艺（AOD）。20 世纪 70 年代初也出现了向钢包钢液中投掷块状合金进行合金化的过程，并借助底吹氩气使合金熔化和扩散更加迅速；为了更好地均匀钢液成分和温度，以及控制夹杂物形态，该技术升级为将合金元素制作成线状合金喂入钢液中。20 世纪 80 年代诞生了 CAS-OB 吹氧脱碳工艺和 RH-PB 真空喷粉工艺。20 世纪 90 年代以后基本没有再出现全新的炉外精炼设备，炉外精炼技术的进步主要体现在现有工艺和设备的多功能化和智能化的提升方面。

6.1 钢包精炼炉

钢包炉是二次精炼中使用最广泛的设备之一，从相对简单的改造安装到设备精良的工位设施都有应用。日本大同钢铁公司开发的钢包炉如图 6-2 所示[2]，炉内有基本衬里，并覆盖有水冷炉顶。通过导电臂支撑的三个电极用以钢液熔池加热。在精炼过程中钢液上面有精炼渣，避免电弧冲击导致钢包内衬的过度损耗；Ladle Furnace（LF）炉电极加热时电弧相对较长，能够提高能效并降低电极消耗。在精炼过程中，通过钢包底部的多孔塞吹入惰性气体用以搅拌熔池和促进钢中夹杂物的去除。底部吹气搅拌过程中搅拌功率可以用式（5-6）进行计算。

6.2 VD 真空脱气（罐）精炼炉

钢液可以在脱气罐中进行真空脱气处理，无须电弧再加热。真空环境避免了空气的氧化，使得 VD 精炼过程能够使用很大的搅拌强度，钢渣反应具有良好的动力学条件，能够极大促进夹杂物的上浮去除；但由于渣钢混搅强烈，也易造成精炼渣卷入钢液中，会造成耐火材料内部冲刷严重和剧烈的钢渣反应。体现在钢液洁净度上，Vaccum Degasser（VD）精炼易于渣钢脱硫反应的进行，但是过于剧烈的渣钢反应会改变钢中非金属夹杂物的成分。

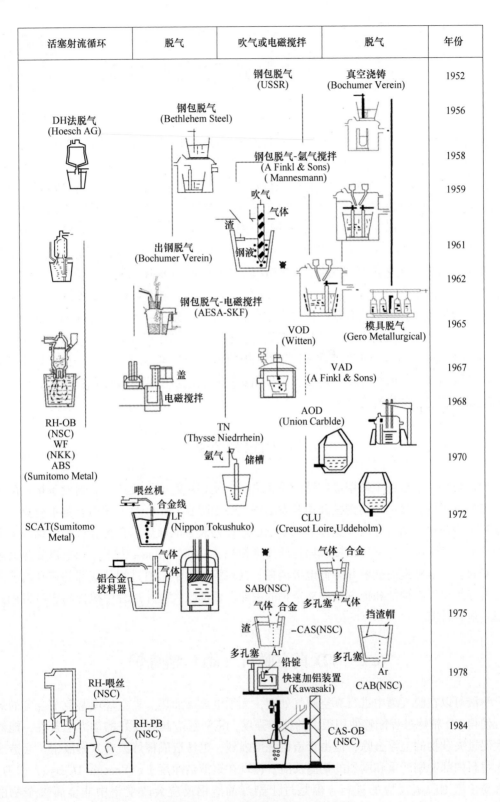

图 6-1 钢液炉外精炼技术的进步[1]

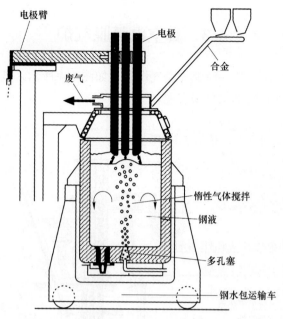

图 6-2 日本大同钢铁公司的 LF 精炼炉示意图[2]

真空脱气精炼炉可以使用两种搅拌方式：（1）感应线圈搅拌，如图 6-3（a）所示；（2）底部吹氩的气体搅拌，如图 6-3（b）所示。底部吹气搅拌过程中搅拌功率可以用式（5-6）进行计算。电磁感应线圈搅拌的搅拌功率可以由式（6-1）[3] 计算。

$$\varepsilon = \frac{0.0012D^2\rho}{W} \times \left[316 \times \left(\frac{\zeta}{\rho_e f}\right)^{1/2} \times \frac{P}{\pi DH\rho} \right]^{3/2} \qquad (6-1)$$

式中，ε 为搅拌功率，W/t；D 为熔池直径，cm；ρ 为钢液密度，g/cm^3；W 为钢液质量，t；ζ 为钢液的相对磁导率，无量纲，约等于 1；ρ_e 为钢液的电阻率，$1.4\times10^{-4}\Omega\cdot$cm；$f$ 为频率，s^{-1}；P 为功率，kW；H 为钢液高度，cm。

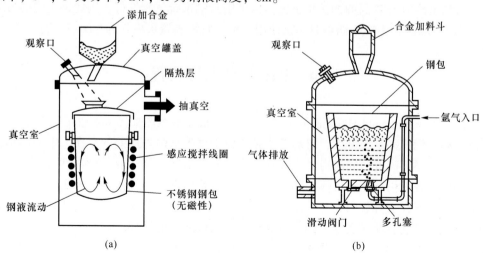

图 6-3 真空脱气罐脱气设备[4]

（a）感应线圈搅拌；（b）底部吹氩的气体搅拌

6.3 真空电弧脱气炉

真空电弧脱气（VAD）是一种罐式脱气设备，如图 6-4 所示。该设备安装了电极，对钢液进行加热，脱气通过底部吹氩来实现。

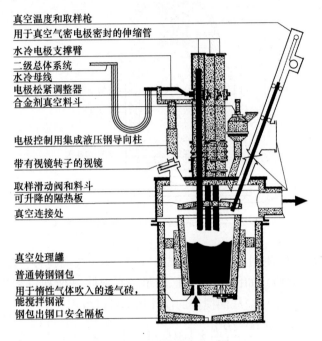

真空温度和取样枪
用于真空气密电极密封的伸缩管
水冷电极支撑臂
二级总体系统
水冷母线
电极松紧调整器
合金剂真空料斗

电极控制用集成液压钢导向柱

带有视镜转子的视镜

取样滑动阀和料斗
可升降的隔热板
真空连接处

真空处理罐
普通铸钢钢包
用于惰性气体吹入的透气砖，能搅拌钢液
钢包出钢口安全隔板

图 6-4 VAD 装置原理图[5]

Whittaker[6] 描述了某厂的 VAD 装置，有两个钢包盖可以使用，如图 6-5 所示。在加热期间，钢包放置在装有三个电极的水冷炉顶下方。脱气期间，钢包放置在装有观察口、真空出口和水冷 O 形密封圈的炉顶下方。这种密封的系统气密性好，因此钢包内的最终压力可以小于 1torr❶。生产不锈钢时如果使用氧枪，则该装置可以作为 VOD 运行。

6.4 RH 真空脱气装置

RH 工艺是 Ruhrstahl-Heraeus 的简写，其工艺原理示意图如图 6-6 所示[7]。提升钢包使浸渍管插入钢液一定深度后，启动真空泵，由于真空室内外压差的存在，钢液逐渐被提升至真空室内循环高度；同时通过吹气管路在上升管内吹入氩气或其他惰性气体，由于温度升高和压强降低引起驱动气体的膨胀，致使上升管内钢液与气体的混合物的平均密度降低，促进了钢液在上升管内上升并涌入真空室内，由于重力的作用，钢液从真空室通过下降管向钢包内流动，从而实现了钢液在真空室和钢包之间的循环。

---

❶ 1torr = 133.322Pa。

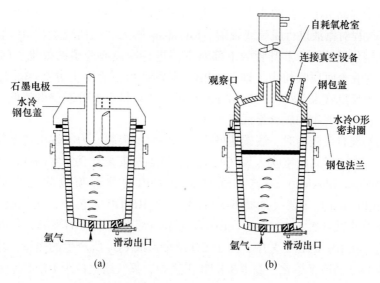

图 6-5 VAD 的两种钢包盖装置实现对 68t 钢液的再加热 (a) 和真空脱气 (b)[6]

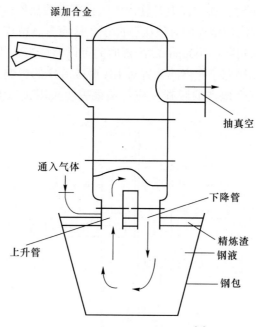

图 6-6 RH 工艺原理示意图[7]

Kuwabara 等人[8] 在 RH 真空室中安装额外的喷嘴注入氩气来提高脱碳率,在 100t 钢包 RH 精炼的真空室中注入(标态)400~500L/min 的氩气,碳含量在 20min 内从 200ppm 减少到约 10ppm,由式(2-201)可知脱碳速率常数 $k_C \approx 0.0025s^{-1}$。比图 3-3 中传统 RH 的脱碳速率常数 k_C 高了约 50%。Yamaguchi 等人[9] 将氢气和氩气共同注入 RH 的上升管,钢中氢含量达到 6ppm,然后再继续注入氢气的同时将真空室排空,熔池中细小的氢气泡有利于碳的去除反应,钢液最终碳含量为 5~10ppm。

　　为了进一步提高 RH 工艺的能力，开发了 RH-PB（吹粉）工艺。添加粉末或助熔剂可以在 RH 生产过程对钢液进行脱硫或脱磷。Kuwabara 等人[10] 研究了在 RH 装置运行期间将熔剂喷吹入钢包钢液 RH 上升管的下部对钢液进行脱硫或脱磷的效果。Okada 等人[11] 在 RH 真空室钢液表面顶吹粉末，即 RH-PB，在钢液熔池表面上方 2~3m 的顶部喷枪以 20~60kg/min 的流量吹入 100 目（0.147mm）的铁矿石粉末，可以获得超低碳、超低氮和超低硫含量的钢，最终钢中碳含量低于 5ppm。

　　当钢中初始碳含量较高时，脱碳速度会受到供氧的限制。为了解决这个问题，日本的钢铁企业开发了向 RH 真空室吹入氧气的工艺，即通过安装在真空室侧壁的风口吹入氧气的 RH-OB（Oxygen Blowing）工艺和通过真空室内的顶部喷枪吹入氧气的 RH-KTB（Kawasaki Top Blowing）工艺（如图 6-7 所示）。在 RH-OB 工艺中，氧气通过安装在 RH 容器下部侧壁中的风口吹入[12]。由于 RH 真空室内部发生剧烈的飞溅，导致真空室内部挂渣挂壳严重。在 RH-KTB 工艺中，由于 CO 燃烧形成 CO$_2$ 所产生的热量，使黏挂在真空室内壁的富含 FeO 的冷钢熔化，在 RH-KTB 工艺中，氧气通过位于 RH 真空室中的顶部喷枪吹入[13]。注入的氧气除了可以直接和钢中的碳发生反应之外，还对 CO 进行燃烧后，真空室内的富含氧化铁挂渣大量减少。2014 年，Wang 等人[14] 提出在精炼 10min 后钢液中氧含量降至 50ppm 以下时，通过往上升管内吹入携带碳酸盐粉末的气体来提高 RH 脱碳效率，该方法可以增大气泡与钢液的有效接触面积，从而提高精炼效率，对于 180t RH 脱碳过程，碳含量从 200ppm 降至 100ppm 的冶炼时间可以缩短 3min 以上。2018 年，Kim 等人[15] 建立了水模型对比研究了超声波装置对 RH 脱碳效率的影响，考虑了钢液内部、钢液表面、氩气泡上升区三个地点的脱碳反应；结果表明采用超声波装置后，脱碳速率提高，降低了最低碳含量。

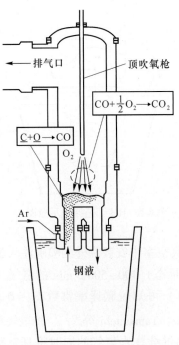

图 6-7　RH-KTB 工艺示意图[16]

在钢液脱碳过程中，脱碳反应的快慢则受到动力学因素的影响，涉及碳和氧在钢液中的传质。1983 年，Sumida 等人[17] 建立了 RH 精炼过程脱碳反应的模型，将钢包和真空室分成两部分，根据质量守恒原理得出了碳和氧含量的关系式。1988 年，Kuwabara 等人[18] 对钢包内钢液、上升管内钢液、真空室内钢液表面和钢液滴及下降管处钢液分别取样分析，并采用"单一气泡模型""飞行球形颗粒模型"及"传质模型"对这些部位的脱碳机理进行了定量，结果发现，上升管内的气泡对脱碳的贡献很小；真空室内部可能存在大量小液滴，飞溅的金属液滴不是脱碳反应的主要发生区域，真空室内的钢液才是脱碳反应的主要发生区域，并建立了由传质控速的脱碳模型，将真空室划分为两部分，一部分为靠近自由液面且能够发生脱碳反应的区域，另一部分为第一部分之外的无法发生脱碳反应的区域，即反应区模型（Reaction Zone Model）[19]。1992 年，Yamaguchi 等[16] 根据 Sumida 模型[17]，进一步考虑碳和氧浓度的影响，给出了不同限制性环节控制下，钢液脱碳、脱氧过程的速率常数，该模型对比了常规 RH 工艺和 RH-KTB 工艺脱碳速率的不同。1992 年，Inoue 等人[20] 为提高 RH 精炼效率，进行了一系列物理模拟实验和工业试验。利用 CO_2 在水溶液中的解吸附作用来模拟 RH 处理过程中的脱碳过程，提出真空室吹气可以增大钢液和气相的接触面积，从而提高脱碳效率。1995 年，Takahashi 等人[21] 建立了脱碳动力学模型，研究了钢液内部、氩气泡表面、CO 气泡表面和真空室内自由钢液面对脱碳的贡献，发现不同碳含量情况下脱碳的限制性环节不同，并指出 CO 气泡界面处的脱碳反应在整个脱碳过程中占有重要位置，而自由表面对脱碳的贡献较小，这一研究结果与他人的研究有一定差别。1997 年，Zhang 等人[22] 建立了脱碳模型，假设脱碳反应发生在三个地方：真空室内钢液面处、钢液中氩气泡表面和钢液内部生成的 CO 气泡表面，该模型认为对钢液的搅拌来自两种气体，一是吹入的氩气，二是钢液中生成的 CO 气泡；在此前提下，推断出脱碳的体积传质系数与 $\varepsilon^{1.5}$ 呈正比关系，并指出 $w[\mathrm{C}]/w[\mathrm{O}] = 0.67$ 为最优的脱碳初始比例，当 $w[\mathrm{C}]/w[\mathrm{O}] < 0.67$ 时，吹氧是不必要的；脱碳速率随浸渍管直径的增加而增加；然而，当浸渍管内径超过 750mm 后，脱碳速率不再继续增加。2002 年，Wei 等人[23-24] 基于质量守恒原理，将真空室内液体及上升管内气泡当成流群的形式，考虑其对脱碳效果的影响。对于在 RH 真空室上部钢液表面吹氧（RH-KTB）的过程，当初始碳含量高于一定值时，可明显加快脱碳反应速率；当吹气量达到一定值后，继续增加吹气量对脱碳速率的影响不大。

混匀时间与搅拌功率之间有直接关系，搅拌功率越大则熔池的运动越剧烈，混匀时间越短。在 RH 钢包内，不同位置的搅拌功率不同，混匀时间也不同，这也表明，混匀时间必须指明所处位置才有意义。

文献［25-28］中给出了混匀时间与搅拌功率的关系式，其中 RH 处理过程中的混匀时间公式为

$$\tau_{\mathrm{m}} = 32.6\varepsilon^{-0.45} \tag{6-2}$$

式中，τ_{m} 为混匀时间，s；ε 为搅拌功率，$1\mathrm{m}^2/\mathrm{s}^3 = 1000\mathrm{W}/\mathrm{t}$。该式和式（5-10）有一定的差别。

Katoh 等人[25] 给出了 RH 精炼过程中的搅拌功率可以由式（6-3）计算。

$$\varepsilon = 0.375 \times \frac{Q_{\mathrm{G}}^3}{V_{\mathrm{total}} D_{\mathrm{down}}^4} \tag{6-3}$$

表 6-1 总结了 RH 精炼过程中混匀时间的计算公式，其中一种方法是首先计算出 RH 钢包的搅拌功率，再推导混匀时间；另一种计算方法是根据流体雷诺数和 RH 精炼工艺中的基本参数计算混匀时间。其中，前者为理论计算结果，后者则主要依靠大量实验数据拟合得到。

表 6-1　RH 精炼过程中混匀时间的计算公式

年份	作者	计算公式	文献
1979	Katoh 等人	$$\tau_m = 32.6\varepsilon^{-0.45}$$ $$\varepsilon = 0.375 \times \frac{Q_G^3}{V_{total}D_{down}^4}$$	[25]
2004	Ajmani 等人	$$\tau_m\left(\frac{Q_G}{V_{total}}\right) = 0.0013(Re)^{0.06} \times \left(\frac{SID}{H_{ladle}}\right)^{-0.52} \times \left(\frac{D_{down}}{D_{ladle}}\right)^{1.02}$$	[29]
2007	Anil 等人	$$\tau_m\left(\frac{Q_G}{V_{total}}\right) = 0.31616(Re)^{0.279} \times \left(\frac{S_{up}}{H_{ladle}}\right)^{0.0273} \times$$ $$\left(\frac{S_{down}}{H_{ladle}}\right)^{0.0799} \times \left(\frac{D_{up}}{D_{ladle}}\right)^{-0.0165} \times \left(\frac{D_{down}}{D_{ladle}}\right)^{1.1347}$$	[30]

注：Re 为雷诺数；SID 为浸渍管浸入深度，mm；S_{up} 为上升管浸入深度，mm；S_{down} 为下降管浸入深度，mm；H_{ladle} 为钢包钢液高度，mm；D_{ladle} 为钢包内径，cm；V_{total} 为液体的总体积；Q_G 为吹氩流量（标态），L/min。

6.5　CAS-OB 精炼装置

CAS-OB 工艺（Composition Adjustment by Sealed argon bubbling with Oxygen Blowing，密封氩气搅拌并吹氧调整成分工艺）由新日铁公司开发[31]，如图 6-8 所示。该工艺的主要特点是将合金通过没有渣的浸渍钟罩直接加入钢液中。底部吹氩元件在浸渍钟罩的正下方，以确保钢液的搅拌被限制在浸渍钟罩下方的区域。钢的再加热是通过顶部喷枪注入氧气并添加铝来实现的。对于低碳钢，CAS-OB 中的再加热速率约为 10℃/min[31]，这与 Palchetti 等人[32] 向 300t 钢液以 70m³/min 的吹氧（标态）得到的加热速率相似。

6.6　VOD 精炼炉

VOD 精炼（Vacuum Oxygen Decarburization，真空氧气脱碳精炼）是通过真空降低钢液上方气氛的压力，直接降低 CO 的分压以提高 C-O 反应的能力，促进碳的优先氧化，最终达到促进"去碳保铬"的目的。这种方法是德国 Edel-stahlwerk Witten 和 Standard Messo 公司 1967 年共同研制的。VOD 精炼主要包括钢包、真空罐、真空系统、吹氧系统、吹氩系统、自动加料系统、测温取样系统，如图 6-9 所示。VOD 精炼的基本功能有吹氧脱碳、升温、吹氩搅拌、真空脱气、造渣、脱氧、脱硫、去除夹杂物、合金化作用，适用于不锈钢、工业纯铁、精密合金、高温合金和合金结构钢的冶炼，尤其是超低碳不锈钢和金的冶炼。VOD 法脱碳、脱氢、脱氮效果比 AOD 法好。VOD 精炼的典型工艺流程为：钢包被置于一个固定的真空室（真空罐）内，钢包内的钢水在真空减压条件下用顶氧枪进行吹氧气脱碳，同时通过置于钢包底部吹氩促进钢液循环，在冶炼不锈钢时能容易地将钢中碳含量

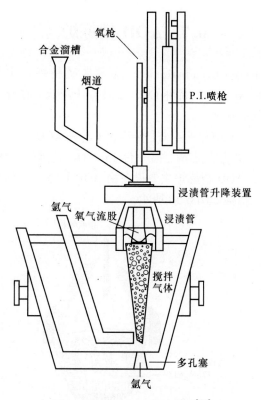

图 6-8 CAS-OB 过程示意图[31]

降到较低水平而保证铬不被氧化。由于对钢液进行真空处理，加上氩气的搅拌作用，反应的热力学和动力学条件十分有利，能获得良好的脱气和去除夹杂物的效果。在真空条件下很容易将钢液中的碳和氮含量去除到很低的水平，因此该精炼方法主要用于超纯、超低碳不锈钢和合金的二次精炼。

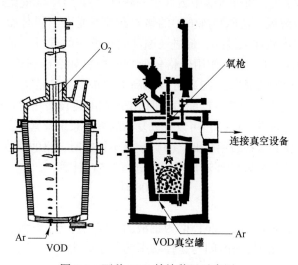

图 6-9 两种 VOD 精炼装置示意图

6.7　AOD 精炼炉

AOD 精炼（Argon Oxygen Decarburization，氩氧脱碳精炼）主要应用于不锈钢冶炼，反应原理见式（6-4），用 Ar（N$_2$）稀释 CO，使其分压降低，在避免钢中铬元素氧化的前提下，使碳含量脱到很低的水平。

$$Cr_3O_4 + 4[C] \Longrightarrow 3[Cr] + 4CO \tag{6-4}$$

1968 年 Joslyn 钢铁公司建成世界上第一台 15t AOD 精炼炉。1983 年太原钢铁公司建成了中国第一台 AOD 炉。AOD 精炼炉主要设备由 AOD 炉本体、活动烟罩系统、供气及合金上料系统等部分组成，结构如图 6-10 所示。

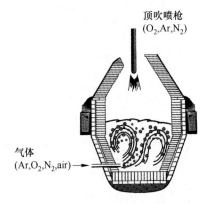

图 6-10　AOD 过程示意图

AOD 冶炼工艺流程为：初炼炉熔化的钢水作为 AOD 入炉原料。吹炼过程分为脱碳期、还原精炼期。脱碳期过程中，粗钢兑入 AOD 炉后，向熔池中吹入氧气和氩气，随着钢中碳含量的降低，铬的氧化增加，在铬烧损较低的前提下实现快速脱碳，并节约氩气，吹炼初期 Ar：O$_2$ 含量比较低。随着熔池中碳含量的降低，Ar：O$_2$ 含量比逐渐提高。还原精炼期，加入硅铁对钢液脱氧，还原精炼渣中的铬元素和铁元素，同时加入石灰、萤石等造渣剂进行脱硫，并通过吹氩加强搅拌，促进还原和脱硫反应的进行，促进夹杂物上浮去除。

AOD 法的优点为：（1）可以使用价格较便宜的原料如高碳铬铁、废钢等，最初的碳、硅含量没有限制，可以降低成本；（2）可以提高电弧炉的生产能力，一台电弧炉加上一台 AOD 炉具有相当于两台电弧炉的生产能力，而 AOD 炉的建设费用比电弧炉低得多，所以双联是提高生产能力的有效方法；（3）可以省去复杂的真空系统及其设备费用；（4）操作相对简单，重现率高，操作和维护费用较低；（5）冶炼不锈钢时，铬的回收率可达 98% 左右。

Nakao 等人[33]认为钢液的环流量可以由式（6-5）计算。

$$Q_m = \frac{60000W}{\tau_m} \tag{6-5}$$

式中，Q_m 为钢液的环流量，kg/min；W 为钢液的质量，t；τ_m 为钢液的混匀时间，s。

对于 AOD 装置，钢液混匀时间与搅拌功率的关系式为

$$\tau_m = 100\left(\frac{H}{D^2}\varepsilon\right)^{-0.337} \tag{6-6}$$

式中，H 为钢液深度，m；D 为钢包直径，m；ε 为钢液的搅拌功率，$1m^2/s^3 = 1000W/t$。

底吹气体的搅拌功率由式（5-6）计算，对于顶枪喷吹氧气的情况，Kai 等人[34] 给出了搅拌功率的公式。

$$\varepsilon = 6.32 \times 10^{-7} \times \frac{cos\theta}{V_m} \times \frac{Q_G^3 M_O}{n^2 d_e^3 h} \tag{6-7}$$

式中，ε 为顶吹氧气的搅拌功率，W/m^3；V_m 为钢液的体积，m^3；Q_G 为顶吹气体流量（标态），m^3/min；h 为顶枪距离钢液面高度，m；n 为顶枪吹气孔个数；d_e 为顶枪出气口直径，m；M_O 为氧的分子量，16g/mol；θ 为顶枪吹气孔夹角，(°)。

式（6-7）可以改写为

$$\varepsilon = 0.632 \times 10^{-7} \times \frac{cos\theta}{W} \times \frac{Q_G^3 M_O}{n^2 d_e^3 h} \tag{6-8}$$

式中，ε 为顶吹氧气的搅拌功率，m^2/s^3；W 为钢液的质量，kg；Q_G 为顶吹气体流量（标态），m^3/min；h 为顶枪距离钢液面高度，m；n 为顶枪吹气孔个数；d_e 为顶枪出气口直径，m；M_O 为氧的分子量，16g/mol；θ 为顶枪吹气孔夹角，(°)。

对于顶底复吹情况，Kai 等人[34] 认为总的搅拌功率应该为由式（6-9）计算。

$$\varepsilon = 0.1\varepsilon_{Top\ stirring} + \varepsilon_{Bottom\ stirring} \tag{6-9}$$

6.8　优化的多功能真空精炼炉

在已有精炼设备上开发新的功能，使精炼炉特别是真空精炼炉多功能化是精炼反应器下一步的发展方向。

对于真空设备最典型的是 DH、RH 和 VD（Vacuum Degasser）精炼炉。1961 年 Yawata Steel 公司（现 Nippon Steel）开始使用 DH 单腿真空精炼炉（如图 6-11(a) 所示[35]），这是日本钢铁企业第一台真空精炼炉，真空提升钢液进入真空室，真空室内钢液面提升，当钢包内钢液面和真空室钢液面脱离后，真空室内钢液面降落，如此往复，实现钢液在真空室的循环。和 RH 相比，DH 有一定的劣势，例如，因为不使用提升气体，所以需要复杂的真空泵系统。1998 年，Nippon Steel 公司把 DH 设备改进为 REDA（Revolutionary Degassing Activator，革命性的脱气炉）工艺[36]，在钢包底部偏心吹入氩气，氩气在钢液中上升进入真空室，带动一侧钢液面上升，另一侧的钢液面因为没有提升气体而降落，如此形成钢液在真空室和钢包内的循环，实现了深脱碳和有效去除夹杂物的目的。

针对 RH 双腿真空精炼炉工艺，为了达到深脱碳、脱硫和脱磷的目的，日本的钢铁公司做了多项改进，包括通过真空室壁面吹氧的 RH-OB 工艺、顶枪吹氧的 RH-KTB 工艺、顶枪喷粉的 RH-PB 工艺和在钢包钢液内上升管下方向上升管内喷粉的 RH-Injection 工艺，如图 6-11 所示。

AOD 精炼炉用于不锈钢生产过程的脱碳，但是在低碳区域 AOD 的脱碳速率很慢，尽管增大吹氩流量可以增加脱碳速度，但是这样做会使成本增加。1991 年日本 Daido 公司开发了真空 AOD 精炼炉，也称为 VCR 精炼炉，如图 6-12 所示，钢液脱碳由溶解氧和渣中的氧化物互相反应和底吹入纯 O_2 来实现。Nippon Steel 公司 1996 年开始使用近似设备（称

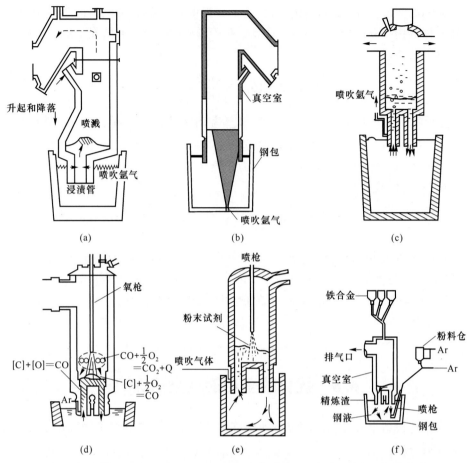

图 6-11　单腿真空精炼炉（DH）和双腿真空精炼炉（RH）的改进工艺[35]
（a）DH；（b）REDA；（c）RH-OB；（d）RHKTB；（e）RH-PB；（f）RH-Injection

为 V-AOD）生产不锈钢，通过吹氧改进了脱碳，降低了精炼时间，减小了用于铬还原的硅合金的消耗。

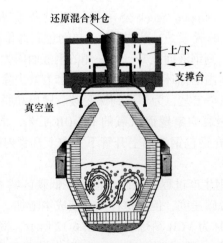

图 6-12　真空 AOD 过程（也称为 VCR 过程）示意图

习　题

6-1　应用本书的理论知识，设计一个多功能真空精炼炉。

参　考　文　献

［1］ Semura K, Matsuura H. Past development and future prospects of secondary refining technology ［J］. Tetsu-to-Hagane, 2014, 100 (4): 456-471.

［2］ Knapp H. Metallurgie im pfannenofen von fuchs systemtechnik ［J］. Radex Rundschau, 1987, 2: 356-363.

［3］ Ogawa K, Onoue T. Mixing and mass transfer in ladle refining process ［J］. ISIJ International, 1989, 29 (2): 148-153.

［4］ Turkdogan E T, Fundamentals of Steelmaking ［M］. The Institute of Materials, London, 1996.

［5］ Fruehan R J. Vacuum degassing of steel ［C］ //Iron and Steel Society/AIME, 410 Commonwealth Dr, P. O. Box 411, Warrendale, PA 15086-7512, USA, 1990: 212.

［6］ Whittaker D A. Int. Symp. on Ladle Steelmaking and Furnaces (Montreal: CIM) ［C］ //1988: 235.

［7］ Sewald K. Supervisory Computer Control for the RH Vacuum Degasser ［J］. Iron and Steel Engineer, 1991, 68 (7): 25-32.

［8］ Kuwabara T, Umezawa K, Mori K, et al. Investigation of decarburization behavior in RH-reactor and its operation improvement ［J］. ISIJ International, 1988, 28 (4): 305-314.

［9］ Yamaguchi K, Sakuraya T, Hamagami K. Development of hydrogen gas lnjection method for promoting decarburization of ultra-low carbon Steel in RH degasser ［J］. Kawasaki Steel Giho (Japan), 1993, 25 (4): 283-286.

［10］ Kuwabara T, Steelmaking Conf. Proc. , Vol. 69, 1986, 293.

［11］ Okada Y. Proc. 8th Japan-Germany seminar, (Sendai), ISIJ, 1993, 81.

［12］ Otterman B A, Hale R J, Merk R. Assimilation and recovery characteristics of innovative cored wire additions for steelmaking ［J］. Canadian Metallurgical Quarterly, 1990, 30 (4): 213-225.

［13］ Emi T. Proceedings ［C］ //Vol. Scaninject Ⅶ, part Ⅰ, 1995: 255.

［14］ Wang X, Tang F, Lin Y, et al. Development of novel RH degassing process with powder injection through snorkel nozzles ［J］. Ironmaking and Steelmaking, 2014, 41 (9): 694-698.

［15］ Kim Y, Yi K. Effects of the ultrasound treatment on reaction rates in the RH processor water model system ［J］. Metals and Materials International, 2018, 25: 238-247.

［16］ Yamaguchi K, Kishimoto Y, Sakuraya T, et al. Effect of refining conditions for ultra low carbon steel on decarburization reaction in RH degasser ［J］. ISIJ International, 1992, 32 (1): 126-135.

［17］ Sumida N, Fujii T, Oguchi Y, et al. Production of ultra-low carbon steel by combined process of bottom-blown converter and RH degasser ［J］. Kawasaki Steel Technical Report, 1983, 8: 69-76.

［18］ Kuwabara T, Umezawa K, Mori K, et al. Investigation of decarburization behavior in RH-reactor and its operation improvement ［J］. Transactions of the Iron and Steel Institute of Japan, 1988, 28 (4): 305-314.

［19］ Ende M, Kim Y, Cho M, et al. A kinetic model for the Ruhrstahl Heraeus (RH) degassing process ［J］. Metallurgical and Materials Transactions B, 2011, 42 (3): 477-489.

［20］ Inoue S, Furuno Y, Usui T, et al. Acceleration of decarburization in RH vacuum degassing process ［J］. ISIJ International, 1992, 32 （1）: 120-125.

［21］ Takahashi M, Matsumoto H, Saito T. Mechanism of decarburization in RH degasser ［J］. ISIJ International, 1995, 35 （12）: 1452-1458.

［22］ Zhang L, Jing X, Li J, et al. Mathematical model of decarburization of ultra low carbon steel during RH treatment ［J］. International Journal of Minerals Metallurgy and Materials, 1997, 4 （4）: 19-23.

［23］ Wei J, Yu N. Mathematical modelling of decarburisation and degassing during vacuum circulation refining process of molten steel: application of the model and results ［J］. Steel Research, 2002, 73 （4）: 143-148.

［24］ Wei J, Yu N. Mathematical modelling of decarburisation and degassing during vacuum circulation refining process of molten steel: mathematical model of the process ［J］. Steel Research, 2002, 73 （4）: 135-142.

［25］ Katoh T, Okamoto T. Mixing of molten steel in ladle with RH reactor by the water model experiment ［J］. Denki-Seiko （Electric Furnace Steel）, 1979, 50 （2）: 128-137.

［26］ Asai S, Okamoto T, He J C, et al. Mixing time of refining vessels stirred by gas injection ［J］. Transactions of the Iron and Steel Institute of Japan, 1983, 23 （1）: 43-50.

［27］ Wei J, Yu N, Fan Y, et al. Study on flow and mixing characteristics of molten steel in RH and RH-KTB refining processes ［J］. Journal of Shanghai University （English Edition）, 2002, 6 （2）: 167-175.

［28］ Wei J, Jiang X, Wen L, et al. Flow and mixing phenomena of molten steel in a multifunction RH degasser and influence of gas blowing port diameter ［J］. Steel Grips, 2006, 4 （4）: 283-289.

［29］ Ajmani S K, Dash S, Chandra S, et al. Mixing evaluation in the RH process using mathematical modelling ［J］. ISIJ International, 2004, 44 （1）: 82-90.

［30］ Anil K, Dash S. Mixing time in RH ladle with upleg size and immersion depth: A new correlation ［J］. ISIJ International, 2007, 47 （10）: 1549-1551.

［31］ Cauchie T J, Landon T S. Cas-ob ladle treatment installation at wheeling-pittsburgh steel ［J］. Iron & Steel Engineer, 1996, 73 （5）: 20-23.

［32］ Palchetti M, Buglione P, Tegas D. Three Years of CAS-OB Experience at ILVA Taranto Steelwork. International Iron and Steel Congress Vol. 3 Steelmaking I October 21-26, 1990 （Nagoya）, ISIJ, 159-167.

［33］ Nakao R, Tanaka S, Takano H, et al. Characteristics of decarburization reaction by combined oxygen blowing in high carbon range of stainless steel melts ［J］. Tetsu-to-Hagane, 1996, 82 （4）: 273-278.

［34］ Kai T, Okohira K, Hirai M, et al. Influence of Bath Agitation Intensity on Metallurgical Characteristics in Top and Botton Blown Converter ［J］. Tetsu-to-Hagane, 1982, 68 （14）: 1946-1954.

［35］ Kikuchi N. Development and prospects of refining techniques in steelmaking process ［J］. ISIJ International, 2020, 60 （12）: 2731-2744.

［36］ Kitamura S Y, Aoki H, Miyamoto K I, et al. Development of a novel degassing process consisting with single large immersion snorkel and a bottom bubbling ladle ［J］. ISIJ International, 2000, 40 （5）: 455-459.

7 炉外精炼技术和研发展望

钢是人类现在和将来使用和赖以生存的最重要的材料之一，轻质化、强度和韧性俱佳、长寿命是钢材料最重要的性能，而良好的洁净度是实现这些性能必需的条件。表 7-1 给出了过去 60 年里对钢中氧、碳、氮、磷、硫、氢六大元素控制的进步状况。对不同钢种，这些元素的要求不尽相同。例如，扁平材、板材和带材要求较低的碳、硫和氢含量；轴承钢对总氧含量、某些品种对氮和磷含量要求更加严格。这些杂质元素的控制都要依赖于炉外精炼技术的进步，同时也必须有下述前提：铁水和原辅料的精准化、铁水预处理的完备以去除硫和磷、耐火材料的稳定和炉外精炼及连铸过程中二次氧化的避免。表 7-1 中最后一栏是本书作者的预测，请注意是不能按照时间对杂质元素的水平进行回归处理的，因为要尊重这些杂质元素去除的物理化学极限。

表 7-1　钢中杂质元素含量控制水平的进步[1-2]　　　　　（ppm）

年份	1960	1985	2010	2020	将来
总氧	30	15	6~10	3~5	3~5
碳	250	50	15	10	10
磷	300	100	50	30	15
硫	300	30	10	<10	<10
氮	100	50	30	20	14
氢	6	3	1	<1	<1
总和	986	248	<116	<76	<55
工艺进步	真空技术进步：DH/RH/TD→VOD/RH-OB/RH-KTB→OMVR 加热技术进步：LF 炉+电极加热→OMVR+加热 混合技术：ASEA-SKF/VAD→OMVR+加热 这里的 OMVR 的英文全文是 Optimized Mixing Vacuum Reactor（优化的真空反应器）				

为了满足对高品质钢产品的需求，需要进一步提升炉外精炼技术以生产高纯净和高洁净度的钢。尽管真空精炼过程已经实现了超低碳钢的精炼，将来应该关注超低碳钢生产过程中碳、溶解氧、总氧含量和温度的过程控制，这就需要建立和使用精准的反应模型、大数据技术和快速加热装置。对于钢中氮含量的控制，通过精炼渣去除钢中的氮需要进一步深化研究，还需要研究渣中氮的去除过程。超低硫钢的精炼已经实现，但是高速脱硫和加热技术还需要进一步改进和发展。对于夹杂物控制而言，高洁净钢中的夹杂物和析出相的控制及其对钢产品微观组织的影响需要深入研究。

对于一个钢厂而言，到底使用哪一种精炼设备，应该主要考虑四个因素：（1）所生产的钢种和成本，钢种对上面这些杂质元素的要求；（2）由精炼时间过长引起的再加热能力能否满足；（3）与前面的炼钢工序和后面的连铸或者模铸相兼容对应的精炼时间。

例如，生产超低碳钢时，在出钢不脱氧的情况下，如果出钢碳含量小于 0.025%，钢液中高的溶解氧含量对脱碳有利，但是由于精炼渣温度高且渣中 FeO 含量高，对转炉和后续的脱氧都会带来负担。从精炼时间上，要使钢中碳含量小于 50ppm，使用循环式 RH-OB 或者 RH-KTB 真空精炼需要 10~15min，使用非循环罐式脱气机（如 VOD）真空精炼则需要 20min 以上。表 7-2 对比了各种真空脱气工艺的冶金效果[3]。

表 7-2　炉外精炼不同脱气工艺的对比[3]

项目	脱气装置种类				
	RH-OB	RH	VOD	脱气罐	钢包炉
脱碳水平/ppm	20	20	20~30	30~40	30~40
脱碳速率	最高	适于低碳钢	高	较 RH、RH-OB、VOD 慢 20%~30%	
脱碳到 50ppm 需要时间/min	10~15	12~15	15~18	15~20	15~20
脱氢	所有装置脱氢效果都较好				
夹杂物去除	所有系统都可以提高洁净度，VOD、脱气罐和钢包炉需要一定的精炼时间				
脱硫	RH 真空室加入脱硫剂脱硫或 RH-PB 脱硫		脱硫效果好，但必须与脱碳分离		
铝加热	是	否	是	否	否
相对成本（假设 RH-OB=1）	1.0	0.7~0.8	0.4~0.6	0.4~0.5	0.3~0.4
维护费用	逐次减少				

炉外精炼技术在传统方向上需要关注下面几个问题：

（1）在已有精炼设备上开发新的功能：例如基于 RH 技术开发的 RH-OB、RH-KTB、RH-PB；基于 AOD 技术开发的真空 AOD 技术，也称为 VCR 技术，切记把使用很多年的设备随意抛弃，不计成本地去建设新的装置，一个先进的钢厂要具备把单一的炉外精炼装置发展为全面多功能的精炼装置的能力。

（2）炉外精炼效果稳定性：对生产高品质钢而言，炉外精炼效果的稳定性既依靠钢水成分和温度的精准化，也依靠所使用的合金、辅料和耐火材料质量的稳定性和洁净度。合金中的杂质元素对钢洁净度有显著影响，例如，硅铁合金中的铝和钙含量对钢中非金属夹杂物的成分有重要影响。

（3）炉外精炼效果的智能预报：应努力实现炉外精炼过程中钢液成分（包括杂质元素）、渣成分、钢中夹杂物的数量、尺寸、成分、形貌和空间分布的智能预测，这要求建立渣-钢-夹杂物多相多元反应的热力学和动力学，并与精炼过程中钢液的流动、传热和凝固结合起来，实现对连铸坯全断面钢成分和夹杂物数量、尺寸、成分和空间分布的预报，然后根据预报模型建立回馈机制，实现高品质钢中杂质元素和夹杂物控制的定制化操作。

炉外精炼技术在新方向上需要关注下面几个问题：（1）利用大数据、AI 和数据科学实现对精炼过程控制并提升精炼效率；（2）开发和实现传感技术和模型技术在炉外精炼过程中的应用；（3）利用机器人集成和简化生产过程；（4）更多比例的使用废钢、直接还原铁，并有效去除有害元素；（5）提升精炼渣的精炼功能，促进炼钢渣的 3R（Reduce、Reuse、Recycle）工艺。

随着废钢资源的增加，铁原料的来源变得更加广泛，熔化过程的能源效率的提升、炼钢渣的 3R 工艺变得尤为重要，也需要开发新的预处理工艺去除以废钢为主要原料情况下钢中有害元素和磷硫等元素的高效去除。新的精炼技术需要利用基于物理化学现象机理的数据科学、可视化技术、模型技术和高温传感技术对精炼过程进行精准的过程控制；新的精炼技术要多功能化，要开发新的高效搅拌技术和快速升温技术实现生产的稳定化和高速化。

为实现上述目的，基础研究变得十分重要，例如高温现象的可视化、高温传感技术、过程模型、熔融金属和熔渣的物理化学性能。开发新技术的基础研究尤其重要，例如还原铁的生产、废钢和还原铁的熔化、炼钢渣和粉尘的 3R 研究，以减轻环境压力等。

参 考 文 献

[1] 张立峰，吴巍，蔡开科. 洁净钢中杂质元素的控制 [J]. 炼钢，1996，12（5）：36-42.

[2] Holappa L. On physico-chemical and technical limits in clean steel production [J]. Steel Research International, 2010, 81 (10)：869-874.

[3] Fruehan R J. Vacuum degassing of steel [C]//Iron and Steel Society/AIME, 410 Commonwealth Dr, P. O. Box 411, Warrendale, PA 15086-7512, USA, 1990：212.